CORK DORK

A Wine-Fueled Adventure
Among the Obsessive Sommeliers,
Big Bottle Hunters, and Rogue Scientists
Who Taught Me to Live For Taste

By Bianca Bosker

熱狂のソムリエを追え!

ワインにとりつかれた人々との冒険

ビアンカ・ボスカー［著］
小西敦子［訳］
光文社

熱狂のソムリエを追え！

ワインにとりつかれた人々との冒険

CORK DORK

A Wine-Fueled Adventure Among the Obsessive Sommeliers,

Big Bottle Hunters, and Rogue Scientists Who Taught Me to Live for Taste

by Bianca Bosker

マットへ

『熱狂のソムリエを追え！』目次

序　ブラインド・テイスティング　The Blind Tasting……8

1章　ねずみ　The Rat……24
〈ラピーチオ〉での修業／飲んで飲んで、そしてスピット／
ボトルを動かすな！／ワインリストの秘密／ソムリエの歴史

2章　シークレット・ソサイエティ　The Secret Society……61
伝説のブラインド・テイスティンググループ／
初めてのブラインド・テイスティング／
ワインを分析する／ソムリエのルーティン

3章 決着の場 The Showdown …… 100
審査員としての心がけ／ブラインド・テイスティングに挑むモーガン／サービス部門の試験

4章 脳 The Brains …… 134
匂いの科学／人間の嗅覚の歴史／人間vs.犬。嗅覚対決／嗅覚を磨く／想い出の匂い

5章 魔法の王国 The Magic Kingdom …… 173
〈マレア〉での実践／お客を値ぶみする／ヴィクトリア先輩に教わる／ダイニングルームの熱気／サービスの心理学

6章 バッカス祭り The Orgy …… 213
啓示をもたらすワイン／ブルゴーニュワインに熱をあげる／ガラ・ディナーの乱痴気騒ぎ／ワインを味わうことの本質

7章 クオリティ・コントロール The Quality Control …… 253
上質のワインとは？／大量生産される〝質の悪い〟ワイン／ワインはこうやってつくられている／質を追求する

8章 十戒 The Ten Commandments …… 294
嗅覚の辞典をつくる「鼻の幼稚園」／自分の鼻に耳を傾けよ／テイスティング・ノートの真実

9章 パフォーマンス The Performance …… 328
ソムリエの資格試験に挑戦／〈オリオール〉での教え／レストランの精神

10章 トライアル The Trial …… 360
試験直前／いよいよ試験当日／不安と涙／結果は果たして……

11章 フロア The Floor …… 396
ワインの伝道者／ソムリエとして働く／
一杯のグラスが連れ出す旅

エピローグ 究極のブラインド・テイスティング The Blindest Tasting …… 428
脳内ブラインド・テイスティング／飲み手としての進化

謝辞 …… 446

訳者あとがき …… 450

序 ブラインド・テイスティング

The Blind Tasting

まず香水を手放した。でもそれは想定済みだ。次は香り付きの洗剤、それから乾燥機に入れるシートタイプの柔軟剤もやめた。生のタマネギ、ピリ辛ソースはあきらめても惜しくない。塩分をひかえるのは最初つらくともなんとか耐えたものの、やがてみじめな気持になった。外食すると、口にするすべてが濃い塩水に浸してあったようにしょっぱく感じた。リステリンをやめるのは、シトラス系のマウスウォッシュや薄めたウィスキーに替えればいいだけで、それほど苦ではなかった。コーヒーを絶ったときはさすがに暗いトンネルに入ったような気分になった。でも、そのころの私はもう午前中、少々ボゥッとしていることに馴れていた。昼間、しらふでいることは、熱い飲み物、白い歯、そして鎮痛薬アドビルなどとともに遠い昔の話になった。

これらすべては、一年半に及ぶ挑戦の旅で私にとっての師匠、いじめ屋、鬼軍曹、上司《ボス》、そして友人になった二十人以上のソムリエのアドバイスによって、それまでの習慣をどうにかこうにか改めた一部だ。

ピンストライプの衣服をまといワインオープナーを持った連中になぜ十八カ月もコーチを受けたのか。その理由をあなたは知りたいだろう。つまるところソムリエとは実際はただディナー客を半ば脅し、半ば丸め込んで金をふんだくる、名前だけは愛のある素敵な高級ウェイターではないのか、と。

私もまったくそのように彼らを見ていた。ワインをサービスすることを身過ぎ世過ぎの手段というより、なによりも「味覚命」のために生きるソムリエのエリート集団に自分をゆだねるまではそう思っていた。彼らは一か八かのコンクールに応募し（九カ月前後の準備期間を経て）、数百万ドルという液体のかたちをした黄金を扱い、美術や音楽と同じくワインのフレーヴァーが審美の世界に属するということを世間に確信させるために献身している。雨が嗅覚を鈍らせるという理由で彼らは気象学を学び、味蕾《みらい》を磨くために岩を舐める。歯磨き粉もマイナスだ。〝新品のグラス〟の匂いを嫌い、味覚の鍛錬という理由で結婚を犠牲にしたりする。あるマスター・ソムリエ（世界最高峰の資格。コート・オブ・マスター・ソムリエ／マスター・ソムリエ役員会議が認定する）は修業に没頭するあまり妻から離婚されたと告げた。「もし試験に合格するか妻をとるかともう一度迫られたら、もちろんいまでも試験をとる」彼らの仕事は、探り、分析し、言葉で表現し、宇宙で最高に複雑な飲み物となんとか折り合いを付けようと、液体に含まれるさまざまなフレーヴァーを説明することだ。「何百もの捉えにくい要素があってね。多糖類。タンパク質。アミノ酸。生体アミン。有機酸。ビタミン類。色素」と、あるワイン醸造学の教授が教えてくれた。「血に次いでワインは人間の身体の構成要素を含む最も複雑な母体《マトリックス》なんだ」

彼らがとりつかれたフレーヴァーの微妙な違いとは、すくなくともこの道に入った時点では実際、どういうものか正確にわからなかった。味覚を究極まで追い求めるこれらソムリエの人生について、そしてどうやって彼らがソムリエとしての地位を築いたかを知りたくなった。もしだれかができるのなら私もそこにたどりつけるだろうか？　もし私ができたとして何か変わるだろうか。

ここで二、三警告をしておく。

一杯のワインはあなたに幸せをもたらすかもしれない。長い一日の終わりに脳の一部のスイッチを切ってグラスに手を伸ばす。もしそれで満足なら、本書の登場人物から離れていたほうがいい。

いっぽう、もしワインの何がそんなに人を夢中にさせるのか、本当に二〇ドルと二〇〇ドルのボトルに差があるのか、あるいはもし感覚をぎりぎりまで研ぎ澄ましていったら、いったい何がおきるのだろうかと疑問をもったら、紹介したい人々がいる。

ワインの世界にしばらく身を置いたらわかるだろうが、鑑定家はだれでも自分がワインに目覚めるきっかけとなったボトルとストーリーを持っている。彼らが啓示を受けた瞬間はだいたいこうだ。谷から湧き起こる優しい霧にブナの木がたゆたうイタリアはピエモンテのランガの丘。そこを見晴るかす小さなレストランで、一九六一年　ジャコモ・コンテルノ・バローロをすすった時だ。それはヨーロッパ＋心洗われる壮麗な自然＋稀少なワイン＝啓示の瞬間、という方程式だ。

私がワインにひらめいた瞬間は少々異なる。コンピューターの画面上でだった。しかも飲んですらいなくて、他人が飲んでいるのを見ていたのだ。

当時、私はテクノロジー関連の記者で、グーグルとスナップチャットを担当していた。ネットニュースで、もっぱらパソコンの画面を通しての仕事だ。約五年というもの、味わうことも感じることも触れることも嗅ぐこともできないバーチャルな空間で、自分にとってバーチャルな内容の記事を書きつつ、キイボードを叩いていた。私にとって、〝あたかも実体験のような〟物理的空間とは、ウェブサイトだった。そして〝匂い〟とはせいぜいが体臭、同僚のランチの匂い、冷蔵庫で腐っている牛乳の匂いなど、問題をはらんだものを意味した。以前「グーグルのストリートヴューでバケーションをする方法」というタイトルでだれかに記事を作らせたことがある。ハワイのワイコロア・ビレッジの不鮮明な写真を見ながら、あたかも遅い午後の太陽のなか、マイタイ片手にゆったりとくつろいでいるように感じさせる仕掛けだった。

ある日曜の夜、当時のボーイフレンドでいまは夫、に引っ張られてセントラルパークの南端にあるレストランに行った。そこはまさにプライドが料理の価格に反映しているような店だった。つまり、J・P・モルガンがヨットについて「維持費を心配するような者にはヨットを買う資格はない」と語った類の場所。ふだんは経済的にも、もしかして精神までも破産するのを恐れて近づかないようにしていたが、ボーイフレンドがクライアントのデイヴとそこで会うという。そしてデイヴはワイン好きだったのだ。

ワインが好きかと問われれば、チベットの操り人形とか分子物理学の理論と似たような意味で、中身はちんぷんかんぷんだけど、ただ微笑《ほほえ》んでうなずくしかない対象と答えるだろう。理解する価値があるというより、理解に努力を要するものの一つ、に思えた。デイヴはボルドーのビンテージワインのコレクターだった。あえて言うなら私はボトルを一本買ってきて飲む程度だけれど、彼のような箱買いレベルの愛好家にたいしてもむろん軽蔑しはしない。

私たちが席に着くやいなや、ソムリエがやってきた。デイヴとは旧知の仲なのだろう。「当たり年」とか「エレガントな鼻」とか二、三言葉を交わしたあと姿を消すと、一本のボトルを手にもどってきた。デイヴに注いで試飲させる。「いまがまさに飲み頃です」と小声で伝えた。〈サマー〉を動詞として使う人種にのみ受け入れられるナンセンスな言葉をソムリエは連ねた。私にはそのワインはグラスに〝入っているもの〟以上の何物でもなかった。

そのボトルの、鉛筆の芯を削ったような、タールのような、実に優雅なアロマについて二人の男性があれだこうだと御託を並べているのを耳にして、まともに聞く気が失せた。と、突然、世界で最高のソムリエコンクールの準備中だと彼が口にしたのだ。

いい、え、なに！

最初、くだらないと思った。ワインをサービスすることのどこが競技になるわけ？　栓を抜き、注ぎ、それで終わり。そうじゃないの？

競技の主だった流れをソムリエはひととおり説明した。もっともむずかしく、神経をすり減らすのはブラインド・テイスティングで、六本のワインの系譜を当てることだという。生産年、ブドウの品種、地球のどの地区（国ではなくブドウ園！）、それプラス、熟成期間、合わせる料理とその理由などなど。

詳細を聞くにつけ酒がまずくなりそうだった。でも私は競技というものが好きだ。体育系ではなくグルメ系とくればなおさら。だからその夜帰宅すると、ソムリエコンクールのなんたるかを調べるためにさっそく情報収集にかかった。

とりこになった。ノートパソコンに張り付いて何日、午後をまるまる過ごしたことか。出場選手が栓を抜き、デキャンタージュをし、嗅ぎ、そして世界最高のソムリエという称号を目指してワインを吐き出す《スピット》。ビデオに目を凝らした。それはまさに酒版ウェストミンスター・ドッグショーだった――毛を刈り込み、爪を磨き、最高に手入れされた犬が出陣される。どんな点が勝るのか不可解な細目が問われる競技だ。しかつめらしい表情の審査員団、競技者は優雅に小走りでリングを一周する（ソムリエは時計まわりに回らなければならない。ただし、テーブルの周りをだが）。有望な競技者はまるで語彙が詰まった記憶の場所から引き出すかのようによどみなく言葉を紡ぎ出す。店の客ではなく模擬客の気分、予算、それから好みについての貴重なヒントを読み取る。奇妙なアングルで注ぐ手のかすかな震えのなか、落ち着こうと必死になっている様を画面で目にして、彼らの技能が、感心するのはもちろん、私には計り知れないほど厳正な規則に支配されているのを感じた。だが彼らはあくまでも果敢に取り組んでいる。女性で初めて試験の最終ステージまで到達したヴェロニク・リヴェストが模擬客にコーヒーか葉巻を勧めるのを忘れたとき、テーブルにこぶしを打ちつけ「メ、ル、ド、メ、ル、ド、メ、ル、ド！」と悔しがった。「クソ、クソ、クソ！」演技ではなく、ストレートそのものの表現だった。

のちにある男性出場者から聞いたのだが、彼はフロアを優雅に歩きまわる技を完璧にすべく、ダンスのレッスンを受けたそうだ。別の出場者は声をなめらかなバリトンに整えるためにスピーチのコーチにつき、さらに、ブドウ農園の名前を頭に叩き込むために記憶力強化の専門家についたという。プレッシャーの下、冷静さを保つためにスポーツ心理学者のコンサルティングを受けた者も大勢いた。

サービスを一つのアートとするなら、ブラインド・テイスティングはもう魔法の技というしかない。あるビデオでは、ヴェロニクがカメラのシャッター音の鳴るなか、さっとステージに登場し、四個のグラスが並べられたテーブルに近づく。各グラスにはワインが数オンス入っている。白のグラスを取り、鼻を突っ込むヴェロニク。私は息をひそめ、画面に顔を寄せた。アロマやフレーヴァーを突き止めるため百八十秒をフルに使い、そのあとくだんのワインの系譜を推論する。現在、五十カ国以上でワインが生産されている。高品質のワインが飲めるようになってほぼ二百年。フランスだけでも三百四十以上の有名産地があり、五千種を超えるブドウと、実質的に無限のブレンド法がある。その三つを掛け算、足し算すると膨大な数の組み合わせができる。彼女は不屈の精神でひるむことなく、だれかに自分の家までの道順を教えるかのような気軽な口調で「二〇一一年　シュナン・ブラン　マハーラーシュトラ　インド」とよどみなく答えた。

ジャーマンシェパードの爆弾探知犬並みとも思える鋭敏な感覚を磨いてきたこの人々に私はすっかり心を奪われた。こちらは感覚を奪われた生活であり、向こうは最高に感覚を培った生活だから彼らと私はまったく対極の存在だと感じる。彼らを見ていて、自分には何が欠けているのだろうと思った。コンピューターの前で、出場者が繰り返しワインを嗅いでいるのを見守りながら、この際、自分に欠けているものを見極めようと決心した。

ジャーナリストの訓練を受け、生まれついてのタイプA行動パターンの私だから、リサーチは自分が知っているやり方で始めるしかない。手に入る資料を片っ端から読み、SNSでのソムリエの書き込みをしらみつぶしに当たり、そして出会いを期待して、招かれてもいない場所に出向いた。

最初に出かけた夜、ニューヨーク市内のソムリエの一団とは首尾が上々とはいかなかった。ワイン卸業者のオフィスでのブラインド・テイスティング競技はさんざんな結果に終わった。審査員とともに数杯をすすり、勝者を祝って五、六杯を口にした。もう一度挑戦するため、みんなしてホテルのバーに流れ、ディナー抜きで、一人の飲み足りないソムリエに無理矢理勧められてシャンパンのボトルをシェアした。それから千鳥足で帰宅するや、そのままもどしてしまったのだ。

翌朝早く、片方の目で〝二日酔いの治し方〟をググっていると、昨夜のシャンパン男からメールが来た。送られてきたのは彼の前に六本のワインが並んだ写真。テイスティング中⁉　昨日の今日なのに。

教訓その1。この連中は本当に懲りないタイプである。

前夜から衰えることを知らないこの情熱は、先のヴェロニクのようなタイプを理解しようと本や雑誌を調べて見つけた手掛かりや情報とはまったく異質のものだった。書物に出てくるワイン愛好家はなべてしゃれ者だ――多くのしゃれ者の男（伝統的に男）は、しゃれた場所で、十年ものかそこらのおしゃれなボルドーで日々の仕事の疲れを癒している。「ロワールへの最初の旅を振り返ってみると、いまなら拷問にしか思えないような不便を、不便と思わない若者の姿が浮かんでくる」とカーミット・リンチは『最高のワインを買い付ける』で書いている。彼が耐えた拷問のような辛さとは何だったのか？　彼は「サンフランシスコからニューヨークへ飛び、そこで便を乗り継いでパリに着いた。それからレンタカーでロワールまで走る」。なんとまあ！

　しかしソムリエたちと付き合いを深めて彼らのアパートで遅い時間に飲むようになり、スピッティングの技を教わったりしているうちに、ワインの読み物には書かれておらず目にもしなかったサブカルチャーに私は魅せられていった。一見、楽しさしかない分野だが、最近のソムリエ、あるいは〈ソム〉は驚くべき苦痛の数々に耐えている。深夜まで長時間に及ぶ立ち仕事にたずさわり、早朝に起きてワイン百科事典を頭に叩き込み、午後はデキャンタージュを練習し、オフには試飲の競技に没頭し、そして残ったわずかな時間を眠りに当てる。それともリースリングの稀少なボトルにうっとりとなって過ごすことも多いかもしれない。あるソムリエの言葉によると、それは「ワインオープナーを持った格闘技」である。ワインにたいする感情を「病」と呼んではばからない者もいる。彼らは私がそれまで出会ったなかで、もっともマゾヒスティックな快楽主義者だった。

　私が目にしたものの、あるいは読んだものの何一つとして彼らの献身と投資にたいする見返りの特異性をとらえていない。数十年前、ソムリエはシェフからの転身が多かった。厨房から追い払われた彼らは、のちにソムリエという名前の由来になったあっちからこっちへと物を運ぶ荷役動物的能力を発揮する仕事に就いた（〈sommelierソムリエ〉という言葉は、フランス中部で駄馬を意味するsommierソミエという語から来ている）。彼らは換気の悪いレストランで、黒っぽいスーツを着てしかつめらしい顔で、葬儀屋のように重々しい足取りで歩くと評判が立った。だがきょうびのソムリエは見苦しくない学校を出て、自分たちが天職と考えるものをひたすら追求している。彼らは、私のように二十代後半で、子供がおらず、家賃の心配をし、そしてロースクールに行かなかったからといってお先真っ暗じゃない、と両親の説得に鋭意、努める。哲学の修士号かスタンフォードの工学士の称号で武装した、自称「ホワイトカラー難民」はサービスというものについて高邁《こうまい》な哲学を信奉し、ワインが魂をも揺さぶる可能性について野心的な考えをもっている。そして彼らはそれまでは長らく保守的で強い仲間意識をもった社交クラブに似た業界に、若さとＸＸ染色体をもつ女性も登場させた。

ソムリエにたいする私の関心は大半がジャーナリスティックなものだった。これまでの人生では終始、他者のこだわりというものにこだわってきた。ティーンエイジャーのころ、ほかの子たちがアイドルに黄色い声援をおくるために何時間も列に並ぶことにも無関心で、ビデオゲームのキャラクターと「デート」しようと心に期することもなかった。そのかわり何かに熱狂する人間のほうに関心があり、その心理を理解しようと努めながら彼らについて書いてきた。だからソムリエの情熱にもたちどころにハマってしまった。彼らを駆り立てるものを知りたい。なぜワインに魂を奪われて精魂を傾けるのか？　そしてこの「病」が彼らの人生をどう徹底的に変えてしまったのか？

ところが彼らの世界を掘り下げれば下げるほど、予想外のことが起きた。なんだか落ち着かなくなり、苛立ちを感じはじめたのだ。とかく私に酒を提供しすぎるきらいがある以外どこをとってもチャーミングなソムリエにたいしてではなく、私自身のスタンスと思い込みにたいしてだ。正直に明かすと、ワインについてまず感じたのは、恥と罪の意識に似た強烈な感情だった。地球上でおよそ口にできるもののうち、なによりもワインは市民生活に浸透し、生活の一角を占め、愛されている。作家のロバート・ルイス・スティーヴンソンは「ワインとはボトルに詰められた詩である」と言った。アメリカ合衆国の政治家で外交官のベンジャミン・フランクリンは、ラムチョップやラザーニャといった同じくおいしい料理があるのにワインだけを「神が我々を愛している証拠」と讃えた。ソムリエもラフマニノフの交響曲のように魂を高揚させるボトルについて語る。「飲み手を卑小に感じさせる」と熱い思いを吐露する者もいる。どこがそうなのか、よくわからないが。正直に言うと、こじつけか、大げさで気取りすぎに思える。たわごとか、それとも私が人生の究極の快楽を称賛する能力に欠けているせいなのか？　とにかくワイン愛好家の言葉の意味を知りたい。そしてふだんはまともな人間が、ことワインとなると理解に苦しむほどの巨額を遣い、わずか数秒のはかないフレーヴァーの追求に惜しみなく時間を捧げる理由を知りたい。もっと身もふたもない言い方をすると、「いったいワインの何がそんなにいいの？」となる。

私の場合、ワインを飲むと、たしかに暗号で書かれたメッセージが味蕾から発射されるのは感じた。でも脳はほんの数語しかとらえられない。「このワインは○□▽○□▽！　ざっとこんな味！」

だがワインのプロにはこの乱暴な感想も以下のように受け取られるかもしれない。イタリアのワインの諸規定など「くたばれ！」とばかりフランスのカベルネ・ソーヴィニヨン種を植えたトスカーナの偶像破壊者の感想と思われたり、十五年に及ぶ内戦の砲弾と戦火をかいくぐってビンテージを作りつづけたレバノンのクレイジーなワイン商の言葉と受け取られるかもしれない。まさに同じ一口が、一国の法律を改変させたと解釈されるかもしれないし、怠惰なワイナリー従業員が樽の洗浄をさぼった結果だなと結論づけられることもありうる。飲み手のこういった感覚と感想が世界の発展につながるのだ。味覚と嗅覚から諸歴史が生まれ、野望、そして生態系や環境に優しい農法が生まれた。

そういう深刻で微妙な状況に無関心な自分に苛立ちをおぼえたのだ。スターバックスが四ドルで売る水出しコーヒーを絶つと宣言した友人たちが、単一品種単一産地の豆のみを使用するシングルオリジンのチョコレートバーについて熱く語るのを耳にして、私は美食文化に潜むパラドックスに気づかされた。私たちは美味を求めて食材を探し、料理し、飲み、ひたすらよい味を求める——旅を計画し、テイスティングメニューに大枚をはたき、目新しいエキゾチックな材料を買い、せっせと新鮮な素材を求める。だが本当の味がわかるための学びはおろそかにしている。「私たちは国を挙げて味音痴である」とアメリカを代表する料理家、作家のM・F・K・フィッシャーは批判している。書かれたのは一九三七年だが、私が見てきた限り、いまでも状況は変わっていない。

さらに個人的で深刻な不安が急速に私のジャーナリスティックな好奇心に影を投げかけた。自分のハイテク中心の生き方、仕事も生活もすべてぎらつく画面上で平板になっていることに一度ならず突如不満をおぼえるようになった。学べば学ぶほど自分の狭い経験の空間に捕らわれているように感じられてならない。たんにソムリエについて書くだけでは不十分に思えてきた。そうではなく、彼らのようになりたい、と思うまでになった。

自分にこう問いかけた。ワインに関してソムリエが見つけたものと同じものを見つけるには何が必要か？　ワインのプロたちは修業のみでいまの位置にたどり着いたのか？　それとも彼らは生来、特別の嗅覚をもって生まれた祝福されたミュータントなのか？

スーパーセンサーとは作られるものではなく生まれつきのものだと思い込んでいた。ちょうどノバク・ジョコビッチが相手を打ち負かすために長いリーチを持って生まれたように。長いリーチが有利だということについてはだれも疑問の余地はない。さらに科学的研究を〈健全に摂り入れ〉ようとユーチューブを手当たり次第に見始めた結果、鼻や舌の訓練はなによりもまず脳を鍛えることだと知った。

ただ、私たちの大半は脳をうんぬんする前の段階にいる。味覚と嗅覚を「取るに足らないマイナーな要素」として片づけたプラトンまで遡る思想家たちによる偏見のせいだ。人々は味覚と嗅覚という二つの感覚（実際に両者を混同しがち）について基本的真実を知らない。口の中のみならず異なる味をとらえる部位の知識が不確かだ。いわゆる五味以上であるのはもちろんだが、どれほど多くの味があるかすらはっきり知らない。最近の研究によれば異論も出てきたものの動物王国のなかで人類の嗅覚は最低だと信じ込ませられた。とにかく私たちは、世界を知り、解釈するために与えられた五感の二つを無視してきた。

自分を変えたいと思った。ワインも人生も無視してきたと知らされて私は焦った。出会ったソムリエたちは、日常のルーティンのなかで訓練によってどれほど新鮮な喜びを与えられたかということを口ぐちに語った。価格やブランドについて外部の雑音を受け流して、感覚を正確にとらえるために自分を無にすること。それは私たちのだれにでも可能に思えた。ふだん見過ごしている感覚へと波長を合わせることで豊かな体験を享受できるのだ。私も真剣にやってみようと思った。

本書は私がフレーヴァー・フリーク、知覚科学者、稀少ボトルのコレクター、嗅覚の達人、ほろ酔いの快楽主義者、規定無視のワイン生産者、そして世界でもっとも野心的なソムリエたちの中で過ごした日々を綴ったものだ。ワインを買うためのガイドブックではないし、お人好しで信じやすいワイン愛好家賛歌でもない。そうではなくプリンストン大学のワインエコノミストの言葉にあるように「本質的にくだらない」業界を探訪した記録である。とはいえ「くだらない」を脇に置いてみたら、飲食物の領域のはるか向こうにある何かとつながる数々の洞察が得られた。

ワインが造られる過程も少し記したが、ブドウからグラスまでの旅というよりグラスから喉までの冒険譚である。ワインに熱狂する世界、その熱狂度合いや問題点すべてをも飲み込む懐の深い世界へと分け入った冒険。エジプト古代王朝のファラオも貧しい農民も、ロシアのツァーリ、ウォールストリートの大物、郊外の家庭人、そして中国系の大学生をも魅了してきた七千年の古い液体と私たちとの関係の探索である。ミシュランの星付きレストランのダイニングルームの舞台裏に潜入してみる。歴史上初めてのレストランの時代にもどり、〇・一パーセントの客のための酒宴ものぞいてみる。それからｆＭＲＩ（機能的核磁気共鳴断層図）装置や研究所を訪ねる。途中、私をめんくらわせ、教え導いてくれたクレイジーなワインおたく、私を誘惑しようとしたブルゴーニュ・コレクター、それから私を分析してくれた科学者たちにも遇うことになる。

言語にも味と人生賛歌の関係は見られる。たとえば多様性は人生の「スパイス」だと言う。スペイン語のグスタールという動詞は好き、喜ぶという意味で、ラテン語のグスターレに由来する。その意味は「味わう」だ。同じ語源で英語だと「ガスタトリー」というふうに味に関係する言葉になる。だからスペイン語でたとえば衣服、民主主義、美術品、缶切りなどを好きというとき、古代の意味なら、いい味がすると言っているわけだ。英語なら、人がさも楽しそうに何かをやるとき「ウィズ・ガスト（おいしそうに楽しく）」と言う。それはラテン語にルーツを持っている。音楽や、舌で味わえないものであれ何であれ好きな人は、よいテイストをもっていると表現される。

味わうということはたんに人生を堪能することとの決まりきった比喩ではない。それは私たちの思考の枠内にしっかりと埋め込まれていて、まったくの比喩ではなくなったのだ。ソムリエ、知覚学者、ワイン生産者、鑑定家、そして私が出会ったコレクターにとり、良い味を味わうことはよく生きることであり、自分自身を深く知ることであった。だからより深く味わうことは、食用にするもののなかでもっとも複雑なものから始めなければならない——そう、ワインから。

1章 ねずみ
The Rat

友人や身内に、家でワインを飲むためにジャーナリストとしての安定した職業を捨てたと告げると、心配する電話がかかりはじめる。あなたはこう言う。「感覚を磨いて、ワインの素晴らしさを見つける予定です」でも相手にはこう聞こえる。「一日中飲んで、あげくホームレスになり果てるために仕事を辞める」

心配ご無用、ワイン業界で仕事を得るから、と私は返す。ちゃんとした仕事よ。家賃も払えるわ。問題はもう二カ月経つのに仕事は見つからず、見込みすら立っていないことだ。そして、酒量は増えつつあった。ワインのイベントに出かけ、続けて二、三本のピノ・ノワールを開け、だれかをつかまえて話をする。家のバスルームのハンドタオルは、唇に付いた赤ワインを拭ったしみで紫色になっている。夫は一人で出かけると、友人からこう訊かれる。「ビアンカはどうした？」それから声をひそめて「飲んでいるのかい、彼女？」と畳み掛けられる有り様だ。

ワイン好きはワインについて語るのが大好きだ。自分を考えるとわかる。出かけていって、ワインへの関心を表明する。で、そこから話はいわば特級畑グラン・クリュ行きの急行に乗るわけだ。仕事を辞めたとき、無計画だったわけではない。押しの強さで鳴らした記者の、破廉恥《はれんち》なまでの自信を賭けて私なりに三段階の計画を立てていた。その一、新しい職を得る。ソムリエ体験を理解するには彼らの一団に加わることしかないと思ったからだ。控えめに言って、ミシュラン二つ星、やがては三つ星のレストランでアシスタントソムリエの座を狙う。その二、私のなかの超常的能力〈フォース〉が強いことを理解してくれ、舌と鼻の秘密を教えてくれる『スター・ウォーズ』の知恵者オビ＝ワン・ケノービタイプの指導者《メンター》を見つける。三つめの段階では、業界の上層部目指してコート・オブ・マスター・ソムリエ（マスター・ソムリエ役員会議。一九七七年に発足したワイン業界で最高の資格を試験する国際試験機関。二〇一六年時点でマスター・ソムリエは世界で二百三十三人）の資格認定試験に合格する。ワインのプロになるための一日がかりの試験だ。

でもそれはソムリエの仕事の内実を知る前のことだった。私は「一般人」、アウトサイダー、客、しろうとであり、一日の大半をひんやりしたセラーで数千本のワインを数え、レストランのオーナーの気難しい知り合いが二一〇〇ドルもする一九八八年産のギガル・ラ・ランドンヌを「コクがなさすぎる」と突っ返してきた（それはロケット発射台が「起爆力不足」だと文句をつけるのに似ている）のをなだめるのもソムリエの仕事だなどと知らないときの話だ。舌から鼻へと続く一連の化学反応のためにひたすらワインに専心し、全人生をワイン中心に修整するのがどういうことか、一般人はもとよりワインコレクターの鑑定家ですら本当の意味で知らない。一般人はワインを楽しみ、ソムリエはワインに人生を捧げる。彼らは高揚した熱情に駆られて他が見えなくなり、不合理で自己破壊的で人生の選択までもワインに委ねる。彼らは客にサービスするために存在する。そういうソムリエに客は丁重に扱われ、サービスの代価として勘定を払う。それがシステムだ。だがソムリエは客と一定の距離を保ち、越えられない一線をもっている。私も疑問の余地なく属する一般市民階級は、ソムリエの聖域であるセラーやテイスティンググループ、そしてレストランのフロアで一線を越えることは許されない。

つまり、初めの自信は完全にお門違いだった。業界の仕事に就いて二カ月、ワイン業界の人々といろいろ話してみて、本当に体得したと言える唯一のスキルは、シカのモツを煮てリンゴやカレントなどと香辛料で作る下賤な食べ物とされたハンブルパイに一番合うワインを選ぶことぐらいだった（答え——あらゆるワイン）。

そういう状況にあるとき、ジョー・カンパナーレと出会った。

レストラン業界で、しみったれたやつだとやっかみまじりの悪名をとどろかせている男。私が話しただれもが異口同音にジョーをスーパースターと評した。まだ三十歳になったばかりで、ジョーはすでにマンハッタンのダウンタウンに四軒ものレストランをオープンさせ、店の経営パートナーに、そして飲み物いっさいを取り仕切るベバレッジ・ディレクターになっていた。ざっと言って、原油生産と言えばサウジアラビアとくるように、ニューヨークと言えばレストランの失敗が常の街で、彼の業績はいっそう輝かしい。レストランオーナー連中は話すたびに同じジョークを言ったものだ。「レストランビジネスでどうやって小金を貯めるかって？　巨額の資金で始めるのさ」

これまでなんとか潜り込もうとした仕事口のすべてが私の経験にないものを求めた——それは経験だ。だが経験は仕事を通じてしか得られない。このパラドックスを打破して仕事口を見つけるべく知恵を絞った結果、自分のジャーナリストとしての良心が許すぎりぎりの線までやってみるしかないと思い至った。つまり、いま波に乗っているおたくの店〈どこどこレストラン〉をルポしたいとほのめかしつつ仕事を乞うのだ。それでだめなら、ソムリエになるという希望はあっさり捨てる。どうやってもうまく行かないこともある。

釣果なしで岸に戻る前、疲れつつも最後に釣り糸を投げる不運な漁師の心境だった。ところがだ、ジョーが相手だとおもしろいことが起きた。

あたりがあったのだ。

「実はうちのセラーの助手が最近怪我をして、仕事ができそうにないんだ……」言いつつ私の上腕二頭筋に視線を這《は》わせる。「そうだな、少々、力のいる仕事でね……ワインケースを持ち上げられるかい？」

実際のところ自信はないが、むろん、ジョーにそんなことは明かさない。このセラー・ハンドの仕事についてもっと知りたい。なにやら時代錯誤に響くが、煙突掃除屋とか町の布告を触れまわる役人のようなものだろうか。だがセラー・ハンドとはかっこよすぎる呼び名だとすぐに悟った。レストラン周辺ではセラー・ラット（ヽヽヽ）と呼ばれていた。私の元の職名の響きはかけらもない。

「エグゼクティブ・テクノロジー・エディター」ま、気にしない、気にしない。とにかく藁をもつかめだ。私は焦りに焦っていた。片方でもいい、ワイン業界に足を突っ込み、アルコール中毒のリハビリがはかばかしくないと私のことを心配してくれる人たちを安心させることに必死だった。そして当然、あらゆる警告のサインを無視することにも必死だった。

セラーの仕事を受けた。ジョーの成長しつづける帝国のなかの最新、最大規模のレストラン、〈ラピーチオ〉［訳注　イタリア料理店、二〇一七年五月閉店］で働くらしい。ジョーとの面談は拍子抜けするくらい簡単で、仕事の内容もよくわからずじまいだった。時給一〇ドルだが、本当の報酬はジョーの専門知識と彼のワインにアクセスできることだった。

無職の月日、ソムリエやワイン業界の古株からキャリアアドバイスを集めていた。彼らは二十一世紀のニューヨークというよりルネッサンス期のフィレンツェもかくやという伝統的な徒弟制度や後援者制度を語ってくれた。ソムリエは弁護士とはちがう。数年間学ぶ義務教育もなく、必携の国家資格もない。理論上はだれでもレストランに入ってソムリエの仕事ができる。とはいえ世界的美食の街ときてはいまのご時世、これは現実にはありえない。いわば縞柄シャツにバギーパンツをはためかせてヤンキースの春のキャンプに参加するようなものだろう。地球最高のレストランの一つでソムリエになるのが最終目的とするなら、そこに至る道のりは、弁護士のロースクールなど公園でちょっと散歩する程度に思えるほど過酷で険しい。

非公式の徒弟制度において、見習いはまずバックウェイターかワインショップの店員を経てセラー・ラットとしてボトル管理の仕事に就く。やがてサーバーに進み、その後ソムリエ、そして、ある日、ヘッドソムリエか、エスプレッソからジンファンデルまで飲み物すべてを取り仕切るべバレッジ・ディレクターへと昇進する。その後総支配人になるか、フロアを離れて、一つのレストラングループのためのワインディレクターとして生きる道もある。もっと以前のソムリエは、師匠の名声を利用しつつ、客との会話で名を馳せ、出世していった。だが競争が激化したいま、有能で意欲的なワインのプロは旧式のアプローチとともに、ワイン&スピリッツ・エデュケーション・トラスト（ワイン酒造教育機関）世界最大のワイン教育機関）やコート・オブ・マスター・ソムリエなど、いかめしい響きの組織から得た資格認定書、ピンバッジ、証明書などで武装している。超一流レストランでポストを得るには数年かかるし、たとえ得ても、確かな技術とカリスマ性、そして言葉で言い表せない何かが必要だ。

セラー・ラットの仕事はセクシーではないものの、私の修正した計画にどんぴしゃりはまった。何を、いつ、だれに、どうやって、いくらで売るかというワイン・プログラムを学ぶにはこれ以上ない場だとジョーは請け合った。しかもワインの生産地区を憶《おぼ》えるには彼のボトルを扱うのが最短の道だ。その上、私の労働の報酬にはさまざまなワインの味見も含まれていた。毎木曜日にジョーと試飲する特権が付いていた。ジョーのリストに載せてほしいとワインのオーディションにやってくる卸業者はひきもきらず、ジョーも彼らの来訪を歓迎していた。特権の筆頭として、私は地元の卸業者が主催するほぼ連日の試飲会で、胃袋に入るだけのワインを流し込んでいた。街のソムリエにとっては新たな目録のショーケースを意味する。

ある意味、ワインの世界の新参者は現金ではなく、味見で支払われる。とくに若いソムリエは多種多様のボトルをサンプルできるポストを熱望している。クールなナパヴァレーのレストランでワインディレクターをしていたある男性は、その地位を袖にして、恋人も家も車も犬もすべてなげうち、はるかにレベルの落ちるニューヨークでのポストのために、ただ舌を磨くためだけに来た、と打ち明けた。「カリフォルニアで一年間に味わうワインが、ニューヨークだとひと晩で味わえる」と。

セラー・ラットとして私は一週間に三、四本の安いワインを自費で買って飲むことから始め、数百本とはいかなくとも一週間で数十本を試すまでになった。おおよそ想像できる産地とあらゆる価格帯から選んだ。こうしてワイン業界で働くか超リッチでないかぎり、マスター・テイスターになるのは不可能だからだ。一セントも払わずに数千ドルの価値のあるワインを試飲できるまでには数週間かかるだろう。私のような初心者にとり、味の記憶簿をゼロから打ち建てられるのは、まさに夢の実現だった。

ジョーがうっかり言い忘れたのは、私の夢の仕事は災難で終わるといういわくつきだったことだ。

〈ラピーチオ〉での修業

水曜日の一時に〈ラピーチオ〉のアシスタント・ベバレッジ・ディレクターのララ・レーベンハールに会いにいった。ロングアイランドで生まれ育った三十代の彼女は、鉛筆のように細い眉、丸い頰、そして完璧に磨いた爪とお揃いのダークレッドのリップを着けている。彼女は過去の多彩なセラー・ラットたちの話を披露した。

最初に登場するのは、ワインのケースを引き上げる時、顔を「真っ赤」にしてウンウンうなっていた忘れがたいラット。ほどなく辞めたという。その次は泣いてばかりいた子。「彼女には重荷だったのね」とララは、人がひしめき合うダイニングルームで数年間怒鳴《どな》ってきたと思えるだみ声で言った。「私が肉体労働と言うときは冗談ごとではないから。とにかく彼女には負担が大きすぎた」そのラットの替わりは、低血糖かなにか仕事に悪影響を与える病気になり、その替わりのまた替わりは怪我をしてしまった。でも初めから問題があったのは間違いない。「彼女の名前は忘れた。それくらい箸にも棒にもかからない子だったってこと」ため息。「彼女には実際、私の忍耐力の限界まで試されたわ。何が悪いのか、とうとう理解できなかったけど。どうやったら怒鳴らないですむかを教わった……本当にいらいらさせられた」そしていま彼女の前には私がいる。

「私ってすごく忍耐強い人間なの」ララは繰り返した。マグロ漁でいっしょにイルカを捕獲することのない漁法、「ドルフィン・セイフ」漁法のまやかしに似てうつろな言質に響いた。わざわざ言うところが怪しい。

ララはまず通用口から〈ラピーチオ〉の案内を始めた。これから使う通用口だ。そこはロワー・イーストサイドにあり、隣はボイラー修理サービスと手作りをうたう二軒のジュースショップ。東一番街に直接面したシミ一つないダブルドアから、ごったがえす厨房に直接入れる。厨房は騒がしく活気にあふれていて、私はたちまちだれかの邪魔をすることになった。野菜を焼いた鍋二個を間一髪で避け、キャンドルホルダーの盆にぶつかりそうになる。私が自分も他人も危険におとしいれると危惧したララは、フロアでの正しい振る舞いについて長口舌をふるった。「店内を歩いていて、だれかの背後を通るときは相手の背中に手を当てるか、相手がふいに振り向かないように〈後ろ注意〉と声をかけること」と細かく説明した。クロックスサンダルを履いた男が、すでに満杯のゴミ箱に段ボール箱を叩きつけて押しこんでいる。私たちは男をよけて通った。と、彼の後ろをスープの鍋をシンクに運んでいる者が通りすぎる。「後ろ注意！」グラスを磨いている者、マッシュルームを刻んでいる者、削ったパルメザンを計っている者、そしてシャキーラの曲をくちずさんでいる者。そのすぐ向こう、白い準備カウンターのグリルで本当の調理が進行中だった。数人の料理人が銅鍋を持ち上げ、野菜の束を刻んでいるらしい。ララは私を近づけようとすらしなかった。

どの作業にも私は門外漢だ。孤独感を抱いたまま暗く凍てつく小部屋へと進んだ。ワインセラーよ、とララが胸を張った。二人並んでは立てないほど細長い空間だ。四十本のボトルがぎっしり並べられる奥行。そして細いメタルのはしごをよじ登る以外、上段の棚は見えないほど天井が高い。

「これはバイブルよ」ララがクリップボードを私の両手に押し付けた。皺の寄った白い紙がのっている。「これはあなたの人生でもっとも重要なものなの」

私の人生でもっとも重要なものとやらは記号らしきもので書かれている。ある行をぼんやりと眺める――「デットーリ　モスカデッドゥ　二〇一〇　L12DE」

「L12DE」は左側の棚、12列目、柱のDからEまでという意味だ。「デットーリ」はテヌーテ・デットーリという生産者の名前。「モスカデッドゥ」はノム・デ・ファンタジア、つまりファンタジーネーム、生産者が特定のラインをほかと区別するために付けるニックネームで、あるいは私のようなセラー・ラットをいじめるためかもしれない。私に理解させようとララは懸命だ。ボトルのラベルについて説明した。ラベルには生産国名、ファンタジーネーム、それからビンテージ（ブドウの収穫年）などが記されている。使用したブドウの品種が特記されている場合もある（「ピノ・グリ」、「フィアーノ」、「アリアニコ」）。あるいは呼称、つまりワインが育成された地区も（「ソノマヴァレー」、「ソアーヴェ」、「キャンティ」）。だが品種も生産地区も記されていないものも少なくない。とくにヨーロッパのワインだと、飲み手は生産者名だけ知っていればいいという態度をとっているので、飲み手は自分でブドウの品種を少しずつ探るしかない。あえて言うと、イタリアでＤＯＣＧ（原産地呼称統制保証ワイン）の認証を得たければ、キャンティはすくなくとも七〇パーセントをサンジョヴェーゼ種で造らなければならないし、バローロは一〇〇パーセントネッビオーロ種でなければならないという規定がある。

私はＬ15Ｊにあるボトルを手に取り、自分で解読できるかどうかを見ようと生産者名を探した。(Coenobium）とボトルの上部に大きく書かれている。生産者名のはずだ。

「ええと、コ、ノ、ビー、ユム？」あてずっぽうで言った。

それはファンタジーネームで、「セン、ノ、ベー、ユム」と発音するのだ。もう一度試みる。

「ラツィオ?」州の名前だった。ララはイタリア語の長いパラグラフを指でなぞり、アルコール度とボトルナンバーと亜硫酸塩とどこかの政府の認定証コードの美しい文字をたどった。ラベルの下端の極小文字の横で彼女は指をとめた。「モナステーロ　スオーレ　システルチェンシ」もちろん、生産者名だ。

私の任務はワインの荷が到着したらセラーに配置することだった。もし空間がないなら作らなければならない。荷を開けて、それぞれをスロットに入れ、そしてバイブルのスロットにラベルを貼る。

「どこに何があるか、私にはどうでもいいわ」とララは言った。そして間を置き、訂正した。「でも、うん、頻繁に出るアイテムをあなたは知りたいわよね、ぜったい、これみたいに、これ」ちょっと考えて、「それからこれ」――他のボトルとまったく区別がつかない赤ワインを指した。「このボトルはここに置かない」ララはまた、私がそのワインを棚に置いた置き方にとてもこだわった。セラーは〈ラピーチオ〉のダイニングルームから見通せるからだ。「セラーが充実して見えるように、前列のボトルを出したら後ろのボトルを引き出す」ボトルはスロットごとに二層になっている。あ、銘柄をゴチャまぜにしないでね、さもないとオーダーがあったとき、だれも見つけられないでしょ。「となると即、私たちの人生の失敗になる」

ララが外国語らしい文を読み解いているとき、私はメモをとりにかかった。「もし何かがBTGと言う場合、それはBTGね。ボトルにエイティシックスと書かれてない限り」、「あなたのp‐mixがボトルマップボードに書かれたままなら」これは本当に重要だという。つまり私は定期的にp‐mix（待って、p‐mixって何?）をボトルマップボード（どこ?）でチェック（何をするの？）しなければならないらしい。私はまたPO（これまた何？）が必要だとか。配達される前にララがメールすると約束した何かだ。新しい白ワインは背の低い冷蔵庫《ローボーイ》にストックしなければならない。一銘柄につき二本ずつ、それとも三本……ララは何本必要だと言ったっけ？　しまった。寝かせたボトルを低温に保つ、ヴァンパイアも逃げる暗がりから出て、バーの背後にある腰の高さの冷蔵庫《ローボーイ》の前まで行った。そこでララのマシンガントークの意味を知るチャンスができた――BTGは「グラス売りのワイン」のこと、エイティシックスとは「品切れ」、POは「パーチェイス・オーダー、発注書」、p-mixは「プロダクト・ミックス、商品構成」とわかった。そしてさっき視界の端でちらととらえた大きなメタルの皿に入っていたピリ辛ソースたっぷりのチキンとライスはスタッフのまかない料理「ファミリー・ミール」ということも知った。

「私たちはお互いを家族だと思ってるの」ララは明かした。「だって家族よりいっしょにいる時間が長いからね」

　次はコートクローゼットに案内された。ララが両腕を挙げると、天井の跳ね上げ戸からはしごがおりてきた。ぐらつくはしごは絵描きが使いそうな長いもので、もっと急角度、下部は床から浮いている。しかも耐用年数を数年過ぎていそうなしろものだった。はしごは屋根裏に通じていて、そこは見るところとても暗く、狭苦しく、段ボール箱や制服、テーブルナプキン、雑巾など汚れ物の山でいっぱいの、お世辞にも魅力的とは言えないスペースだった。セラーからあふれた物の収納場所だろう。ニューヨーク市の高い家賃のせいで、ララがとったやむを得ない危険な措置だった。入りきれないボトルをこの屋根裏に押しこまなければならない。

彼女の言う「恐怖のはしご」を昇るようにララは私を押しやった。踊り場と呼ぶ最上段は幅約三センチのフレームが跳ね上げ戸の周囲を囲んでいる。そこに私とワインケース両方がちょうど乗ることになっているらしい。どちらか一方でも狭そうなのに。約四〇ポンド、私の体重のほぼ三分の一の重さのある十二本入りのワインケースをこの「恐怖のはしご」を昇り降りして屋根裏に出し入れするのだ。

「怖いわよ、私はこれで二年も天井まで這いのぼっていたんだから」ララは言った。私はヘッピリ腰ではしごを昇って最上段まで行き、下でララができるだけ安全にケースを下ろす方法をやって見せる様子を見下ろした。まず屋根裏の床にしゃがんで、肩と腰をくねくねさせながらケースを数インチずつ引き寄せ、最上段に立ち、それから十二本入りのケースを胸に抱え上げる。その間、下のコンクリート床に落下しないように注意する。「これまで二人が落ちるのを見たけど、まあ、あまり気分のいい眺めじゃなかったわね」言わずもがなの事をララは口にした。

ララが落下して死ぬ場面を思い浮かべた、ほんのちょっとの間と言っておこう。だが痛感したのは、ヤッピーに出すピノ・グリージョのケースを上げ下ろししているあいだに(a)死にたくないということ、(b)いまやヤッピーは憧れのデート相手ではなく、死ぬ可能性をもたらす存在になった、ということだった。

シェフ連中がうらやましく思えてならない。彼らは食べ物を扱う。色彩豊かで、はっきり識別でき、親しみがあり、わかりやすい食材。私にあるのは発音もままならず、産地もブドウの品種も初耳尽くしの千八百本に及ぶボトルだ。シェフは厨房でチームとして動き回れる。私は独り。彼らはまた揺るぎない大地に足を着け、私は頭より高いところで宙乗り状態だ。

飲んで飲んで、そしてスピット

ジャーナリスト時代は五年間、多かれ少なかれルーティンワークだった。起床し、地下鉄で八番街に行き、編集会議に間にあうよう九時半までにオフィスに入る。いまの私はセラー・ラットとしてジョーに与えられた権限によって、ワイン卸業者（直接輸入したワインか輸入業者から買うボトルを小売店やレストランに売る仲介業者）主催の無料のテイスティングを訪ねるようになった。ニューヨークのワイン軍団の公式メンバーとしての訓練プログラムに沿って、ジャーナリスト時代は朝のニュース・ヘッドラインに目を通していた時刻に、その日一杯目のグラスを手にしている。たいてい正午ごろにはほろ酔い加減になり、午後二時には酩酊状態、そして四時ごろには、ランチでむさぼりくったバーガーを深く後悔するという日々だ。

ニューヨークは想像以上に実に実に酔っ払いの街だった。どんな時間帯でも、曜日でも、千鳥足で歩いているスーツ姿の男や、紫色の歯をし少々かまびすしく、ニューヨークの最新のワインを試飲している連中がいる。彼らに私も合流した。私と同様に限られた予算で味を学ばねばならない立場の若いソムリエのアドバイスを聞き入れての行動だ。彼によると「高貴なブドウ」品種のワインを飲んで、それぞれを嗅ぎ分けてプロファイルするために試飲の機会を利用しているという。なぜなら「高貴なブドウ」は世界でもっとも広範に栽培されている品種だから、と。私もある週はフランスのサンセール、ニュージーランドのマルボロ地方、アメリカのサンタ・イネズヴァレー、そしてオーストラリアのマーガレットリヴァー産のソーヴィニヨン・ブランしか口にしなかった。鼻と口が初め青草の香り、やがてライムエードのような香りと酸味をとらえるようになるまでだ。次の週はゲヴェルツトラミネール。そのあとはテンプラニーリョ、そうやって人気の高級ブドウ品種を体験していった。数種のブドウを追い続けることによって、それぞれの個性、たとえばメルローのスモモの香りなどを舌に記憶させ、気候や国が変わるとブドウもどう変わるかについて把握に努めた。

毎木曜日、ジョーといっしょに卸業者のテイスティングに飛び入りで参加し、よろめきつつ〈ラピーチオ〉に出勤していた。数本を手にした販売員たちに勧められるままに三時間、ぶっ続けにすべてを試した。ジョーの好みはストーリー性のあるワインだと知った販売員たちは、かねて自分のリストに加えていたダークホース的なワイナリーの個性的なボトルの宣伝に相努めた。

「そのワイナリーは現オーナーの五代前に創立され、創立者のひ孫の女性によってよみがえり……。ワイナリーの周辺には古代ローマの遺跡があり、広大な丘にはジュリアス・シーザーの別荘もあった所です……ワイナリーにはセラピードッグならぬセラピードンキーがいて……そこではかつて強制労働収容所をテーマにしたテレビ映画が作られ……」

これでも私には飲み足りなかった。ソムリエたちが香り当ての技を反復練習するブラインド・テイスティングの数グループは、私の進歩にきわめて重要な存在になった。自分のテイスティング技術にたいするフィードバックを得られるし、優れた「ブラインディング」技術のコツも学べる。ただし八本から十二本を抜栓する費用に頭を痛めつつだが。私は二つのグループをたくみに立ち回った。毎金曜日は初心者たちと会い、毎水曜日は上級のソムリエたちと集まる。もろもろの感覚は日中に刺激を受けたあとよりも午前中のほうが鋭敏だと信じているソムリエは早い時間にテイスティングするのを好む。そしてこのグループのほとんどが夜に働いていた。そこで水曜朝の十時、私たちはボトルを持って、クイーンズに住むあるソムリエのアパートに集まった。ボトルのラベルはアルミホイルやハイソックスをかぶせて隠してある。招待主はワンベッドルームの部屋に住んでいた。部屋は最高に褒めて、ワインに似たシックなスタイルにしつらえられていた。隅に腰の高さまであるボトルがあり、中にはコルクが詰まっている。床から天井まであるワインセラー、コーヒーテーブルにはワイン百科事典数冊、そしてボトルのラベルのコレクションの額が赤ワインのシラーを想わせるダークレッドに塗ったあちこちの壁に掛かっている。試飲のセッションはたいていだれかの噂話から始まる。このときは一昨夜、彼女のワインをデキャンタージュした貧相な男の話だった。試飲が終わるころになると、朝食抜きのせいで全員が腹ペコ状態になる。腐りかけたドリトスにはどのワインが合うかなどと口ぐちにしゃべる。

プロたちとの最初のブラインド・テイスティング後、課題を出された。テイスティング法を学びたいと明かしていたからだが、課題は明らかに私のレベルを超えていた。「まず、スピットを学ばなければならない」苦闘する私をグラス越しに観察してメーガンというこの道一筋のまじめなソムリエが言った。スピットには美学があり、スピットバケツの泡だった中身の上に口をもっていってワインをただ吐き出す私のやり方とはまったく異なっていた。口をぱっと開けて

「ペッ」と吐き捨てるのも、理想とは程遠いと言われた。「自信を持ってやること」唇を引き結んで、力強く一直線に噴く。「ダブルスピットすること」一口につき二度スピットする。アルコールを飲み込まないよう確実にするためと口の粘膜からミネラルだけを吸収するためだという。彼らの優雅なやり方を初めてやってみる。共同のスピットバケツからの跳ね返りが頬と額に付いた。「ぼくだって最初は自信を持ってやるのがとてもむずかしかったよ」とメーガンは慰めてくれた。「練習あるのみだ」

液体のトレーニングの合間に、私はマルメロの実の香りを嗅ぎ、さまざまな種類のリンゴをかじり、地元のスーパー、フェアウェイでセキュリティガードから怪しまれるまで長いあいだハーブを嗅いでいた。記憶力を強化するためのアドバイスを忘れないようにした。一本のワインの中の香りを理解するために動物、野菜、そしてミネラルの印象を心に刻んだ。食欲旺盛はいいことだとずっと思い込んでいた。そこにもってきて、いろいろ食べてみることが最優先事項だと聞いてワクワクした。「まずなによりも、脳に多くの情報をプログラムする」とカリフォルニア出身のマスター・ソムリエ、イアン・コーブルはアドバイスした。「大いに食べ、果物も食べる。すべての種類の柑橘類を味わうこと。皮も種も食べる。熟したオレンジ、未熟なオレンジ、熟しすぎたオレンジ、ネーブル、メイヤーレモン、未熟なグリーンレモン、ライム……」ということは、いろいろ食べてみるといってもカキやキャビアではないのだ。代わりにグレープフルーツの皮を噛んだら味覚が向上するらしい。ならやってみよう。

そのあと別のプロが泥を食べることを提案した。

「外を歩くとき、岩を舐める」と明らかにマンハッタン在住ではないソムリエが言い出した。マンハッタンでこの手の散歩をしたら病気になるか犯罪者になるのに。「ぼくはしょっちゅう岩を舐めるよ」

「どんな岩を？」真似たいというより、失礼にならないよういちおう好奇心から訊いた。

「以前に舐めたことのない岩ならなんでも」と猛者曰く。「赤色粘板岩と青色粘板岩の違いがわかるのは実に楽しい。赤色粘板岩は鉄分が豊富で、血のしたたる肉のようなフレーヴァーがある。青色粘板岩は吸水性があって、川石の味がするんだな、これが」

おしゃべりを通して、私的ワインアドバイザーたちのお蔭で、すくなくとも私の三段階のオリジナル計画の一つであるコート・オブ・マスター・ソムリエ（以下コート）のソムリエ試験を受けるのにぴったりだったと確認できた。

一九七七年、高貴な響きの「コート（宮廷の意味）」はソムリエを名乗るための決まりを定めた。プロのソムリエのための主な審査機関として、コートはソムリエのパフォーマンスのあらゆる面に規定を定めている（たとえば、顧客から感謝された際の応答のガイドライン）。コートの資格認定書は必須ではない。だがＭＢＡ、あるいは特級畑グラン・クリュの人間版ラベルとして、コートの認定書があればソムリエの収入も地位も上がる。能力の確かな証明にもなる（初級のソムリエからマスター・ソムリエまで四段階がある）。レストランが増えるにつれてコートの認定書を持つソムリエの需要も高まり、毎年、数千人が受験する。各段階とも一年ものウェイティングリストがあるにもかかわらず、である。最後まで粘り抜き、成功する人間は叩き上げのつわものぞろいのワインプロ「ファミリー」に歓迎される。マスター・ソムリエを目指しているある男性は試験に合格することと不合格になることの違いを縷々《るる》語った。それを聞いたからには、私とて針で指を突き刺して誓わざるを得ない。この旅に出発することを決めて以来、ソムリエのルーティンに身を投じない限り、彼らの一員にならない限り、ソムリエの感覚やワインへの熱狂ぶりが理解できないのではとうすうす感じていた。となると、通常の修業の道筋と年月を経ていない私には、コートの証明書を得ることがセラー・ラットからダイニングルームのフロアに出世する最善の道だろう。

認定を得るに足る能力を持っていると証明するため、野心的なソムリエはワインの知識（たとえばマデイラでもっとも広範に栽培されているブドウ品種は何？）を披露しなければならない。他にはワインをサービスするスキル（適切に赤をグラスに注ぐための十七の段階を実行したか？）、さらにブラインド・テイスティングの実力（匿名のワインのアロマ、フレーヴァー、酸性度、アルコール度数、タンニンのレベル、甘辛度、原産地、ブドウの品種、ビンテージを当てられるか？）などをこなさなければならない。基本的なスキルに含まれるこれら三つの分野がソムリエの義務の遂行に必要だ。だがたんにこれらを実行できるだけでは事足りない。有能なソムリエは何があっても優雅さを失うことなく処理できなければならない。悪夢のディナー客の面前でも、ダイニングルームの突発的事件事故に際してもである。試験では忍耐、自信、そしてプレッシャー下の優雅な態度を見られる。試験については受験者のだれもが恐ろしい話の一つや二つは持っていた。

「すこしでも弱味を見せたら、やがてそれは残酷に暴かれる」マスター・ソムリエのスティーヴン・ポーは、アドバイスを求めた私に告げた。「サービス部門の試験を受ける前、車中でバックミラーを見て自分にこう言い聞かせたものさ。『あの下劣なやつら！　やつらはおまえをこけにしようとしている！　連中は落ちるに決まってる！　おまえは合格だ！　会場に行ってやつらをひっつかまえて蹴り落とせ』そうやって試験に立ち向かい」――二本の指をショットグラスのかたちにすると、いっきにあおる振りをし――「そして試験をやっつけた」

資格を得るための王道はない。その代わり、コートが提供してくれるのは十一冊の参考書のリストと三冊のワイン百科事典だ。知るべきことは基本的に自分で学ばなければならない。認定書に挑戦するためにはまず資格検定試験にパスする必要がある。ワインとサービス業界での最低三年の実務経験が「強く望まれる」という強迫にはうなった。だったら、一年ですべてやってやろうじゃないの。

セラー・ラットから一年でソムリエの資格を得る予定だと言うと、相手からは予想どおりの反応が返ってきた。

「コートはいま資格を厳格にしようとしている。とくにきみのようなジャーナリストには厳しいだろう」と毎水曜日にテイスティングしているソムリエの一人が脅した。最近のドキュメンタリー『ＳＯＭＭ』やテレビシリーズ『Ｕｎｃｏｒｋｅｄ』がコートの試験への興味を煽《あお》ったらしい。だから、気軽に受験する者を摘み取ろうと、さらに難関になってしまった。とくに、力のない一般人にたいしては。

多くの試験で監督官を務めた、あるマスター・ソムリエは私を励まそうとしてくれたが、さらに弱気にさせただけだった。

「向こうはただきみがサービスを確実に実行できることを望んでるだけで、パニックにさせて泣かせようとか、会場から逃げ出すように仕向けてるわけじゃない」

考えただけで恐ろしい。不安になる。

「そ、そういうことはよくあるんですか？」

「しょっ……ちゅう」少しも慰めにならない。キャンドルの上でデキャンタージュをしているあいだ、自分に火が燃え移った受験者も数人いるとか。

夫のマットにこの話をすると、彼はもっとも現実的で率直な意見をくれた。

「元の仕事にもどることを考えたことはないのかい？」

ボトルを動かすな！

彼が悲観的になる理由もわかる。

セラー・ラットとしての私の仕事ぶりはある日の午後、またもや最低点を記録した。ジョーが主催する少数の鑑定家のためのワインディナーを準備しているときだった。

ちょうどシフトを終えたとき、ジョーから「セヴン・フィフティ」を取ってこいと命じられた。彼とララがセラーの棚の上部に取り置いていた数本だ（七五〇ミリリットルの普通サイズのボトルのことだ）。ララからは、それらを寝かせる必要はないと念を押されていた。そこでジョーに私の有能ぶりを示すため、それらを無造作に扱った。ボトルを小脇にはさみ、肘のところで逆さにしたり、ボトルの首をあちこちに向けてはしごを降りた。

テーブルにどさっと置いたとき、貴重な荷を運んでいたことに初めて気づいた。それらはイタリアのカリスマ生産者たちが魂を込めて造った宝石で、アンティノリのサンジョヴェーゼ種とフランス産の数種とを合わせることでスーパー・トスカーナワインブームの先駆けとなった「ティニャネッロ」も含まれていた。このディナーの席に着くためにはセラー・ラットの仕事一月分の賃金を投げ出すような高級品の数々だ。ジョーがやってきて、貴重なボトルをちらと見やった。

「全部、昨日から立たせて底に澱《おり》を集めていたんだ」そう彼は言った。「けっして乱暴に扱ってはいけない」

返す言葉もない。

ジョーはポケットからコルクスクリューを出し、コルクを覆っているメタルホイルをはがしはじめた。コルクスクリューの一インチほどの刃をボトルの首の出っ張りの下に当て、一周させる。二つの鮮明なカットができる。時計回りに半周、それから反時計回りに半周。そのあと親指をボトルの口の端に乗せて、ナイフでキャップシールをぱっとはがした。とても自然にはずれたので、まるでワインが帽子を傾けているように見える。次にコルクスクリューを差し込む。そして手首をひょいと動かすと、あたかもティニャネッロがひとりでにコルクを差し出したかのように見えた。ボトルは私が最初に置いた位置から一インチたりとも動いていない。

抜栓をするジョーを私は見つめていた。それからやってみていいかと訊いて、ボトルの口に目をやった。ジョーには見ていられない光景になりそうだ。

「ボトルを動かさないように」彼は注意した。

私はそっとナイフを押し、引いた。

彼はキャンティでも飲んだかのように渋面をつくった。「ぜったいボトルを動かさないように」

私は手をとめ、彼がやったようにボトルの口の下に刃を当て、そのまま指を滑らせた。すると弾みでナイフが親指に深くくいこんだ。血が流れ出る。

ジョーはワインの状態がいっそう不安になったらしい。「ボトルを動かすな」あたかも私がそれまでの数回に及ぶ警告を聞き間違えて、ワインを揺するのが正しいと誤解しているとでもいうように、繰り返した。血が出ている私の手から彼はコルクスクリューを取り上げた。私のほうはもうスクリューを突き刺したいとすら思わなかったし、彼のほうもやってみろとは言わない。

次はデキャンタージュをすることになっている。人生で一度もやったことのない作業。

「デキャンタージュの仕方を知ってるか？」ジョーが訊いた。

「あ、はい」嘘をついた。

ディナー客は十二、三人の予定で、一銘柄一本ずつを全員に行き渡るように注ぎ分けなければならない。客一人にやっと二オンスという量だった。一滴たりとも無駄にしたくないジョーは明らかに私の能力を疑っていて、デキャンタージュの「補習」をした。ガラスのデキャンターを少し傾けて左手に持つと、右手には栓を抜いたボトルを持ち、その首がテーブルと平行になるまで傾けた。火のついたキャンドルの上にもっていく。中身がデキャンターに流入するとき、彼はボトルの肩部分越しに炎を見つめていた。炎が黒い粒子で陰った場合、タンニンの沈殿物や酒石酸の結晶の澱がデキャンターに流入するのをとめなければならない。デキャンタージュは、寝かせていた年月に作られる澱を取り除く意味と、ワインを空気に触れさせることで香りをいっそう掻き立てるという意味がある。そうジョーは説明した。そして彼は残りのボトルをすべてデキャンタージュするよう命じて姿を消した。

私も彼の手順を追った。左手にデキャンター、右手にボトルを持って中のワインを……あ、まずい、ワインはテーブルの上にポタポタとこぼれている。ボトルを安定させる。簡単だった。でも漏らさずにデキャンターに注ごうとボトルの首を注視していると、澱を見張るためにボトルの肩部分を見続けることができない。かといってボトルの肩に注意を集中すると、きちんと注がれているか見られないし、ワインがデキャンターの細い漏斗状の壁を伝って流れる様を追っていられない。さらにもちろん、この醜態を厨房にいるジョーに見られないよう、片方の目を彼に据えておきたい。目をあっちにやりこっちにやりつつ、ドクドクドクというボトルのリズムを安定させるのは至難の業だ。けっきょく、洪水状態になった。

テーブルにワインが飛び散り、両手と、チラチラ揺れるキャンドルの炎がずぶ濡れになった。血が白い蠟に溶けつつあるように見える。ひょっとして——親指をちらと見る——赤いのはワインではなく私の血かもしれない。重ねた白いカクテルナプキンをつかみ、ジョーに気づかれる前に、こぼれたワインを拭き取ろうとした。厨房での会話はいまにも終わりそうだ。こぼれたワインは拭き終えた。赤いシミの付いたクシャクシャの白いナプキンの小山があるだけだ。ナプキンをポケットに押し込み、別のボトルを手に取り、それから次のデキャンターに注ぎはじめた。また洪水。

ワインがデキャンターの外側を滴り落ち、またもやキャンドルを濡らす。ジョーはもうそこまで来ている。ナプキンでキャンドルを軽くはたいたら少し火傷《やけど》した。いまジョーは私の脇にいる。サンジョヴェーゼで濡れてジュウジュウ音を立てているキャンドルに彼は目をやった。ナプキンで膨らんだ私のポケットにも鋭い視線を投げる。彼は無言だった。言葉の必要もなかった。

「もういいからお使いにいってくれ」そう切り出した。「文房具店でシールを買ってきてくれないか」

私の失態は、はからずもセラー・ラットの名に背かないものとなった。頭の黒い大ネズミが、分不相応の一流店に潜入し、しょっちゅう秩序を乱し品格をおとしめ、大損害をあたえているのだから。ボトルをなくし、ボトルを落として割り、どこかにしまいこんで不明にし、数ケースまるごと行方知れずにもした。

まるまる一カ月、一本のボトルを探して過ごしたこともある。〈ラピーチオ〉が上限一九二ドルで提供するボトルの置き場所を間違えたのだ。ララは二千本のワインの一本一本を三度も調べさせたが、ついにあきらめざるを得なかった。そのあと、セリタスが一本、失せた。流行のオーガニックのワイナリーは選りすぐりのワインをレストランに売っている。そこのワインがリストに載っていることは、名誉の功労賞だった。ララが苦心して獲得した戦利品だ——彼女には毎年ほんの数本だけセリタスが割り当てられる。他のワインを常時たくさん買うララへの卸業者流の見返りだった。彼女は一年をかけてリオコ・シャルドネを推してきた。良いワインだがごく普通のカリフォルニア産で、引き換えにセリタスを三本買う特権を与えられた。そしてその一本を私は行方不明にしてしまったのだ。

忍耐強いララは、これらすべての災厄にたいして、当初、なんとか理性で対処していた。私がセラー・ラットになって四週間、彼女は親切にも、新たにワインを仕入れる際、古いセラーマップを消すようにわざわざ注意書きをメールしてきていた。その後まもなく在庫が少なくなっているワイン二十本が見つからないけど、と訊いてきた。あ、はい、それですね。まったく忘れていた。週を追うにつれて、彼女のメモはそっけなく、頻繁になっていった。グラーチの「アルクリア」はどこ？　ラギガ・バルバレスコが四ケース届いたはずなのに、どうしてセラーマップにはたった一ケースしか載っていないの？

ある金曜日一日だけで五通のメールを受け取った。それぞれ苦情を箇条書きにしてある。白が入荷したのに指定の冷蔵庫《ローボーイ》にストックしていなかったこと。セラーの一列目にあるボトルがいまだに見つからない、しかも後列には別の銘柄が置かれていること。別の白も冷蔵庫《ローボーイ》に納められていない。お願いだからマップの余白にいろいろ書き入れるのをやめて。赤と白の区別がつかないの、あなた？　オキピンティの白と赤をごっちゃにして置いてあったわよ。グルエはうちの店のじゃないし、プリマテッラもそうだ。それらは姉妹店用だ、メールを読まなかったのか？

次の週、在庫調べ中、私のダメ仕事ぶりがララの精神に深刻な打撃を与えていることを痛感した。月に一度の在庫調べだ。一本につき残量を十分の一単位で調べ、各ケースのストックがじゅうぶんあるかどうかも記録する。そうすることで利益とコストを追跡できる。ララはカウンターでノートパソコンを開け、私は床にしゃがんで冷蔵庫《ローボーイ》の中のワインの銘柄と残量を読み上げていた。そのころになってやっと私は冷蔵庫《ローボーイ》を毎日チェックして一種類のボトルがきっかり二本——それより多くも少なくもなく——あるのを確認することをおぼえていた。

「フォーローン・ホープ・トルーソー・グリ　十分の三！」と私が叫ぶ。

「三」彼女が繰り返す。

「グラーチ・〈アルクリア〉、三！」

「三？」彼女が訊き返す。

「ファイラ、三！」

それは三週間前に売り切れたと彼女に報告したワインだった。

押し黙り、目を閉じるララ。頭痛でもするのか鼻の付け根をつまみ、極端にゆっくりとこう言った。

「理由があってシステムをもうけてるの」それから「そのシステムに従うこと。だれもシステムに従おうとしないんだから。ホント。お願いだからシ、ス、テ、ムに従って」。そう言うと私の隣の床にくずおれ、冷蔵庫《ローボーイ》に寄りかかった。私を見ない。ただ前を見つめている。「このぶんじゃセラピーを受ける羽目になりそうね」

ワインリストの秘密

それでも私はしだいに店のリズムを把握し、街の快楽主義者のリズムにも合わせられるようになった。ニューヨークの地元のディナー客が繰り出してくる火曜と水曜と木曜夜にはもっとも値の張るワインが売れる。彼らは「本当のマンハッタンの食事客」とララは称賛を込めて言う。彼ら美食家は週末の浮かれた民を敬遠している。金曜と土曜日はワインと高い酒の売り上げは鈍る。理由は「橋とトンネル」——ニュージャージーと行政区《ボロ》からの客のことだ。だが贅沢な暮らしをする人々はとかく揶揄《やゆ》された。火曜日、ララから取りおいておくようにと頼まれた高価なガヤ。どんな客に出すのかとたずねる私に「ああ、さる金持ちのお誕生日パーティー用だとさ」とシェフの一人が茶々を入れた。別の夜は「金が余ってしょうがない御仁に」と。

ワインリストの業界用語、隠語も自然にわかるようになった。レストランでは一般に、一杯のグラスワインにたいして、そのボトル一本の卸値と同額を請求されること、それからボトルで頼むと卸価格の四倍を請求されることをいまの私は知っている（グラス四杯がボトル一本の値段……そういう計算だ！）。〈ラピーチオ〉では末尾が奇数で終わる価格のワインが一番の売れ筋だ、そしてグラス一杯が一〇ドル以下のものはない。「上客をターゲットにしているの」とララは説明した。

グラス売りのワインはだれにとってもおいしい商売だ。生産者と卸業者はグラス売りの場を欲しがる。というのも商品の回転が速いし、安定して注文が入るからだ。もっと高級なレストランではグラス売りの価格は特別な思惑のもとに決められる。「レイプ、ぼったくり」とあるソムリエがコメントした。利にさといベバレッジ・ディレクターは「タックスも払え」とばかりにシャルドネやマルベックなどブランド品種のグラスから取りたてる。それどころかもっと上乗せもできる。たいていの飲み手は一つの品種にこだわり、自然と「それをくれ。高くてもかまわない」となる。それらのワインはステータスシンボルであり、ここぞという時、頼りにもなるからだ。私が外食するときは定番の人気銘柄を避ける。「カベルネ」がソムリエ言うところの「儲かる」ワインで、お値打ち品ということなので、私は、なじみがなく、少々冒険に思えるようなワインにこだわる。たとえばフランスはサヴォア県のモンドゥーズ・ノワール。ゴールデンルールに感謝だ。つまり「知らない人間に儲けさせるわけにはいかない」。ソムリエのなかには自分のお気に入りの、目立たない産地ながらすばらしいワインを勧め、低い利幅で、ぼったくりとの違いを見せてくれる者もいる。すばらしいフレーヴァーへの愛は、利益を底上げする切り札にもなれるのだ。同時に、私はニューヨークのワイン界のヒエラルキーにも興味を抱き、知った。日中いっしょに飲む人々は三つの層、つまり生産者、卸業者、そしてソムリエ（あるいは小売店）などに属していた。私たちのテーブルに到達する前、すべての酒のようにワインもこの三つの層を経なければならない。プロセスはことさら複雑に作られている。禁酒法の廃止に続き、当局は仲介業者——卸業者——を作った。アルコールの強力なロビイストの出現を防止し、価格を上げて酒を買いにくくし、肝硬変に蝕まれたのんべえ大国になり果てるのを阻止するためだ。

ワイン生産者は当然、ワインを造る。彼らは九月と五月のもっともワインが売れるシーズンに顔を見せて、ときたま甘ったるいフランス語のアクセントで顧客を魅了する。

卸業者はワインを売る。なかでも凄腕でならした業者は宝石を見つけるとの定評があり、彼らのお墨付きを得たワインをソムリエたる者、一本は手に入れるべきとされる。業者の多くが元ソムリエで、フロアでの深夜までの重労働にうんざりしたあげくの転身だ。そしてほぼ全員が元の同僚にゴマをすらねばならないことを知っている。彼らは接待費でソムリエやベバレッジ・ディレクターに惜しむことなく食事をおごり、ポートフォリオにあるワイナリーを訪ねる旅に招待して地球を飛び回る。テイスティングの折にたまたま出会ったソムリエのほとんどが、いつも卸業者とともにどこかのワイナリーか、合衆国貿易局の経費でコルシカ、オーストラリア、チリなど旅をする計画をもっていた。私以外だれも損をしないシステムに思えた。ソムリエは、すばらしいワインだからという理由ではなく、ご機嫌な旅をしたからという理由だけでワインを勧めるのではないだろうけど……。「それが実情なんだ」と、恰幅の良すぎる五十代の卸業者が教えてくれた。「連中は旅し、おいしい体験をし、そのワインを自分のリストに加えることで感謝を表す」〈ラピーチオ〉でのビジネスは個人の裁量に任されていた。そしてジョーとララはお気に入りの業者を持っている。「ターリーはうちのグラス売りのワインリストの常連なの」ララはカリフォルニアのワイナリー、ラリー・ターリーを引合いに出した。「たまたま彼と娘さんとは、私、すごく親しいの、だから好意的に扱っている」

もっとも正確かつ厳密な意味で言うと、ソムリエはレストランのためにワインを買い付け、それから顧客に売ってサービスする存在だ。彼らは自分のリストにテーマを設け、買い付ける量を計算し、客に売り込む技を考え、生産者のビジョンを伝え、そして究極的には店の経営状態を健全に保とうと腐心する。〈ラピーチオ〉では、ワインとその他の酒類がひと晩の総売り上げのほぼ三分の一を占める。ステーキよりもボトルのほうが売り上げをかさ上げするから、飲み物が〈ラピーチオ〉を文字通り潤しつづけているわけだ。「もし私が間違ったことをしたら、店は窮地に陥る。冗談ではなく店の命運を握っているの」そうララは言い切った。自分たちが作ったものを提供するシェフやバーテンダーなどと比べてソムリエはたんなるメッセンジャーと思われているかもしれない。だがグラスのなかの液体を通じて、有能なソムリエはワイン、言葉、セッティング、心理学、それから非凡な経験などを駆使してサービスする。その意味でシェフと同じくクリエイターでもある。「ワインは」と十九世紀の小説家アレクサンドル・デュマは言明している。「食事の知的な部分だ」

ソムリエの歴史

紀元前七〇〇〇年ごろ人類がワインを造って以来ずっと飲み手は忠実なサービス役を求めてきた。やがてその役割が変わってしまってもソムリエは特別扱いだった。ワインの給仕を託された幸運な者は他の従者や召使いと比べて特権を享受していた。ワインは特別だと古代の人間はワインに神聖な起源を求め、信じた。ひいてはワインを扱う人間まで神聖視された。

聖書の創世記はもっとも初期に「ソムリエ」に言及したものの一つだ。まだその呼び名はなかったが。宮廷で酌係としてワインを注ぎ、仕えた彼らはまた歴代ファラオの腹心の友であり相談役でもあった。聖書の物語では、ファラオがワイン係を呼び、夢解きを頼む。すると賢明なワイン係は夢の解析人としてヨセフを呼び出した。ヨセフはファラオの見た夢を干ばつの前触れだと解き、国を挙げて穀物を蓄えるように進言する。歴史上ほぼ最初のソムリエが七年に及ぶ飢饉を間接的に救ったのだからこれはソムリエには幸先のよいスタートだ。いつもそれほど気の滅入る仕事ではなかったことがわかる。ラムセス大王は紀元前十三世紀の在位時、エジプトのブドウ畑を広げ、お抱えの「ソムリエ」一団に頼ってワインの出来を「良い《ヌフル》」か、「とても良い《ヌフルヌフル》」になるように知恵を出させた。

エジプトの数百マイル北では古代ローマ人がワインを注ぐ特別な僕《しもべ》を宴席にはべらせていた。他の従者と異なり、この僕は王者ふうに紫やゴールドの刺繍をほどこした華やかなチュニックをまとっていた。宴会出席者は、傍にはべってワインを注いでくれる青年たちも味わった。高位の客には招待主からもっとも魅力的な青年をあてがわれたものだ。紀元一世紀の哲学者セネカが詳述しているように、宴会のホストは招待客がワインのもてなしよりも肉体的欲望を満たすことを期待していた――「酌係」がすでに兵士としても通る年齢と体軀だったにもかかわらず、「つねに毛を剃るか、根もとから抜いていて、宴の夜じゅう、主人の酔いと色情に応えた」

後世のソムリエの歴史は数千年あとに始まる。性的義務と毛を抜くことからは解放されたが、中世の酌係はヨーロッパの王や王子が宴会で練り歩く際のステータスシンボルとして機能した。若い貴族は王族にワインを注ぐチャンスを競い、下位の貴族もその流行を真似て、彼ら自身の従者を引き連れて宴席に光彩を放った。「ソムリエ」の仕事は一三一八年にフィリップ五世長軀王の布告によって公式のものになる。以後数百年間は家から家へ荷を運ぶロバや馬（bêtes de somme）を管理する仕事もあったが。十七世紀ごろ、ソムリエの地位は上がっていた。大貴族や領主グラン・セニョールが所有しているボトル（bouteiller、ブティエ）をソムリエに選ばせて食卓に運ばせ、酌係に（échanson）給仕させた。

後のレストランに先立って私邸で働くこれら初期のソムリエは、コート・オブ・マスター・ソムリエ試験の必須要項よりもはるかに広範な責任を負っていた。十七世紀フランスのサービス教本『A Perfect School of Instructions for the Officers of the Mouth』によるとソムリエは果物を珍しい形にカットし、リネン類を洗ってプレスし、銀器を磨き、テーブルをセッティングし、食事中は皿を出したり下げたりし、ワインの試飲も受け持っていた。富裕な家族の「ワイン・バトラー」は給仕であり、ワイン生産者であり、錬金術師でもあった。つまり、彼らは、粘着性で刺激があり、混ぜ物で品質の落ちるワインをなんとか飲めるようにする手法を編み出すアルケミストだった。たとえば強い酸味はカキを用いて調整した。一八二六年のサービス係の教本にはフランスワインのビンテージを偽る方法まで記されている（シードルサイダーとポートワインを同量に瓶詰してボルドーもどきを造り、ひと月寝かせたうえで供する。「優れた味覚の持ち主でも良いボルドーと区別がつかないだろう」）。階級の高い雇い主の場合、住込みのセラー係は他より身分が一段上とみなされ、当人たちもそのように振る舞った。「ウェルベック家のワイン係は他の使用人にたいして傲慢に振る舞った」とポートランド公爵の元使用人はエドワード七世時代の英国でのサービスの回想録で憤慨している。「ワイン・バトラーのミスター・クランシーはとくに傲慢で横柄だった」

フランス革命から数年後、初めてソムリエにレストランが解放された。彼らは〈ラ・メゾン・ドレ〉のようなパリっ子がよく通う店に現れた。デュマやバルザックのお気に入りで、好奇心の強い物見高い連中御用達の店だ。二階建てのセラーは約八万本のストックを誇ったという。〈ラピーチオ〉の実に五十倍のストック量だ。やっとだれでも階級に関係なくソムリエのアドバイスとサービスを受けられる時代になり、ソムリエはワインの地位と評判を高めるために一役買った。歴史をつうじてワインはおもに渇きを癒す粗末な飲み物だった。多くはアルコール度が低かったので、日常的に一日じゅう飲まれた。バクテリアに汚染された水だと死ぬ可能性もある（「そこの水が悪いなら、飲まないのが一番安全だ。ワインのようにベリーやモルトの樽で濾過されていないから」とヴィクトリア女王時代の作家サミュエル・バトラーは忠告している）。そしてソムリエがワインを武器にダイニングルームに常駐するようになると、洗練された雰囲気をまとった文化的飲み物としてワインの地位は高まる。次は合わせる料理だ。十九世紀、致死性でない飲み物としてのワインにふさわしい場が広がり（コーヒーはカフェで、ウィスキーはバーで飲まれた）、食卓と結びついた。ステーキハウス〈デルモニコス〉の偉大なシェフ、チャールズ・ランホファー、続いてマンハッタンにある最高級レストランのシェフたちは、ワインに合わせる料理についてディナー客の要望を聞き入れるようになった――「味の好みは気質による」とランホファーは書いている。「エネルギッシュで、かっとなりやすい気質の人にはボルドーのような刺激性のあるワインが喜ばれるだろう」いっぽう、「憂うつ気質の人にはブルゴーニュのような催淫性のあるワインが好まれる」これはワインと客をマッチさせる考え方の一つだが、現在ではほとんどのソムリエがセレクトにはもう一つの要素を採り入れている――つまりソムリエ自身のフレーヴァーの好みに焦点を絞ることで、食事客ごとにぴったり合うワインをセレクトしている。客のほうは「良い」ワインについてまったく異なる考えをもっているかもしれず、セレクトの理由と過程について謎のままに置かれているが、そのセレクトの過程を見たいと私はずっと思っていた。

〈ラピーチオ〉での数カ月が過ぎ、ボトルの配置を間違えることは（ほとんど）なくなった。ケースの上げ下ろしも修得し、マップも頭に入り、在庫表、それからセラーにあるワイン生産者の名前も九九パーセント覚えた。〈ラピーチオ〉の給仕スタッフのためにグラス売りBTGのテイスティング・ノートを書き、「恐怖のはしご」の昇降もこなせるようになっていた。店で何が起きているかだけでなく、その理由も把握できた。

だが、学んだなかでもっとも重要なのは〈ラピーチオ〉での仕事はここまででお終《しま》いという見極めがつけられたことだ。ジョーとララは自分の仕事をあくまでも仕事としてとらえていた。人生そのものではなく、という意味だ。彼らはノーマルで常識的な人間だ。だけど私はノーマルで常識的な人々とずっとやっていくために前職を辞めたわけではない。

市内をあちこち訪れるうちに、別のタイプのソムリエと出会っていた。ソムリエをたんなる仕事とは見なさず、ライフスタイルですらない人々。一つの信仰になっている人々。信仰といっても、休みの日に教会に行く宗教ではない。マルティン・ルターがやむにやまれず教会のドアに糾弾の九十五ヶ条の提題を貼りだしたのと同じ熱情の持ち主たち。「なんならカルトと呼んでもいい」と、このタイプの一人は言った。

彼らの勤務日はタイムレコーダーを押したときに始まるわけではない。彼らは午前中をテイスティンググループで味覚を磨いて過ごす。フラッシュカードを七時間ぶっ続けにめくって復習し、気晴らしに粘板岩を嗅ぐ。「バケーション」とはカリフォルニアやスペインのブドウ園で情報を集めることだ。彼らは生活を自分と互いの鼻と舌を中心に据えて整える。その鼻と舌は二〇〇万ドルの価値があるのだ。ミッドタウンのレストランに勤めるソムリエは一年にワインを三〇〇万ドル（三億円）売ると明かした。私は一人の客が一年にワインに費やす額かと誤解した。あとで彼女は私の誤解を正してくれたが。彼らは愛情を込めたニックネームで互いを「コルクドルク」（ワイン命の変わり者）と呼び合う。

彼らこそ私が会いたかった人々だった。しかし〈ラピーチオ〉にはいない。彼らはもっと情熱的で、独立独歩のエリート層だった。彼らの大半は、ニューヨーク・タイムズの料理評論家がその仕事に就いてラッキーだったと思うような高級レストランで働いている。そこは一目置かれる新興財閥や億万長者のための場所、私が予約を取ることや支払うことなどとっくにあきらめているような場所だ。これらのソムリエは自分たちと同じくフレーヴァーにとりつかれている客に六〇〇〇ドルのワインをサービスすることも珍しくない。彼らはテイスティングのためのテイスティングに命を賭けている。そして私のように、コートの試験の準備をしている。彼らの場合は最高段階のマスター・ソムリエの資格試験だが。

ソムリエや卸業者やコレクターとの会話で頻繁に出てくる一つの名前があった。マスター・ソムリエを目指している野心的ソムリエ。なかにはその人物をダスティン・ホフマン演じるところの自閉症の碩学になぞらえて「レインマン」と呼ぶ者もいる。「他の多くのソムリエは、やつのことを少々煙たく思っているがね」とあるソムリエが意味深に言った。「だけど、うん、なにしろ、博覧強記だからな、やっこさん」

私はもはやワインのしろうとではないが、ソムリエには程遠い。依然として指導者《メンター》を、私だけのオビ＝ワン・ケノービを探していた。見識があり、懐が深く、老練で、そしてミステリアスな師。モーガン・ハリスのなかに見たのは、この理想とはまったくかけ離れたものだった。

2章 シークレット・ソサエティ

The Secret Society

モーガンと出会ったころの交流は奇妙なものだったと言わざるを得ない。

彼とは「ザ・ワインバー・ウォー」というワインフェスティバルで最初に会った。そこでのモーガンは大真面目に持参のワインセラーを自慢していた。会場となったブルックリンの倉庫はひどい暑さだったが、彼の持ち場だけが適温に冷やした赤ワインを出したからだ。このちょっとした先見の明に本人も鼻高々だった。そこまで徹底してやる強迫神経症的な快楽主義には感動するし、モーガンに関していくつか好奇心をそそられる噂も聞いていた。そこで私は彼がソムリエになった経緯をちょっと聞きたいとメールした。

「ソムリエになった経緯については自分でもさんざん考え、書いてもきた。この仕事をしている理由と役割について言うと、流通機構の中の中間的存在に終わらず、客と接して実際に文化的・社会的に重要な役割を担っていると思う」とあくまでも肯定的にとらえていた。彼は〈テロワール〉で一杯やろうと私を誘った。イーストヴィレッジにある居心地のよいワインバーで、ロック歌手のイギー・ポップやザ・フーらがひいきにし、ワインリストには彼らのいたずら書きもある。ワイン界での「精神的ホーム」の一つとモーガンは呼んでいた。

バイクに乗って到着した彼はジーンズにビンテージもののTシャツ、つばなしのニット帽、そして履きつぶしたサッカニーのスニーカーというヒップスター・ファッションに身を包んでいた。父親のクローゼットから掘り出してきたという。着る物よりも飲み物にもっぱら金を遣うと、長い脚を狭いバーカウンターの下に折りこみながら明かした。帽子をぐいと引っ張ると、カールした毛が一束、ふわふわした感嘆符のように額に掛かって揺れる。首から下はバイクメッセンジャー、顎から上はヒュー・グラント、のモーガンは、青い瞳とシャープな顎のライン、そして印象的なウェーブヘアという、ちょっとやんちゃでハンサムな青年という印象だった。

私の好みも聞かずに彼はシェリーを二杯持ってこさせた。「シェリーは最高に複雑な飲み物の一つなんだ」と切り出し、笑いながらレクチャーに入った。TV広告に出てくるドラッグの副作用だと通常はみなされるような弾丸トークだ。アモンティヤード・アタウルフォ・シェリーの生物学的そして酸化の熟成過程について、フィノ、マンサニーリャ、アモンティヤード、オロロソ・シェリーについて語る。オロロソとオリーブは最高の組み合わせだということ、そして熟成十八カ月のハモーン（ハム）は「酸化よりもウマミタイプのフレーヴァーをもっている」こと、ドライとタンニンの混合状態、一八〇〇年代のワインの傾向などについてまくしたてた。やがて両脚を私のスツールの脚に乗せ、何かを強調するときは私の顎の下のカウンターをバンバン叩く。そのたびに額のカールが激しく揺れる。トマス・ジェファーソンがマデイラをこよなく愛したのを知っているかい？　バローロは一八七〇年まではドライではなかったことは？　十九世紀の料理は胸焼けするほど味が濃かったことは？　たとえば〈デルモニコス〉の昔の料理のように、そりゃあもうとてつもなく！　のけぞり、両手を宙に投げて力説する。どうにも止まらない。「客は命がけで美食にふけっていたんだな！」タイタニック号に積まれていたもっとも高価なワインはドイツのリースリングだったことも披露した。試飲時のテイスティング・ノートなどは「基本的に悪」だとも決めつけた。それから、一四〇〇ドル——お買い得だぜ！——のシャンパンをどうしても手に入れたいと打ち明けた。それを飲むのは「宗教的体験に近いものだろうな」。自分の味覚の強みと弱みまでもあっさりと口にした。バスケットボールのスター選手がスカウトに自分のシュート歴を気軽にしゃべるように、香り成分ロタンドンを嗅ぎ分けられずにネッビオーロとサンジョヴェーゼの区別ができないことも明かした。これではスーパーテイスターの座も危ぶまれるというのに。ワイン本の執筆を計画していることも口にした。ワインの案内書というよりもっとマニフェストあるいは宗教的範疇に近いような「アメリカ人とワインとの関係を探る壮大かつ画期的な」本になる予定だと。

「一般のアメリカ人が吹き込まれた最大の嘘は、自らの味の制御ができないというまやかしだった」そう彼は説いた。賛同するかのように顔のカールが震える。

これが典型的なモーガンだった。プロフェッショナルとも言えない、少々誇大妄想的、そしてひどくもってまわった言い方をする。「他人の意見に好んで耳を貸すという点には自信をもっている」それが皮肉を込めた真逆の発言だということはあとで知った。

ふたたびワインを二杯注文すると、モーガンは自分の経歴を徐々にひもといてみせた。現在二十九歳、エマーソンカレッジ（「教会系学校」として開校したばかりだった教養学部の小さいカレッジ）で演劇を学び、その後ソムリエ道を追求するために演劇を捨てた。ヴェガスのカジノでのカード・カウンティングを描いた映画『21』（邦題『ラスベガスをぶっつぶせ』）で、手タレ出演したモーガンの指関節を憶えている人もいるかもしれない。七年間で彼はボストンのイタリア料理店でそこそこのワインをサービスする仕事から、〈オリオール〉〔訳注　タイムズスクエア近くにある一つ星のアメリカ料理レストラン〕で金持ちの有力な客たちのためにボトルを選ぶ仕事にまでのぼりつめた。タイムズスクエアの端にありミシュランの星を獲得している〈オリオール〉はシェフのチャーリー・パーマーが仕切っている。〈オリオール〉に入る前にモーガンは、フレンチシェフの至宝、ジャン＝ジョルジュ・ヴォンゲリスティンの世界的帝国をクビになっていた。液体の快楽を我慢できなくてある夜、事務室で注文伝票の整理中にマルガリータを飲んでしまったのだ。それが命取りになった。

今の彼はレストランのワインのプロが到達できる最高ランク、マスター・ソムリエを目指して二度目の受験準備中だった。難関を通過し名誉を手にするという意味で、マスター・ソムリエはダイニングルームにおける海軍特殊部隊ＳＥＡＬｓに相当する。だがＳＥＡＬｓの隊員は二千四百五十人いるのにたいして、これまでマスター・ソムリエになったのはたったの二百三十人。詳しく言うと、毎年二百人が受験し、九五パーセントが落ちる。マスター受験者は試験までの年月、平均すると二万本以上のワインをテイスティングし、一万時間勉強し、四千枚以上のフラッシュカードを作り、そしてシャワーストールの壁に二十五ものラミネートした地図を貼る。試験の理論部門の成績が一定水準に達しないと他部門の受験資格がなくなる(フィアーノ・ディ・アヴェッリーノ産地の標高は？　ざっとこんな感じだ)。彼は初めての受験で理論に的を絞って勉強した。あとはテイスティング部門とサービス部門にパスすればいい。次の春に両方を受けるのだろう。ちょうどそのころに私は資格検定試験を受ける予定でいた。だからコートの試験に人生を百八十度変えられたこの男に私は親しみを感じたのだ。私と同じタイムラインで準備をしている。願わくは彼の訓練計画に私を加えてくれるといいのだけど。

　ほかにも共通点がある。私もすこぶるつきのオタク人間で、肉体労働は苦手だが、コンピューター画面のＬＥＤ光を浴びていれば満足する。そういう妻を夫は友人に「インドアキッズ」と紹介する。つまり私はあるウェブサイトのテクノロジー・エディターだった。仕事はオタクたちとの交わり。そしてさまざまなタイプとオタク度の連中と実際に会ってもいた。プログラマー、ハッカー、未来派人間などなど数十人に及ぶだろうか。でもそういう私ですら、オタク人間にかけては世界的鑑定家と自負する私ですら、モーガンには脱帽した。彼の技能や知識はとにかくすばらしい。オタク道をはるか先に行っている。ときどきクールさを取り戻し、それがまた説得力をもち、相手の心をつかんで離さない。彼の周囲の空気はワインへの強烈な思い入れで文字通りプルプル震えていた。彼の情熱には惹きつけられずにいられない。

　私たちの最初の邂逅《かいこう》はほぼ三時間続いた。一言も差し挟めずにいた私は、モーガンが洗面所に消えてから、やっと勘定を頼んだ。友人とのディナーに遅れないため、三十分走った。

「何から経験したらいいか優先順位をはっきりさせたいなら、連絡してくれ、いつでも力になるよ」別れるときモーガンは言った。頼みたいことはただ一つ、決まっている。プラトンならけっして認めないだろうけど。

人々に刷り込まれた味覚（そして嗅覚）の軽視はプラトンに始まる。この偉大なギリシャの哲学者にとり、味覚と嗅覚は五感のなかの劣等生だった。聴覚と視覚は美的快感をもたらしうると主張するいっぽう、鼻と口からの経験は束の間のはかないもので、知性を欠く刺激であるとみなした。両者はせいぜいただ肉体をムズムズさせるに過ぎず、最悪の場合、男どもを野蛮人に変えると考えた。フレーヴァーに刺激された食欲、「肉と飲み物を欲する魂の部分」は「男の中に鎖でつながれている野蛮な動物」とたいして違わないとプラトンは見た。暴飲暴食を誘発しかねないこの内なる獣を放っておくと「人類は哲学と音楽の敵になってしまう」。一人の哲学者に由来するこの思考は憎んでも余りある罪だと思う。

この思い込みが数世代にわたり思想家に受け継がれた。思想家はプラトンの意見を取り入れた。舌と鼻は信頼できない感覚器官で、大食と悪へと堕落させる入口であり、すべて最後は肉体の醜い欲となる。トマス・アクィナスはこう書いた。「人間の幸福が肉体の快楽に存在して、その最たるものが食と性の快楽というのは明らかな間違いである」ルネ・デカルトは視覚について「もっとも高貴で了解しうる感覚である」と考えた。イマヌエル・カントは視覚を「もっとも高貴」とする意見に賛成し、味覚と嗅覚を「たんなる器官の感覚以外の何物でもない」と軽蔑した（嗅覚を取り上げて「もっとも報われない」、「なくてもよい」感覚で、「開拓する価値もない」と一蹴した）。諸感覚へのこの俗物的偏見は哲学をはるかに超えた分野まで流れていく。科学者ですらこれら原始的で、すたれた能力とされるものの研究を拒んだ。しかし匂いに関する著作で二十世紀の草分け的研究者ジャック・ル・マグネンは味覚と嗅覚に焦点をあて、「マイナーとされる感覚」にあえて目を向けてみる必要があると説いた。レストラン〈イレヴン・マディソン・パーク〉［訳注　マディソン・アヴェニューにある欧米料理レストラン。二〇一七年の世界ベストレストラン50で一位に選ばれる。事情通にはＥＭＰ］に週一回集まる野心的なマスター・ソムリエのグループは、この味覚と嗅覚を拒絶する感受性を嘲笑った。

伝説のブラインド・テイスティンググループ

彼らのグループは、ニューヨークのブラインド・テイスティンググループの聖杯、つまり伝説的存在で、市で最高レベルと噂された。グループに加わりたい者のウェイティングリストがあり、「とにかく熾烈《しれつ》なの」とさるソムリエールから脅された（彼女はずっと退けられていた）。不適切なワインを持参したり、無断で欠席してブラックリストに載った人々の話も聞かされた。加入に際してオーディションも申込書も面接もない。そのかわり、カントリークラブや秘密結社スカル・アンド・ボーンズのように、しかるべき人物と知り合い、しかるべき職場で働き、そのうえで機会を探すのが最善の策だそうだ。たとえば、コンクールに出場して、あなたがムルソー（ブルゴーニュのムルソー村で育ったシャルドネ）やマルサネ（ブルゴーニュのマルサネ村、約二〇マイルの区域で育ったシャルドネ）を知っていることを示すのが最善の策だという。最近そのグループに加入を許されたワインの天才ヴィクトリア・ジェイムズに、私も入会できるだろうかと訊いてみた。「それはすごくむずかしいわね」彼女は難色を示し、「すごくむずかしいわね。とても、むずかしい」と二度も繰り返した。それから、シャブリのボトルの詳細をめぐってのいざこざを披露した。「『なぜこんなシャブリを持参したのか、二〇一三年の天候は温かく、シャブリの特徴を有していないのは明らかなのに』みたいな」

ブラインド・テイスティングのグループは、ふつう、経験度合いによって分かれているので、私の場合、マスター・ソムリエの候補者といっしょのテイスティングなど論外だった。だがそこがまさに私の狙い目だ。味のつわものたちとの〈ブラインディング〉経験から得られる価値は計り知れない。だからこそ入会に際しての敷居の高さとメンバーのえり好みは当然なのだが。ある女性はすでに職に就いているが、それとは別にマスター・ソムリエのもとで定期的に彼の目の前で試飲できるというだけのために二時間かけて通ってくるという。他にも多くの人間が同じ目的で国内を飛び回っている。有能なコーチなら、たとえば酸についての弟子の見解が基本からはずれている場合、注意してくれる。モンタルチーノ産のサンジョヴェーゼとキャンティ産のボトルの区別の仕方とか、弟子の記憶からどのフローラルの香りが失われているかなどを指摘してくれる。

〈イレヴン・マディソン・パーク〉、ＥＭＰのグループのだれかを紹介してくれると彼女の約束を取り付けたにもかかわらず、数週間経っても、そしてしつこくせかしても実りがなかった。モーガンがそのグループのメンバーだったので、〈テロワール〉で会ったあとすぐ彼に、私もいっしょに行くことができる？　とメールを送った。

最初、彼の態度はあいまいで言質をとれなかった。で、私は譲歩を得るまで粘り、催促し、迫った。やがて凍てつくような日、グループのほぼ全員の十二人が緊急の仕事に忙殺されているとき、モーガンはついに折れた。だが私は妥協しなければならなかった。見学することはできる、ワインを試飲することはできる、だけど私のレベルだと発言は許されないと。


モーガンのテイスティンググループのソムリエにとり、火曜朝の十時に〈イレヴン・マディソン・パーク〉、EMPに集まるのは、フィットネスマシンのステアマスターでのデートのような魅力をもっていた。それはいわば舌の筋トレで、彼らはこの毎週の活動をもう数年間続けている。

しかし私のほうは緊張し、馴れておらず、冷静にかまえていられなかった。興奮ぎみにEMPの大きな真鍮の扉をぐいと押し開けた。もうすぐトップクラスのソムリエたちと試飲することと、ニューヨークで最高のレストランに潜り込んで秘密《シークレット》のソサエティに入れることの両方に感動していた。その高揚した気分はEMPのフォーマルダイニングルームの豪華さにいっそう煽られた。そこにいると億万長者の大叔母かだれかにハグされるような気分になる。重厚なベルベットのカーテンをかき分けるとアールデコの傑作である部屋が現れる。巨大な格子窓からは公園が一望でき、ふつうの倍の高さもあろうかという天井はピンクの波型模様の縁取りも美しい何層ものくり型になっている。奥まったところにある、リネンの掛かったテーブルからモーガンが手招きした。ハナミズキとアマリリスを生けているフローリストの脇を通る。私のスタジオタイプのアパートに入りそうもない大きい生け花だ。無人の教会のようにブーツがフロアに大きくこだまする。ＥＭＰにも食の世界の教会というか神聖なまでの雰囲気がただよっている。世界のベストレストランを選ぶサン・ペレグリノのリストで第四位に位置しているほか、店は掛け値なしの称賛を得ていた。ＥＭＰでは水を注ぐためにスタッフは十カ月間も訓練を受ける。「夢紡ぎ人」と呼ばれるサービス係は小さな奇跡の数々をとおして食事の魅力をたかめる。たとえて言うなら、三つ目のコースで雪遊びをしたいと言う客に橇《そり》を運ぶことによって。ディナーは二九五ドルからあり、三時間半をかける。店のコンセプトは、食事の印象が一生続くようにというものだった。もし高価なワインを注文でもしようものなら、印象は好都合にもあなたがちょうどクレジットカードの勘定を払い終えるまでと同じ時間、つまり一生続くというわけだ。

十二人前後のテイスティング・グループのうち四人がすでに来ていた。彼らはほぼ四年もいっしょに試飲をしている。ダナ・ガイザーはソムリエから卸業者に転身した人間で、スタンフォード大学で機械工学の学士号を取得している。年齢は三十代半ば、『シザーハンズ』の異様で爆発したようなエドワードヘアをし、身体に張り付いたスーツとピンクのシャツ姿は「今月のＧＱ」というクールな雰囲気をただよわせている。ジョン・ロスはダナより数歳若く、皺くちゃのスウェットを着て、疲れ切って見える。ＥＭＰのソムリエなら当然と思われる週七十時間もの重労働にたずさわっていると聞けば驚くことではないが。「連中はスタッフを私物化しているのさ。やんわりとどころかあからさまに」とはモーガンの弁だ。ヤニック・ベンジャミンは会員制のユニヴァーシティ・クラブのソムリエをしている。市の銀行家、弁護士、医者、信託資金提供者たちに人気のクラブだ。二〇〇三年、車の事故に遭い、ヤニックは車椅子生活を余儀なくされた。しかしベンジャミン一族代々のレストラン業に就くのにそれはなんの支障にもならなかった。そしてモーガンはモーガンだ。四人がマスター・ソムリエ試験を目指して準備中だった。ヤニックは今度で九度目の挑戦だという。

ダナ、ジョンそしてヤニックはむっつりとして眠たげだ。モーガンは、まるで忘れたセリフを思い出したかのようにしゃべった。「狡猾なソムリエが思いついたというボトルのサイズの憶え方を聞いたかい?」持参のボトルの形を含め銘柄の詳細を隠すためにワインをデキャンターに注ぎながら彼は訊いた。「マイケル・ジャクソン、リアリー、メイクス、スモール、ボーイズ、ナーヴァス。

つまりマイケルはマグナムサイズ。ジャクソンはジェロボアム。リアリーはレオボアム。メイクスはマチュザレム。スモールはサルマナザール。ボーイズはバルタザール。ナーヴァスはナビュコドノゾール」(地域によってサイズが少し異なる場合があるが、マグナムはレギュラーボトルの二本分。ジェロボアムは四本分。レオボアムは六本分。マチュザレムは八本分。これ以後はナビュコドノゾールまで四本分ずつ増えていくから、これはふつうサイズの二十本分で、パーティーなどでとても楽しくスリリングな体験となることは間違いない)

ワインを持参しなかったことを私は詫び、次回は持ってくると添えた。

「いや、大丈夫だ。もし持ってきたら、ぼくらのことだからただ失望の哀れっぽい声を出し、そして罵声を浴びせるだろうから」

それはこけおどしではなかった。ここでのブラインド・テイスティングの訓練は特別な、いわば変わった銘柄のワインの試飲にこそ意味があるからだ。望まれるのはたとえばアルゼンチンはメンドーサ産のマルベックの特徴的スタイルのボトル、フランスのシャトーヌフ・デュ・パプ畑のブドウを主体にしたグルナッシュといったボトルだ。「たとえばもしきみが七年もののチリのカベルネか、マコンのシャルドネのオーク樽で熟成されていない一六ドルのボトルを持ってきたら、ぼくらの時間を無駄にさせることになる」モーガンはきっぱりと言った。もう一つの不適当なボトルについても何度となく強調した。つまり、マスター・ソムリエ試験に出てくると思われる五十前後のブドウの種類に入っていないブドウのワインを持参するのはだめだと（コートはどんなワインが試験に出す価値があるかについて明らかにしてはいないものの、受験者は審判が受験者に投げかけるワインを何年もかけて探ろうとしている。そうすればとても有利になると考えてのことだ）。

「まだすべてが歯磨き剤の味がする」私たちが従業員用食堂でテーブルを囲んで準備をしているときにジョンは嘆いた。「いつもなら歯磨きしても影響はないんだが、今日はふだんと違う歯磨き剤を使ったからな。もうあれは二度と使わない」

だれも私の間近に来ないよう願った。家を出る前にうがいをしたリステリンのフレッシュミントの香りを嗅ぎつけられると困る。歯を磨くことにも罪悪感をおぼえそうだ。

これから八本のワインを試飲する。ジョンはプラスチックのスピットバケツをいくつか用意していて、さらにサービス精神豊かに、炭酸水とふつうの水の二種類を用意していた。今日は「円卓」を囲んでやる。各人が一度に一つのワインを試飲し、マスター・ソムリエ試験のフォーマットに従い、分析内容をみんなに伝える。ほかの者はそれを聞き、批評する。

「オーケイ、ぼくは〈ええと〉を数えるぞ！」モーガンは言い渡した。演劇の経験がある彼は洗練された発言を重んじる。それに、マスター・ソムリエのブラインド・テイスティングでは二十五分で六本――白を三本、赤を三本――の評価をしなければならない。一つのグラスに四分程度しかかけられないので、「ええと」とか「あの」とか言っていると貴重な時間が喰われてしまう。

初めは白、ダナが最初に挑戦した。

「彼は鼻だけでやり通せるんだ」モーガンは褒めた。ダナも否定しない。

私は自分のグラスを手に取り、鼻に近づけた。ダナはまだ色を調べている。そこで私も鼻をグラスから離して外観を調べた。赤か白かと言えば、これは白ワインだ。ここまではぜったい間違いない。間違いだった。

「グラスの縁の表面張力とゴールドとグリーンの光の斑点からするとペイルゴールド。それは星のようにきらきらしていて、ガスや澱ではない、そして粘性はモデレートプラス」低い抑揚のない早口でダナは言った。そうか、彼らは「白」という表現を求めているのではないのだ。

私は鼻をフンフンいわせて匂いを嗅いだ。香った。あえて言うと、ワインのようだ。あ、い、い、記者、い、いっ、もっとましな表現ができるでしょ、い、自分を叱る。もっと真剣に嗅ごうとグラスを顔に近づける。ワインが鼻孔にポタポタと垂れ、顎に滴り、膝に落ちた。ノートの紙を顔に押し当てる。もう一度嗅ぐ。たぶん、リンゴの香りか。甘い何か？　イエス。リンゴは甘い、決まった。一瞬、疑いがよぎる。甘さって匂うのか？

ダナはすでにさっさと先に行っている。「熟した桃とピーチキャンディ。アプリコット。メイヤーレモン。砂糖漬けのグレープフルーツ。軽く砂糖漬けにしたアルコール飲料によく似たフルーツ。ミカン。砂糖漬けのミカンとオレンジピール。かすかにグランマニエ。スイカズラ。ええと」モーガンがチェックマークを書く。「リリー。乳脂肪分が三五から四〇パーセントの生クリーム。ヨーグルト。バター。バタースコッチ。かすかにタラゴンとバジル。そして、ええと」――チェック――「バニラを焼いた時のようなスパイスは、真新しい小型のオーク樽の香りをうかがわせる」

彼はまだ味わってもいない。

私は疑わしい気持ちと畏怖を交互に味わっていた。砂糖漬けのミカン？　グランマニエ？　本当に？　急いで一口すする。好きな味だということはわかった。リンゴのフレーヴァーがふたたび……そう？　ほとんどリステリンの味だ。

ダナは一口すすり、口の中でころがした。ハーブガーデンと春のブーケを味蕾に感じると言った。甘いバジル、ドライライラック、スイカズラ。「リリー。イースターのリリー、全種類のリリー」酸は中度プラス、アルコールは中度プラスで、ドライだと彼は判断した。

やや間をおき、最終的結論に向かって一つ深呼吸をする。「これは二〇一〇年……いや、二〇一一年のヴィオニエ。フランス。ローヌ渓谷、北ローヌ、コンドリュー」

モーガンはボトルを引き寄せ、ラベルを読みあげた。本当にヴィオニエで、フローラル、香り豊かなブドウ。フランスの北ローヌ。北ローヌはコンドリュー産、セントラルパークの半分に及ぶ約五〇〇エーカーの呼称。そして二〇一二年だった。

私はあんぐりと口を開けていた。拍手したかった。でも感動していなそうな他の三人の無表情に倣った。モーガンはダナが持ち時間を十秒超過していたと指摘した。ジョンはダナの酸性の評価に異議を唱えた。

「塩気が高酸性と思わせたんじゃないかな」

モーガンはそのワインを嗅いだ。「ホットドッグの匂いがする」

「フレッシュミントのオレンジチックタックだ」ジョンが訂正した。「それとも硬くなったチキン」

ダナはかぶりを振った。「硬くなったチキンはもっと……クレアヴァレー。オーストラリアのリースリングみたいな」

モーガン、ジョン、そしてヤニックが順番に白を試飲し、互いの分析を批評したあと、赤にかかった。沈黙におちいった私は彼らの分析に耳をかたむけ、彼らが嗅ぎ取れるという、ありそうもないかすかなものを探ろうと絶望的に試みていた。なんとも曖昧な形容詞がワイングラスの空洞にこだまして一時間以上過ぎた。「湿ったアスファルト」、「手術用手袋」、「ドライザクロ」、「アスパラガスを食べたあとの尿」、「ピラジン」、「テルペン」、「ダナの体臭」それらのうちいくつかはふだん嗅いでいた。嗅いだことのないものもいくつか、そして残りは初耳で、ワインに含まれる化学物質を意味するものだった。男たちは、酸化したシュナンブランの匂いの最良の表現についてああでもないこうでもないとひとしきり議論している。

乾いたボール紙だとダナは言い、ジョンはシリアルかアップルジャックスの箱だと異見を述べた。モーガンはチェリオだと言った。

ブラインド・テイスティング後、私はモーガンと合流して、近くの角にある、油がべとつく食堂でランチをとった。匂いだけで飲まない試飲で焦《じ》らされっぱなしだった胃袋は飢えていて、二人ともランチに食らいついた。モーガンの脳はまだブラインド・テイスティングのモードから抜け切れていない。スイッチが切られることはないだろうと私は感じ始めていた。彼は先週末にルームメイトとベーコンの味見をした話を披露した。シャブリに含まれる「カキの殻とケルプヨーグルト」風味にどうしたら気づけるかを分析してみせた。バーガーをおいしいと感じさせるものについても語った。「こいつが優れている理由はすべて、甘味と酸味、塩気と脂肪のコントラストにあるんだ」とサラダサンドイッチをほおばりながら説明した。「ウマミがあるのは否定できない。なぜトマトとレタスを載せるか？　トマトには一トンもの酸味があり、それがうまいと感じさせるわけさ。ポイントはフレーヴァーのコントラスト。ケチャップの甘さとしょっぱい脂肪が一緒に入っているからね。そして、ああ、ケチャップには一トンもの酢が入っているし」

食べ物についてロマンチックな分析とは言えない。身もふたもない言い方だ。でも嚙むごとに喜びと新たな快楽にひたる方法を与えてくれたモーガンの説明に感謝した。続くはフォアグラに合わせるものについてのレクチャー。私はもっぱらケチャップの砂糖と酸のこと、そしてフライの脂肪分にどう折り合いをつけるかを考えていた。

初めてのブラインド・テイスティング

次の火曜日もその後も、毎火曜日にＥＭＰグループと試飲することを許された。モーガンとのランチも定期的になり、グリルドチーズやパストラミを食べながら彼の人生話を徐々に拾っていった。彼はシアトルの「中流クラスの家庭」で育った。内科医の両親の長男。親たちはときおりワインをたしなみ、ワイン界では大衆的なケンダル・ジャクソンのシャルドネをボトル半分程度飲んでいたという。

モーガンは彼の行く手にあるものすべてをいつも森林火災さながら、情熱で燃え輝かせてきた。「ぼくの脳はささいな違いを一つのシステムに組織だてる癖があってね」そう話した。「完成させたいという欲求も理由にある。一つのものを全体的に知るため、あるいは可能なかぎりそこに近づきたいから」小さいころ、彼はＬＥＧＯ《レゴ》に夢中になった。母親は探せるかぎり精巧なセットを買おうと奔走したが、息子はそれを半日で組み立てて、あとは見向きもしなかったそうだ。トレーディングカードもやがて卒業。小学校でおぼえた「マジック：ザ・ギャザリング」（マナコスト、エクスパンション・シンボル、スーパータイプ、ナンバー）は巨大なコレクションになり、いまですら抱え上げようとしても、抱えられないほどだ。次はビデオゲーム。彼は新しいものにパワーアップしていき、こう考える、「一つひとつのサブクエストをやりたい、すべてのモンスターと闘いたい、すべてのパズルを解きたいと思った。だってそうすればすべてが見えるようになるだろう。やがてそれを箱に入れて閉め、〈うん、これでよし〉と安心するんだ」。ロックンロールと出会ったとたん、ただ音楽を楽しむだけではいられなくなった。「クラシックロックを学びはじめたとたん、〈オーケイ、うん、レッド・ツェッペリンか。じゃあシングル、アルバムを全部買って全曲聴き、それらに一貫するものを見届けてやろう〉、つまり〈このバンドのことをすべて知り、このすごい音楽を学んでやる。へんてこなB面のすべてを探求してやる。どんなガールフレンドと付き合っているかも知りたい〉」そしていまはワインだ。ついにモーガンは無限に追求できる興味の対象と出会った。

ニューヨークに来て最初の三年、彼は演技への熱望を秘めながら市周辺のワインバーでの仕事をこなしていた。しかしやがてワインのほうに強く惹かれるようになった。人々としゃべるのが大好き。他の者なら肉体的にヘトヘトに疲れる立ち仕事すら愛した。「腰かけ仕事より、じっくりと腰を落ち着けてかかわりたいんだ」そう言った。彼はひと秋をワシントン州のワイナリーでブドウを収穫する仕事に就いたあと、演劇のオーディションを受けるのをやめた。そのワイナリーでは、ロデオで牛の注意をそらす道化役を演じて、余った時間は馬のひづめで彫刻をしている男と寝棚で寝ていた。二〇一一年ニューヨークにもどったとき、モーガンはワイン一つに焦点を絞り、技を磨くことに的を絞った。〈コルクバズ〉というダウンタウンにあるワインバーでマネージャーの仕事を得る。あるマスター・ソムリエが所有する熱心なワイン愛好家のための店だ。その後、彼は〈ジャン゠ジョルジュ〉（ニューヨークで超有名シェフ、ジャン゠ジョルジュの店、フレンチをベースにしたニューアメリカン料理、セントラルパークの西南角にある）、そして〈オリオール〉へと移る。モーガンはあくまでもモーガンで、ワインを不合理なまでに極端に突きつめることとなしではいられなかった。その間ずっと彼は書物、コンクール、あちこちの勉強会、そして試飲に打ち込んだ。たんに良いワインを売るためだけではない。ワインが人生を変えることもできると彼は信じていた。だからセーターに金を遣うよりワインに遣うのを厭わなかった。ワインは、とモーガンは言った。「ぼくの人間性をいくつかの面で変えてくれる」

その高邁な宣言にもかかわらず、私が知り合ったほかの多くのソムリエ同様、ソムリエという職業を皮肉の目で見ていることも知らされた。無責任な観察者の目には、自分の職業がいかにくだらなく映っていることか――身の程知らずにも尊大で、飲酒癖を抱えている高給取りのウェイターだ。あるいは、相手にたいして逆に無慈悲とさえいえるほど慇懃《いんぎん》無礼でおべっかをつかい、ワインの質でも価格面でも金持ちや有力者を食い物にしている、と。たしかに地球を救っているわけでもないし、孤児を救っているわけでもないことをモーガンは自覚している。だが彼はそういう自己認識をも超えた地平まで到達していた。ピカソでいうならひたすらキャンバスに描くこと、モーツァルトでいうなら音で空気を震わすのと同じ姿勢でワインと対峙していたのだ。

私たちの週一の定期的集まりは週二回に発展していった。モーガンは私にほかのブラインド・テイスティングのグループにも席を確保してくれた。こちらは土曜の朝、ダニー・マイヤーのユニオン・スクエア・ホスピタリティ・グループの本部――十以上のレストランを経営し、その各店がニューヨークのランドマークになっている――で催されていた。やがて発言まで許されるようになった私は、あるとき、怖いもの知らずで自分の意見を口にした。

毎火曜日はペアを組み、順番に六本の試飲を二コースこなす。毎土曜日は円卓を囲んでの集まりだった。その週のキャプテンが一つのテーマを選ぶ。深く追求するためだ。メンバーはそのテーマに沿ったワインを用意する。たとえばタンニンの苦味の強い赤とか、温暖な土地でできたオーク樽熟成の白とかテーマが出される。私たちが味わうボトルは平均して二五ドル前後だった。それはどんなスタイルでもクラシックな表現と評価が期待されるボトルで、しかもメンバーが破産せずに済む価格帯だった。それでも経費はかさむ。大きな試験の前、もっとも勉強に集中した時期、モーガンは練習用ワインに週二五〇ドルかけていた。それに加えて複数のマスター・ソムリエにコーチを受けに行くための飛行機代、あるいは複数の試験を受けるための交通費、そしてマスター・ソムリエ試験のために各年、彼は一万五〇〇〇ドル前後を遣っていた。合計すると、私がその経費について訊ねると、仕方がないことと彼は気にしていなかった。「これでも大学や大学院で学位を取るよりうんと安い」加えてワインを楽しむという贅沢が味わえるじゃないか、と。それからまもなく、モーガンは彼の部屋代の三カ月分一二〇〇ドルの価値のあるワインを三〈オリオール〉で一年に稼ぐ、実質的にかなりの額である七万二〇〇〇ドル近くに及ぶ大金だ。ケースも張り込んだ。

正確に一本のワインを当てることなどどう考えても不可能に感じた私は、初めてブラインド・テイスティングに挑んだとき、自分は天才だと思い込むしかないと開き直った。そして自分の感覚は最高に優れていると思い込む。そう、私の味蕾は歴史上初めて世界に解放する準備ができているのだ。有名醸造者たちは自分が造った銘醸品を私に味わってほしいと頼み込み、ワイン雑誌は私をスター批評家にしようとこぞって打診してきて、六桁の謝礼を提示する。私はそれをうまくさばくのだ。もしかして七桁かもしれない……などなど仮想した。

夢想は三十七秒間続いた。まさに次のワインにかかるまでの時間だ。最初の一口から途方に暮れた。ワインを正確にコールするまでに二週間かかった。

うつむいて六本のワインを征服することはワインのトレッドミルにウサイン・ボルト・モードで乗るのに似ている。最初のワインは大丈夫だろう。三番目にいくころは完全にパニックになっていそうだ。タンニンが口内に蓄積していく。グラスを手に取り、何かを嗅ぎとろうと鼻を利かせ、そしてグラスを置く。オーク樽？　かすかな胡椒のニュアンス、確か？　ブラインド・テイスティングで究極の罪をおかしそうだ。そしてそのグラスを超えて一つのパターンか手掛かりを与えてくれそうなロジックをつかんでごまかそうとした。グラス・ワンはグルナッシュ、とするとダニエルは本当にセカンドラベルのグルナッシュを持ってきたのだろうか？（答え――そうではない、じゃあその理由は？）パラノイアに陥った。赤はすべて同じ銘柄？　私は嗅覚を失ったのだろうか？　制限時間が来てもやめなかった。こういう有様でもテイスティング技術は進歩していた。最近の火曜日にパートナーを組んだソムリエから一通のメールを受け取るまではそう思いあがっていた。私たちはその週、ミッドタウンにあるステーキハウス〈デル・フリスコズ〉で会った。いまは使われていないシガー・ロッカーの上に裸婦の絵が掛かっている店だ。パートナーが試飲しているあいだ、私はまわりのみんなを真似た。彼がワインについてしゃべったことをメモし、その後、彼が言い当てられなかった点を指摘しつつ彼にフィードバックした。なんと大それたことを。過ち。着実に進歩しているという驕《おご》り。実際は世間に認められる存在には程遠いというのに。ここは彼らの世界であり、私はもしそこに棲《す》みたければ自分の力を証明しなければならないのだ。

自分の行為の結果はそのパートナーが数日後、メールをしてきたときにはっきりした。「〈デル・フリスコズ〉でテイスティングをしたときのぼくは本当に間抜けだったね、謝りたい」とメールは書き出してあった。「テイスティングはとても神聖なものだ。落下傘兵にとっての翼に相当する。もし翼を持たないなら、きみは部隊の一員になれないし、その理由はけっして理解できないだろう。きみがぼくの発言を批評しはじめたとき、ぼくはこう思った、〈このヒヨッコはいったい何様のつもりだ？〉って」

ワインを分析する

自説の聞き役として私を子飼いの部下とみなしているふしがあるモーガンはテイスティングの基礎を自ら指導し、ある卸業者のイベントに加わるように勧めた。イベントで私をコーチするかたわら、ブドウの種類について詳しく語るつもりらしかった。ブラインド・テイスティング時に彼が把握できなかった種類について、ワイン生産者の意図を客（あるいは試験やコンクールの審査員）に紹介して勧めるためだ。

会場に着くと彼は提供されるワインの順を決めているところだった。九十五の生産者がいて、それぞれが二、三本を注いでいる。長い一日になりそうだ。集中力と体系立てて行動する必要性をモーガンは説いた。

「第一にこれは社会的な意味をもつ行事だ。参加者の目的は試飲以外に、ネットワークをつくることにもある」びっしりと配置されたテーブルの間を縫って進みながら言った。「第二は、飲み込むなということ、でないと死ぬぞ」

彼はあるシャンパンの列の前で足をとめ、二人のグラスに注いだ。一口飲んで、さっと視線をはずす。

「こいつはすばらしく魅力的《ファシネイティング》だ！」そう叫んだ。「すばらしく魅力的」という言葉の意味をもう一度考えるよう彼は仕向けた。モーガンの「すばらしく魅力的」は以下のような微妙なニュアンスがあるらしい。たとえば一九七〇年代のドイツの耕地整理によって古い地籍図の欠陥が露わになった。それは特級畑グラン・クリュの実際の意味について混乱を呼ぶことになったらしい「cru（ブドウ畑）」対「crû（よく成長した）」のニュアンスの類である。またボリビアのオードヴィについてもそうだ。そして私たちが飲んでいる添加（ドゥザージュ）なしに作られているシャンパンについても言える。スパークリングワインに砂糖とワインが加えられることもしばしばあり、それはリキュール・デクスペディシオンと呼ばれる（とりあえず警告したいのは、ワイン愛好家は不必要にフランス語をつかうこと。タオルをセルヴェット、発泡性はペティヤン、テーブルセッティングはミザンプラス。気取っている？　ウイ）。

モーガンが前もって調べていたいくつかの卸業者のところで私たちは足をとめた。彼の評価に耳を傾けていると、何であれ嗅ぎたくなる。「サラミのおなら」「ワインのソフィア・ローレン」

と表現したブルゴーニュの赤から試飲する。次は「シャルドネのクラック・コカイン」、そして「千艘もの船が出港した顔」と命名したリースリングを試した。すばらしいピノ・ノワールは「ファックユー・サイドウェイズ・ワイン」、大きいボトルのカリフォルニア・カベルネは「ファックユー・ワイン」、または「紫のバズーカ砲」あるいは「ソリッドなジュース」あるいは「紫のオークのジュース」。ソーヴィニヨン・ブランを「アスパラガスのおならの水にグレープフルーツを加えた匂い」と称えた。

モーガンはワインの「ストラクチャー・骨格」をつくる五つの要素に言及した。糖分、アルコール、タンニン、テクスチャー、ボディ。一本のワインにたいする全体の印象にこれらが果たしている役割、そしてワインを語る際のワイン界共通語の意味合いとして述べた。モーガンとジョンはヴィオニエがホットドッグあるいは硬いチキンのような匂いがするかどうかを一日中でも議論していられるし、たぶんするだろう。だが酸やアルコールといった質は測定でき、すぐにわかる。

ではこれらの特性をどのように識別するか？

自分の前にグラスがあると想像してほしい。第一段階、ワインの外観を見る。鼻か舌を利かせる前でも、ストラクチャーとフレーヴァーの手掛かりは得られる。グラスの脚をつまんで、手首を数回すばやく回す、ワインが回転し、グラスの内側に薄く付く。滴《しずく》のひろがりとそのスピードを見守る。あるいは手をとめて、ころがり落ちる「涙」を観察する。濃くてゆっくりと落ちる涙は明らかに高アルコールであることを示し、いっぽう薄くてさっと落ちる涙は、それともシート状になって落ちる場合はアルコール度が低いことを意味する。

　次は香り。つねにそうくる。ピンポイントで嗅ぐのではない。グラスを持ちあげ、ほぼ床と平行になるまで傾けてワインの表面を空気にさらす。そして嗅ぐ。鼻孔を液体の上で十字を切るように動かして、あらゆる角度からアロマを嗅ぐ。なかには必ず口を開けて犬のようにあえいで嗅ぐと言う者もいる。「文明化された」ワインに、それはないでしょう。

　さて次はすする。シューと音をたててすすり、「オー・ノー」の形に唇をすぼめて——まさにオー・ノー——ワインを含んだまま空気を吸い込む。すると舌の上でワインがぶくぶく泡立っているように感じる。ワインを「エアレーションする」のは気取っているふうに見えるかもしれないが、ワインをずるずると吸い込むことの正式の言葉であり、匂い分子を解き放つのを助ける。匂い分子は味と結びついてフレーヴァーを形成する。滑稽に見えるだろうし、友人を失う危険もあるが、あなたはワインからさらに何かを得る。

　次、吐き出すか飲み込む。舌の先を口蓋に当て、唾液がどれだけ出るかに注意する。多いか少ないか？　泳げるほどか振りまくくらい？　よくわからないなら頭を前傾させる。視線が床にいく。口を開けると唾液が垂れるか？　もしそうならあなたは高酸性のワインをテイスティングしているのだ。もし違ったら、それはおそらく酸性の低いワインだろう（前者は高冷地産で、後者は温暖な地域育ちだ）。確認するためにレモンを思い浮かべるといい。半分に切った酸《す》っぱいレモン。楔《くさび》形の酸っぱい黄色いレモンを空のグラスに搾る。さて、その酸っぱいレモンジュースを口にもっていく。大雑把に言うとどれくらいの量の唾液が口内にあるか？　あなたは舌に唾液がたまるのを感じるはずだ。それが酸っぱい味にたいする反応だ。あるいは酸っぱい味を考えるだけでの反応である。私たちは唾液をつくりだし、唾液は酸のどぎつさを中和するための緩衝剤として働く。

アルコールを測る準備ができたら、もう一度すする。テーブルワインのアルコールは一般に九パーセントから一六パーセント（テキーラは四〇パーセント前後）だ。正確にアルコールを測る感覚が鍵となるブラインド・テイスターにとって、リースリングの場合、一パーセントの違いで、フランス産かオーストラリア産かの判断が違ってくる。アルコール度でブドウの産地がわかるし、さらに成長期の気温なども推測できるからだ。その理由を知りたいならばだが、すべてのワインは、マストと呼ばれる皮も種も茎もつぶした甘いブドウ液から生まれるということを念頭に置いておくこと（テイスティング・ノートに反して、実際マストにはフレーヴァーのためにスイカズラや桃やオレンジジチックタックなどは何ひとつ加えられていない。蜘蛛、ネズミ、大ネズミ、蛇がブドウ園で偶然混じることはあっても）。自然に発酵が起こるにしろ、望む効果のために菌を加えるにしろマストの発酵はイースト酵母で始まる。ブドウの糖分のすべてか一部がアルコールに変わる。温暖な気候で育ったブドウは生育過程で糖分が凝縮し、それは発酵の法則によるとアルコール度の高いワインを造る。涼しい気候で育ったブドウは一般的に糖分の凝縮度が低く、アルコール度の低いワインとなる。そうだとして、アルコール度が高いか低いか？　ワインを口に含み、口臭をチェックするかのように空気を吐き出す（吐き出すとワインの味と香りの一部は奪われる）。口と喉のどこまで入れたか、焼けるアルコールの熱を感じるかどうかに注意を払う。舌の奥に感じるならたぶんアルコール度は低い。赤なら一二パーセント。喉の奥か顎付近に感じるならミディアムの一三パーセントから最高一四パーセント。胸骨を落ちるとき温かく感じたなら一四パーセントプラスで高い。アルコールは味よりもフィーリングで感じる。前回テキーラを飲んだときのことを思い出すといい。テキーラは舌、喉、食道、胃に火をつける。熱ければ熱いほどアルコール分が多い。

さらに一口。まだ不快に感じない？　タンニンのことだ。タンニンは自然の化合物、専門的に言うとポリフェノールで、ブドウの皮、茎、種子に由来する。木樽はワインの熟成にも一役買っていて、白ワインのタンニンに多く影響をあたえる。白はふつう赤よりも皮と種子に触れる時間が少ないからだ。タンニンは味というよりも感触、舌触りであり、ワインが「ドライ」かどうかとは異なる。ドライとは甘みの欠如という意味だ。そしてなお不快にするかもしれないのは、タンニンが口をパサパサに、風邪をひいたときのようにカラカラにさせることだ。たとえば若いネッビオーロといったタンニンの多いワインはサンドペーパーのような感触で、逆にピノ・ノワールといったタンニンの少ないワインはシルクのように滑らかな感触をもつ。飲み手の中には、舌と口蓋がザラザラと感じるブドウ由来のタンニンと、唇と歯茎のあいだがヒリヒリと乾く感じになるオーク樽由来のタンニンとは区別がつくと断言する者もいる。

いわゆるボディ、コクもまた味より感触を表し、アルコール分と糖分から引き出される。スキムミルクとふつうのミルク、そして脂肪分の多い生クリームの粘着性とを比較してみるといい。できたら全てを試してみる。重量感とコクなどによってライト、ミディアム、フルボディに分けられる。

さらに進んで、もう一口。ここでやっと甘さを感じる。骨格、ストラクチャーを形成しているほかの要素のように、甘味は一つの範囲《スペクトラム》に沿って存在する。だが「高い」と「低い」という判断もすべてうなずける。昔のさるワインを愛するサディストが「スイート」と「ドライ」の間に「セミスイート」や「セミドライ」というラベルを貼った。それによって、学識のあるワイン鑑定家が液体であるワインに「ドライ」という言葉を使わなければならなくなった。あのどろどろしたマストを考えてみよう――一本の「ドライ」ワインの中で、糖分はすべて発酵してアルコールになる。だが生産者はときおり発酵を一時停止させる傾向があり、そのため最終的製品に甘さ、あるいは「残糖」が出るのだ。

私たちの周囲には砂糖があふれているから、甘味は容易にわかるはずだ。ここで興味をひくものが出てくる。もし酸味が強い場合、人は酸味にごまかされて実際よりも糖分が少ないか、まったく甘くないと感じる。グラスにレモンを搾ると想像したことを思い出してほしい。そこでいま二杯目のグラスには砂糖水が入っていると仮定してみる。砂糖水だけを味わってみよう。う、甘い。レモン汁だけを味わってみる。うわー、酸っぱい。レモン汁と砂糖水を同量合わせてみよう。うまい。わずかな酸味が甘くておいしい飲み物に変えることができ、その逆もあるというわけだ。これがコカコーラの秘密である。一本の缶コーラに含まれている角砂糖十個は、もしふつうの水道水とともに飲んだらひどい甘さだろう。だがひどい甘さもソーダに入れるとご機嫌な味になる。さる動物の胃酸と同じpHレベルのリン酸をコーラに加えることによってだ。似たようなロジックが白ワインの酸性と甘味を高めている。たとえばある種のリースリングは口においしく、気持ちをひきたててくれる。「気分を爽快にしエネルギッシュにする」とそのようなワインを味わった際にモーガンは明言した。「渡り綱の上で千ポンドのバーベルを持ってバランスをとっている感覚」そう、二つの離れた味をどうやって楽しむか？　唾液をテストすれば、高酸性に気づかされる。あなたは甘みを低くみすぎているのかもしれないと知らされる。そして残糖によりワインはさらに粘着性を増す可能性があるので、ねっとりとした濃密な味わいか、羽枕のような柔らかさかを探ることによっても甘味を測り、感じることができる。

私が各ワインを四口ずつ飲んでいたのにたいしてモーガンは二口すすっていただけだった。プロのテイスターとは、すすることと嗅ぐ回数の収支計算ができる者だとのちに理解した。「同じサンプルを続けて何度も試飲するのは無駄だ。繰り返し試みることはたんなる感覚のロス以外の何物でもない」エミール・ペイノーという有名なワイン愛好家は案内書『ワインの話』で書いている。長時間鼻を匂いにさらすと、一時的に匂いにたいして「ブラインド」になる。嗅覚の疲弊として知られる一つの過程だ。一つのワインを三度目か四度目に嗅ぐころ、鼻にはその香りが染み込んでいるかもしれない。するともはやその匂いを感じなくなるのだ。これは白ワインのナンバー3を嗅いで、推量タイムと闘っている際、悩みとなる。三人掛けの真ん中の席を割り当てられたとき、隣の男が体臭防止剤を着けていないなら、それは天の恵みと言える。「匂いを注意深く記憶しているかぎり、最初の印象がベストだ」とペイノーは強調する（味蕾を狂わせることになるからと彼はまたテイスティング中に水を飲むことに首をかしげる。そこで私は試飲の前か後に飲むことにした)。

モーガンと私はまだ会場の半分もまわっていなかった。だが私はストラクチャーの分析――嗅ぎ、すすり、唾液を出し、息を吐き、ワインを吐き出す――を多数のワインで繰り返していた。スピットし、ダブルスピットしていた。それでもアルコールが口の粘膜から染み込む。気分が悪くなり、冷や汗が出てきた。

私たちはモーガンの友人ジェルーシャと出くわした。彼女は私たちと同年齢で若く、ソーホーのレストランで働いている。マラソンテイスティングから回復する方法を知らないかと彼女にたずねた。するとアルコールを解毒するデトックス茶を教えてくれた。

女性の会話をモーガンは嘲笑った。彼は依然として攻めの姿勢をくずさない。「攻撃は最大の防御だ」そう言った。

ソムリエのルーティン

一流のテイスターたちはソムリエコンクールに挑戦するずっと以前から舌と鼻を調整している。グラスの前に座る数日前、数時間前、数分前まで自分の身体をどう整えているかが、テイスティングと嗅ぐ技の結果を左右するのだ。とすると――私には生活を徹底的に整え直す何か荒療治が必要だった。

ソムリエはそれぞれのルーティンをもっていて、味蕾を敏感にして調整する。マイケルはコーヒーを絶っている。クリスティーはコーヒーにミルクを入れる。ヤニックは冷たくして飲む。もう一人のマイケルは氷水が味蕾を刺激して感覚を鋭敏にすると信じている。かつて世界最優秀ソムリエコンクールで一度チャンピオンになり、三度二位になったパオロ・バッソは常日頃、軽い空腹状態でいるよう自分に課している。動物界の最強の捕獲者のように空腹でいることが「獲物の匂いを嗅ぐ飢えた獣」の状態にしてくれると信じているからだ。

味蕾の力を高めるためのソムリエ流テクニックを調べてみた。まず自分を知ることだと彼らは答えた。自分の舌の回復時間をモニターする必要がある。直近に摂食した物の後味が消えるまでに要する時間を測るのだ。何度も試行錯誤をし、私の場合、舌が十分中和されるまでに約二時間かかるとわかった。以来、テイスティング前の飲食と歯磨きをやめた。これによって空腹状態でいられ、フレーヴァーを嗅ぐ準備にもなった。ほかのワインプロたちもモーガンのように、自分の鼻と舌の特異な点について詳細なプロファイルを作っていた。「水辺に住んでいたとき、味覚が鋭敏になることに気づいた」シカゴを基点に活躍しているソムリエ、クレイグ・シンドラーは言った。最先端をいくシカゴのモダンなレストラン〈アリネア〉(訳注：多くの受賞歴を誇る高級レストラン。オーナーシェフのグラント・アケッツの独創的料理で有名）でクレイグの元同僚だったコンラッド・レディックは味覚の好不調をバイオダイナミック暦に則して考えるようアドバイスした。バイオダイナミック暦とは、ブドウを作る農家が収穫の時期を知るために使っている暦で、水晶療法の神秘的波動と、自然を意識した有機農法運動と融合させたものだ（たとえばワイン造りに神秘的要素を加えたバイオダイナミック農法を実践しているワイン生産者は、土壌を改良するためシカの膀胱にセイヨウノコギリソウを詰めて畑に埋めるようアドバイスされる）。コンラッドはボトルのフレーヴァーがバイオダイナミック暦の「実の日」(良い)、か「根の日」(最悪)かどうかで変わることを見つけた。ほかのワイン愛好家たちによると気圧もまたワインの出来に影響するそうだ。そこで私は天候など外界の要因を日記につけはじめた。アパートの部屋が暖房で乾燥しているか、雨の朝は私の感覚に影響を及ぼすみたいだとか。

次は自制力だ。何が味覚や嗅覚を邪魔するか予想できない。ミントが味蕾をだめにすると信じているモーガンはテイスティングの前に歯を磨かない。舌をやけどしないようにデヴォン・ブロイやクレイグ・コリンズといったソムリエはマスター・ソムリエ試験の前、まるまる一年半は微温以上の飲み物はいっさい口にしなかった。コーヒー、スープ、紅茶などすべて冷たくして飲んだ。ヤニックは同じ理由からアイスコーヒーしか飲まない。冷たい飲食物だけ——要チェック。他の者たちも各自の食餌法に合わせて、テイスティングの前日は重たい食事を避ける。私は生のタマネギ、ニンニク、強いカクテルを断つと誓いをたてた。カクテルは、歓迎されるあまり予定を過ぎて泊まっている客のように舌にとどまりがちだからだ。言うまでもなくタバコは有害だが、もともと私は吸わない。アメリカソムリエ協会(アメリカン・ソムリエ・アソシエーション)の会長アンドリュー・ベルは、私も参加したブラインド・テイスティングの講座で、弱い刺激でも舌が感じることができるように極端に強いフレーヴァーを避けるように教えた。ワインの微妙なアルコール度を測ることはむずかしいかという質問に「一カ月間、くだらない酒を断つこと」と、彼はある受講者に指示した。強いカクテルは、それよりアルコール度の低いワインを水のように感じさせる。アンドリューは料理に塩を追加することまでやめていた。出された料理の味で満足する。そしてある時点で、「味覚の殺し屋」と呼んでコーヒーも捨ててしまった。大勢のソムリエが日頃エスプレッソを楽しんでいるので、私には信じられなかった。「すべてが変わるんだ」とアンドリューは力説した。「コーヒーは味覚を鈍らせる」私はすでになくした時間をとりもどそうとしているところだったので、改善の速度を上げるためならなんでもやってみる気でいた。なんということだ、焦る私は〈搭乗拒否リスト〉にコーヒーを加え、テーブルの塩入れも手にしないと決めた。さらなる予防策として激辛の食べ物をあきらめた。ある友人の父親で、有名なフランス料理のシェフの話を聞いたあとのことだ。彼は厨房のスタッフにたいして、火のような香辛料に触れることを禁じたという。それらは舌を麻痺させ、ひいては料理の味付けや風味が濃くなることを恐れての指示だった。それはありうる。日常的にスパイシーな食べ物にさらされる舌の神経の感度は鈍くなり、やがて熱をもつようになる。そうなると初めは少量かけていたタイのチリソース、シラチャーソースをしだいになんにでもジャブジャブかけてしまうようになる。また、私たちは唾液のなかの塩味に適応して馴れていくようだ。それは口に入れる塩の量に影響されてのことらしい（香辛料は味蕾にうったえる味ではなく、痛覚受容体を働かせる温度感覚であるという説は注目に値する）。

次は一貫性だ。試飲時とその前のルーティンを固く守ること。困惑させられるほど多様な要素をいくつかに絞り込み、ワインの分析に本腰を入れる。クレイグ・シンドラーは鼻を空っぽにするためにテイスティングの前に鼻うがいを実行している。テイスティング仲間の一人は旅をするときは自分専用のグラノーラを持参する。旅先でもふだんと同じものを食べることで味覚の土台が変わらないようにとの意図だ。彼の友人でカリフォルニアのソムリエは午前十時にテイスティングをするのが一番正確な結果が出ると知っている。だからアドバンスト・ソムリエ試験がテキサス時間の午前八時（太平洋標準時の午前六時）に行われると知るや体内時計をリセットさせた。来る試験日、午前十時は彼のゴールデンアワーだからテキサス時間の午前八時をカリフォルニア時間で午前十時に感じるようにリセットを試みた。試験前の三週間、毎朝、彼の妻は夫のため午前四時に起きて数種のワインを準備した。それを聞いたとき私は土曜のブラインド・テイスティングのグループやモーガンといっしょにいた。私は「クレイジー」と思った。ほかのみんなの反応は「どれくらい前もってテイスティング試験の時間がわかるか？」だった。数人のソムリエの推薦で、私は歯磨き剤クレストを切らさないようにし、けっしてほかの歯磨き剤に変えないことにした。一貫性が周囲の匂いすべてをコントロールする方法だという。私は好みのデオドラント、シャンプー、コンディショナー、ボディウォッシュをストックし、洗剤は香りなしのものに変えた。香水はもうずいぶん以前に放棄していた。無知な人間だけがワインのテイスティングにパフュームを着けてくる。

テクニック問題がさらに心配になった。ソムリエの教えに従い、あらゆる機会に植物や食べ物を嗅ぐことで感覚の記憶を打ち立てていた。だがそのうち、はたして正しい方法で嗅いでいるのだろうかと不安になった。嗅ぐのはほんの短い間なのか、それとも長く深く吸い込むのか？　印象を憶えておくにはどうしたらいいか？　対象を鼻の前で振るだけでは不十分？

そこでフランス人の調香師、ジャン・クロード・デルヴィルに会いにいった。偶然にも彼は、私が着けるのをやめたフレグランスを作った人物だった。クリニークの「ハッピー」ほか、定番製品をたくさん作っている。彼は業界用語で調香師を意味する「鼻《ノーズ》」になる探求途上で一万五千以上ものアロマを記憶したそうだ。そして私がもっと系統立てて嗅ぐ訓練に取り組むのを助けてくれた。彼のオフィスで会い、研究所に案内された。部屋は茶色のガラス瓶が所狭しとおかれ、壁紙が貼られている。彼は薄く白い紙片を二枚「パンプルウッド」と記された容器に漬けた。そして取り出し、私に嗅がせた。ソムリエが私にスピットを教えたことすら早まったことだと知らされた。「呼吸を学ぶことが重要だ」とジャン・クロードは言った。真似をするように指示する。彼はそのエッセンスを自分の鼻に近づけ、一回、深く吸った。胸が膨らむ。その状態を保った。いぃ〜ち、それから息を吐き出す。「鼻から吐き出す、でないと微粒子が鼻にとどまってしまう」そう教えた。学生時代、彼は暗い部屋に閉じこもり、記憶したい匂いのサンプルを嗅いだ。一度に一つの匂いにして、場所や人々、瞬間、あるいはかたちと関係づけることを試みた。「私にはパチョリに思える。茶色、赤、土臭い、神秘的匂い。そしてそれは奇妙な形をしているだろう。香りがアグレッシブなことからすると三角形かな」と言った。「匂いを憶えるために、良かろうと悪かろうとなにかを考え出す必要がある」匂いに言葉をあてがって初めて自分のものになる、と同じくフランス人の調香師は断言した。「声に出して言うとなおいい」そう添えた。「シャワー中、朝食時、ランチ時。ハーブ、スパイス、肉、すべて。通りを歩いているときでも。車、ディーゼル油、空気。ほんの数秒間あれば匂いを言葉で表現できる。少しずつ上達していくだろう」その夜、私は台所のシンクに立ち、スパイスの瓶を一つずつ嗅いでいった。地下鉄に乗ることは、人の身体の匂いを嗅ぎ分ける練習になりだした。汗、尿、吐しゃ物のわずかな残り。公共の乗り物での嗅覚のタブローを大いに楽しむジャン・クロードと同じ熱意を掻き立てようと努めた。彼は毎朝それを堪能するようにしていた。「吸い込み、そして息を止める。それから吐く。ワオ！　なんと豊かで、シンプルなんだ」

ソムリエが執着する習慣と犠牲は時として科学的というより迷信の類にまでなる。だが迷信とはいえ、それらに従う者には効果があるのだ。それ以上に、進んで挑戦するほど効果はある。

モーガンも非科学的要素をそれほど否定しないと私は知り、驚いた。テイスティングに向かう彼の姿勢はとても心理学的と言える。食べ物の節制よりもまずマインドセットを重視している。彼のお気に入りの指導書の一つは『弓と禅』で、ドイツ人哲学者が六年にわたり、日本で禅の師について弓を学んだ話の書である。モーガンはその本からの引用をメールしてくれた。件名「これはぼくにグッときた」、以下に記すと——

「正しい射が正しい瞬間に起こらないのは、あなたが自分自身から離れていないからです。あなたは……失敗を待っているのです。そうである限り、あなたとは無関係に生じる何かを自分自身で呼び起こしてしまうことになる。あなたがそれを呼び起こす限り、正しいやり方、つまり子供の手のように無心には、手を開けないのです」

モーガンのメールにはブラインド・テイスティングの道につながる、凝った説明が書かれていた。「もし行動にうつるなら、完璧にプロセスを実行する、そうすれば結果を得る。恐怖心と不安が失敗の中枢を占めるんだ」

モーガンが習得したように、ブラインド・テイスティングはあくまでも集中とメンタルコントロールの修練にかかっている。ワインからのメッセージに終始、心を開き、同時に疑いとどうしても脳の端に這いよってくるおまえはいつもモスカートをミスする、というようなささやきを黙らせなければならない。「意識的に慎重にやる必要がある。〈私は自分の感覚に波長を合わせる、そしてこのグラスの声に耳を傾ける〉と」モーガンは言った。

彼はヨガを勧めた。ヨガは脳のいくつかのスイッチを切る練習になり、一つの行動において、その場に意識を集中させ続けることを助けてくれる。ブラインド・テイスティングには完璧な肉体的、心的修練だ。

「二十五分のブラインド・テイスティングをやりとげるとき、時間が過ぎたようには感じない」テイスティングについて彼は語った。「意識や雑念のない状態、みたいな？……ひたすら行動に溶け込む。自分自身を消し、味覚と嗅覚そのものになる。ワインを理解するためワインに身をゆだねることが肝心だ。つまりぼくはこのカリフォルニア・カベルネのドアをどうがんばっても力ずくで開けることはできない。だからどう耳を傾けるかをワインから教わるしかない」

味によく注意していること、ワインのメッセージをどう聞くかを学ぶことは自分の周りのすべてに心を開いていることによって始まる、とモーガンは言う。どこにいても新しい経験を受け入れる練習をするように私を導いた。列車に乗っているときはヘッドホンを着けない、といった簡単なことから始められる。「きみの耳から君自身の物語を引き出せ」モーガンは告げた。「〈今日は何があるだろうか？　世の中で何が起こるだろうか？〉というような心で列車に乗ることじゃない。それはただ意識を内向きにし、自己にこだわり、言及しているに過ぎないから」

ヨガでいう下向きの犬のポーズをとっている間であれ、卸業者のテイスティングの場であれ、モーガンあるいは彼のソムリエ仲間の人生には、売るため試飲するため批評するため楽しむためあるいはワインを熟考するため以外の時間はわずかのように思えた。「学んでいないときはいつもすごく罪の意識に駆られ、自己嫌悪に陥る、ワインとはそういう類のものなの」あるソムリエールとコーヒーを飲んでいるとき、聞かされた。モーガンとともにエマーソンカレッジに通った女性ソムリエのミアは、出勤中フラッシュカードを復習していることを、ある朝の試飲会で告げた。本当にルーティンになっているのだ。ミアの場合、好きでやっているが。

レストランのヒエラルキーで、ソムリエはフラッシュカードを携帯している穏健なオタクとされる。シェフは包丁を持ったセクシーなバッドボーイズで、女性にもてる。もてるもてないなどだれが気にする？　いずれにしろソムリエにそんな時間はない。週に六日間、十二時間から十四時間のシフトがルーティンだ。「五日勤務なら豪勢なものだわ」ヴィクトリアは自嘲ぎみに笑った。オフの夜、一般に月曜と火曜日、彼らはたいてい特別なワインを試飲するためと理由をつけて集まる。だれかが二十年もののカリフォルニア・カベルネの六リットル特大ボトルを提供したり、搾汁されたブドウ果汁マストにマリファナを入れた飲むマリファナ、ウィードワインを持ち込んだりする。モーガンの友達はワインをテーマにした無礼講のどんちゃん騒ぎ「アンフェア・ゲーム・パーティー」をひらき、そこではだれもがブラインド・テイスティングに使うにはあまりにも特異なワインを持参することになっている。彼らは群れになって街に繰り出し、市民がとっくに店をあとにした深い時間にバーをめぐる。そんな折、彼らがフレーヴァーの表現に使う唯一のボキャブラリーは「バランス」だ。

コートから生まれ、広まったネットワークが彼らの事実上の家族になっている。「彼らはいますぐ家族をつくろうと焦っていないの。だってこの付き合いはすごく充実感があるから」マスター・ソムリエのローラ・ウィリアムソンが明かした。私が会ったソムリエたちのデート相手もソムリエである率が異常に高い。ソムリエでないとしても、最高に遠い職種でもやはりワイン界に身を置く者だった。モーガンにとってガールフレンドは人生の方程式に入っていない。問題の一部は、テイスティングメニューの経費やほかの重要なことで、お金を使ってしまうからだと、ある晩彼は説明した。そして近い将来にテイスティングメニューをあきらめる予定もないと添えた。

3章 決着の場
The Showdown

ワインの世界に少しずつ足がかりを得ていく間でも、私はソムリエのコンクールという概念にずっと惹かれていて、実際に見てみたいという思いを強くしていた。無限の好奇心の塊であるソムリエ、そこに私も並々ならぬ好奇心を抱いた。つまり極端とも言える個性や資質の数々を一身に体現している存在である彼らと、信仰にも似た向学心と快楽を徹底追求する姿勢に惹かれた。この二つが組み合わさっているのは稀《まれ》だ。彼らが飲む量や深夜までの活動時間の実質的分量を考えて、彼らを浪費癖のあるパーティー動物だと私は予想していた。ところが彼らは自分と顧客の快楽主義的経験に関して細部までこだわる、むしろ専門的学術派だとわかった。まるでダニエル・ウェブスター（政治家、演説家）とキース・リチャーズのあいだに出来た新たな種であるかのように（二人と同じくほとんどが白人で男性）。ソムリエは、ワインの中にあると信じる快楽を引き出し、ボトルの温度からグラスの置き方までワインをめぐる経験をあらゆる側面から分析する。飛び切りすばらしい一本に三〇〇ドル遣うか、それとも一〇〇ドルのワインを三種類買うか、とモーガンに訊いてみた。すると彼はとても真剣になり、答えるまで時間をかけた。「それはぼくにとって最高難度の快楽解析だな」しばらくしてそう言った。

私にとり幸運だったのは、ソムリエのコンクールがそれまで予想していたよりもかなりポピュラーだったことだ。「テキスソム」、「トップソム」、「ソムスラム」、「ソムス・アンダー・ファイア」、「ベスト・ヤングソムリエ」、「全米最優秀ソムリエ」、そして「世界最優秀ソムリエ」大会などがある。特定のワイン産地をテーマにしたたくさんのブラインド・テイスティング会は言うに及ばずである。コンクールはほぼ月に一回どこかで催されていて、そのためソムリエの休みはますます浸食される。なにを賭けて競うのかというと、たんに称号を自慢することだけではない。アドレナリンによって嫌でも白熱するそれらのイベントは、コートのマスター・ソムリエ試験の前哨戦であり、政財界の大物や黒幕と親しく付き合う機会を得るというボーナスが付いているからだ。また勝者は賞金を手にすることもあるし、たまたまそのイベントのスポンサーとなっている地区への旅のご招待にあずかることもある。

私が知っているソムリエたちは「トップソム」が最大規模かつもっとも有益で格式高いコンクールと考えている。いわばソムリエのスーパーボウルのような存在で、出場者はアメリカでのベストソムリエという栄冠を目指して数段階の試験をくぐり抜ける必要がある。段階《ステージ》ごとに多数が振り落とされる。少なくとも国内向けのコンクールとして、これはメジャーリーグ級の最上のテイスティングだった。サービス面においてもだ。

私の土曜日のグループはテイスティングを終えたあと、ふだんはしばらく寄り道をしてお勧めのレストラン情報や、バルバレスコに関する最新の本の書評など情報交換をしたりする。だがこの朝だけはみんなそそくさとテイスティングをこなした。そしていま私は六番目のグラスに集中していて、時間が制限されていることはもとより、産地当てに四苦八苦していた。しかしほかのメンバーは「トップソム」の受験資格試験を受けるために帰宅を急いだ。二十分間で八十問を課されるオンライン試験があり、まずこれで受験者の振り分けがなされる。

モーガンのすることはなんでも最前席で見たいと思い、私は彼がテストに挑む間、いっしょにいてもいいかと訊いた。私と異なり、モーガンに限ってアルコールで技能が鈍ることはけっしてないように思っていた。それともこれまで彼には免疫があったかもしれない。ブルックリン行きの地下鉄Lライン上で、彼はアメリカ人の食事にたいする広くいきわたったメンタリティの問題点について熱弁を振るった。アメリカ人は、新しい、馴れないものにオープンではないことと、レストランにたいして客のあらゆる気まぐれを解するユーモアを期待しているという点。

「『アンナ・カレーニナ』を観に行って、彼女が最後に死なないことを期待するんじゃないよ、まったくどうしようもないな。ノー、われわれは皿からマッシュルームを取り除くことはできない。グルテンフリーにすることはできない。なぜって、パスタはグルテンフリーではありえないからさ、まったくもう」そう毒づいた。「すべて自分の望みどおりにならないとだめなのか？あるいはむずかしく勇気のいることに出会っても、意に沿わなければ無視するのか？……ぼくにとって、レストランに行くことはショーを観に行くようなものなんだ。かならずしもショーを気に入るとは期待していない。シェフやワインディレクターやサービススタッフの意見を見て知りたいから行く」

石油スタンドを通りすぎて彼のアパートのブロックへと歩いていくとき、彼は低い声でしゃべり続けた。ぴかぴかのビルとリノベートされたアパート群、ダイヤ型に編んだワイヤーフェンスの背後にあるエレベーターのない少し傾いたレンガ造りの公共アパート、それらが交互に出現する。古くてやや傾いている戦前の建物の一つにモーガンは二人のルームメイトとともに住んでいた。二人ともワイン界とは無関係だそうだが、インテリアはモーガンの自由にさせていることが一目でわかった。

部屋に足を踏み入れるやいなやワインの詰まった二基のワインセラーにぶつかった。居間のあちこちの壁には幅四フィート近くもあるフランスのブドウ産地の大地図が五枚貼られている。台所のカウンターには空のワインボトルが五本、本棚には同じく空の酒瓶一本、それからモーガンの机にはグロウワー・シャンパンの空き瓶が一本。最近ソムリエたちのインスタグラムで取り上げられたトレンディなシャンパンで、フランスの伝統的スパークリングワインの職人芸的バリエーションだ。「昨夜のアペリティフさ」シャンパンにうなずいてモーガンが明かした。酒類で覆われていない所にはすべて、酒関係の本が積まれている。『ウィスキー、1001』、『フラ・ワイン』、『北アメリカのピノ・ノワール』、『ブルゴーニュ・ワイン』、『ドイツのワイン地図』、『ブルゴーニュへ、そしてふたたび』、『ワインの小歴史』、『キッチンのセラーマスター』、『ワインの読み方』、そして一冊だけ例外は『罪と罰』。窓の下に置かれた木枠には、手のひらサイズのメモ帳が乱雑に詰め込まれている。モーガンがワインや料理の記録を日ごとに書き留めたノートだ。そのうちの一冊を彼が適当に開くと、スープで有名なニューアメリカンレストラン〈ハース〉で一人で食べたテイスティングメニューの感想が書かれていた。〈テロワール〉の姉妹店だ。

「ホスピタリティ面で気づいたこと」と書いてある。〈ドアロで客を迎える挨拶係を置くべき〉

台所をうろうろしながらモーガンはコーヒーを淹《い》れ、ベーグルで燃料補給をした。それから私たちは彼のパソコンの前に陣取った。画面にポストイットが貼ってある。

〈未来のモーガン、この時を生産的に遣っている——過去のモーガン〉

オンラインの試験は参考文献など自由に見ていいが、答えを調べるために貴重な数秒を無駄にするとしたら考えものだ。万一に備えて、モーガンはアンチョコペーパー（百十六頁）と、フラッシュカード（二千二百枚）をぱらぱらとめくり、どこに何が書いてあるかを確認した。たとえばセレクション・ド・グラン・ノーブルの認定を受けるために必要な発酵前のブドウ果汁の最低濃度についてなど。

「トップソム」試験の高得点者は、国内の数都市で行われる地域ごとのセミファイナルに招かれる。そこから、「トップソム」と「トップニューソム」（三十歳以下の新人）の各上位六名がファイナルを受けるためカリフォルニアに飛ぶ。モーガンは過去二年続けて全国大会に出場したが優勝はかなわなかった（優勝歴のある者は以後参加できない）。

「さあ行くぞ」彼は意気込んだ。パソコンの画面すれすれまで顔を近づける。

試験問題の断片しか私には把握できなかった。彼は私が問題を書き留めるよりも速く答えていく。〈以下のアマーロ（ハーブ酒）をもっとも辛口なものからもっとも甘口まで順番に並べよ〉、〈川と一致する産地呼称を選べ〉、〈国と、現在のおおよそのワイン産地の土地をつなぎなさい〉

「こいつはひどい問題だな」モーガンはつぶやきながらキイボードを叩いてクリックする。「クソ、オーケイ、ええと……北から南、なんてこった……こいつは難題だ、なぜって、ゲンシュとは薄められていないサケ……意地の悪い問題だな……たちが悪い……」

文句を連ねる。だが正直言わせてもらうと、実際、ワクワクしているように見えた。

そうやって彼は地域ごとに行われる次の試験に進んだ。そこではサービス部門でさっそく銀のトレイを落として、むきだしの床にガランガランと騒音をたて、審査員たちの肝を冷やすというヘマをやらかした。この失態にもかかわらず彼はファイナルに進出し、カリフォルニアに飛ぶことになった。受験は修業とネットワーキングのために欠かせないと彼は考えていた。「ソーシャルカレンダーに有益な交際予定を書き込めるようにならないとな」

私としてもファイナルを見逃すことはできなかった。コンクールはソムリエが仕事で直面する現実を反映している。そして彼らの義務の総覧を提供してくれるものだった。さらに、レストラン側はときどき時間やスペース面で経費を節減するが、「トップソム」は挑戦者に最高水準のサービスを求めるコンクールだった。一日がかりの競技は私にとってソムリエのパフォーマンスでプラトンの仮説の誤りをこの目で確認するチャンスとなるだろう。また自分がコートの試験を受ける時に求められるスタンダードを知ることができる。ただでさえ私はスパークリングワインの栓を抜く際、両の親指をコルクの下に押し込まずに、壊れない部分に狙い定めるという正しい手順をほんの最近体得したばかりだし。そうすればコルクはねじれて、『プッ』という小さい音とともにナプキンへ飛び出してくる。その音はテクニカル用語で「尼さんのおなら」あるいは「エリザベス女王のおなら」というと教えられた。

「トップソム」の審査員はふつうマスター・ソムリエで占められているが、ゲスト審査員として私を加えてくれるように大会の組織を説得しにかかった。無邪気な模擬客役ということで彼らを納得させた。〈私ならユニークな視点を持ち込めます。各競技者のサービスの隅々まで……適切な審判ができると思い……そう感じます〉驚いたことにうまく行った。

コンクールは、コートの試験形式を忠実に踏襲した三つの分野から成る。理論部門で、モーガンとほかの挑戦者たちは熟成の規則から土壌のタイプまであらゆる難題でいじめられる。むろん、ブラインド・テイスティングでもそうだ。それからサービス部門で出場者は私や他の審査員たちが演じる模擬客相手にパフォーマンスをする。客はしたい放題で、しゃべりまくり、好奇心を露わにする。あるいはその三つで何かとうるさくするのはまちがいない。

コートの試験が標ぼうしている「公平さ」は形骸化しているが、「トップソム」はだれにたいしても等しく悪夢だった。

「全員をひたすら好意的に受け止めること」と過去に審査員をしていた者が注意した。しかし組織から私への指示は単純明快だった——情け無用。

審査員としての心がけ

公衆の場でまた恥をかくことにならないように心がけた。コンクール前に少し勉強しておくのが賢明だろう。ワイン店につかつかと入っていき、シャブリでできている上質な白ワインを欲しいと言ったのはほんの数カ月前のことだ。それは旅行会社に行って〈キッシュ・ロレーヌ〉への片道切符を頼むようなものだ。「シャブリとは」店員はにやにやしながら言った。「ブドウのことではなくフランスの地方の名前です」（もっと正確に言うと、シャルドネ種でワインを造るブルゴーニュの一区画）

そのような愚かなアマチュア時代は過去のものだ。私は審査員になるのだ。私の力量を出場者に知らしめる義務がある。まずどんなブドウがどこで、どうやって栽培されるかということと、その栽培法を採る理由、どんな効果のために、そしてどうやってそのブドウが世界のどこの醸造所であれ、ワインに醸造されるか。知識は「トップソム」で認められる助けになるだけでなく、優れたブラインド・テイスターであるためにもグラスの中身の諸成分を分析できる実力と強さのために必要だった。もしモーゼル（ドイツ）とそこの気候（涼しく、大陸的）と土壌（デボン紀の青と赤粘板岩）、そこで生産されるワイン（おもにリースリング、その次はミュラー・トゥルガウ）、そして製造法（ステンレススティールのタンクで発酵させ、オーク樽に触れることは稀）を知れば、モーゼルのリースリングだと正確に推理できる率が高まる。それに、コートの試験でその情報、さらには記憶に納めた情報なしに、第一段階を通過する見込みはなかった。

ワインの教育機関である「ギルド・オブ・ソムリエ」（ソムリエ組合）の会員になった。そこは、酵母種《イースト》まで追求したがるサービスのプロのためのガイドとネットワーキング学を提供するウェブサイトを運営している。組合はコートとは公式な関係はないものの、両者は旧制度の専門用語を好む点で一致していた。組合のガイドと、山と積んだワイン百科事典の助けを借りて、モーガンが彼の〈良き友〉と言及した「クラム」という学習アプリで私はフラッシュカードの作成に乗り出した。カタルーニャのプリオラートワインの伝統的種類、西オーストラリアにある産地の土壌、ナパヴァレーの山脈……詳細を追求していくと切りがない。やがてマンハッタンのあちこちの通りを虚ろな目をして、ぶつぶつ言いながら歩くようになった。「スペインのリオハワインは三つの異なる気候地帯を流れるエブロ川流域の……」

サンフランシスコへの機上でも私はフラッシュカードを復習していた。サンフランシスコには「トップソム」のファイナルが始まる前日に入った。人込み、バースデーケーキを覆う白いクリームアイシングのようなワイナリー、そしてジンファンデルの小道というような細かい配慮のなされた名称などによるネオクラシックなイメージがカリフォルニアのワインカントリー地域にテーマパークのような雰囲気を与えている。かねがねそう思っていた。だがテイスティングの会場から会場へと未婚で一人ぐらしの女性たちを運ぶリムジンが列をなすシーズンにはまだ早い。午後、サンタ・ローザのホテルまでのドライブ中、ブドウ畑は静謐さに包まれていた。その風景には田園的素朴さがあり、一日の終わりには気取ってさまざまなボトルがサービスされるだろうが、この業界のすべてはなによりもブドウにかかっていると改めて思い知らされた。どう育てられ、摘み取られ、搾られるか。道には乗用車とともにトラクターが走っている。その日の仕事を期待して交差点にたむろしているジーンズ姿の男たちの横をトラクターが轟音とともに走り去る。

その夜のウェルカムディナーでのドレスコードには「カリフォルニア・カジュアル」とあったが、私はけっきょくヒールの靴とスカートを選んだ。ドライクリーニングが必要な服はフォーマル過ぎると決めつけられるテクノロジーの世界を去って以来、ワードローブのレベルを一段階上げなければならなかった。ソムリエたちはテイラードジャケットに黒いズボンをまとうのが一番寛《くつろ》いでいられるようだ。幾度かファッションで失敗した私はクローゼットをかき回して膝丈のスカート数枚とスーツのジャケット数枚を掘り出した。それはカレッジの最終学年に就職活動で面接を受けたときに着たのが最後だ。あとで知ったのだがモーガンは八枚ものポケットチーフをスーツケースに詰めてきていた。奇妙にもソムリエはコンサバティブで流行から外れた雰囲気をもっている。女性ソムリエも含めて、二十代の肉体にとらわれている少々老けた人間を思わせる雰囲気を彼らはかもしている。ジェイ・ギャッツビーのクローゼットから奪ってきたような服装に加えて、彼らは過去を考え、五百年のシャトーの伝統に思いを馳せ、三十年前のとくに温かい春のことを夢見心地で考えて多くの時間を費やすのだ。サービス中に彼らが維持している姿勢と形式にこだわる点は仕事場を離れてもそのマナーに染みついている。親ならだれでも子供にたいして夢みるような資質だ——完璧な構えと態度、正確にはっきりと正しい文法できちんと最後まで発音する言葉と発言。モーガンのメールには〈Bandol rosé〉あるいは〈Chaîne〉など、フランス語を正しい表記で書いてあった。

コンクール出場者やほかの審査員たちに合流して、ディナー会場へと行く豪華な送迎バスに乗り込んだ。ディナーの主催者はロドニー・ストロングというワイナリーのオーナーで、もしソムリエたちが正直であるとするなら、その夜のさまざまな歓迎催し物のスポンサーになったあとですら、たぶん「ん？」というようなワイナリーだった。そのワイナリーの女性がロドニー・ストロング・ソーヴィニヨン・ブランのプラスチックカップを配った。「トップソム」コンクール出場者にとり、すくなくとも二度目のアペリティフだった。空港からの途中、彼らはとあるコンビニエンスストアの前でバスを停止させ、パブストブルーリボンビールとモデロの十二本パックを手に入れた。ときどきはプロでも無性に飲みたくなるものがある。

画像に特化したSNS・ピンタレストの写真が現実に現れたようなアウトドアテラスで私たちはバスから降ろされた。ソムリエの仕事には音楽や景色などの特典がともなう。その夜のために雇われたミュージシャンが芝生のスロープでギターをつま弾いている。料理用の炉を見晴らすパティオがあり、その先のブドウ畑は地平線まで続いている。キャンドルと花柄のテーブルクロスのピクニックテーブルの上部には電飾が十文字に配され、またたいている。注意して見ると、ほぼどの席も七個を下らないグラスが置かれている。ディナー中の会話はワイン愛好家たちが過去に飲んだワインと、最近飲んだワイン、それからいつか飲みたいと思っているワインについてあっちに飛びこっちに飛びしていた。マスター・ソムリエの一人ゲオフが年代物のムルソーに合う料理について全員から意見を募る。「カキ」ソムリエ全員が口をそろえた。最終試験を受けるダナは、九六年のラヴノー・モンテ・ド・トネルを数年前に自分の誕生日パーティーでサービスした話を披露した。彼とモーガンはイタリアのピエモンテ産の赤ワイン、ルケにまつわる恐怖話を思い出していた。去年の「トップソム」試験でブラインド・テイスティングのときのことだ。その話題に関連してモーガンは数年前の受験資格試験中にブラインド・テイスティングした白ワインの逸話を語った。同じく受験した男がそのワインをヴィオニエとコールするほどの間抜けだったといまもって憤慨している話だ。

「つまり、『残存糖分のある、酸の強いヴィオニエに出会ったことがあるか?』と言いたい。鍬《くわ》は鍬とありのままに呼べばいい。そしてそうコールすれば——」

「酸化したセントラルコースト産ワインとはな!」ダナが、ひどいオチで茶々を入れてテーブルを爆笑させる。「つまり、『誤って大樽一杯のクエン酸をヴィオニエに投げ込んだだけです!』とね」

「ハ! 酸化したセントラルコーストワイン!」シアトルから飛んできた出場者ジャクソンが馬鹿笑いする。「袋入りのクエン酸があるのかい?」

「うん、ああ、あるよ」とダナ。

「もちろんさ」とモーガン。

「トニックウォーターを作るため家にクエン酸を数袋もっている」ダナが言った。

「自分でトニックウォーターを作るのか?」ジャクソンが訊いた。「ぼくはキニーネ溶液を作る!」

ダナはとくに感心したふうには見えない。「ぼくはキニーネの代わりにキナ皮を使う」得意げに言った。

「ああ、そうだな、ぼくもキナ皮を使う」ジャクソンが急いで添える。「最初は粉のものを見つけられなかった。だけどそのあと実物のキナを売っている店を見つけてね」ヘマを埋め合わせようと努める。「自家製ベルモットを造りたくて」

　私のほうは金ボタンのネイビージャケットの男に注意を向けた。ディナーテーブルを威風堂々と回って、客の背中を叩き、握手をしている。六十がらみのワイン卸業者で、マスター・ソムリエの称号をもち、「コート・オブ・マスター・ソムリエ」と「ギルド・オブ・ソムリエ」両方の非公式キャラクターとして活動している。コートを英国から米国にもちこむというビジョンの持ち主で、時間と金と権力をもったさる排他的社交クラブで鑑定家もしている。「妻が『これ以上クラブはダメ！』と言うんだ」大声で言った。芸術愛好紳士のボヘミアンクラブ（基本的には、有力者のためのサマーキャンプ）とランチェロス・ヴィジタドールズ（基本的には、有力者のためのカウボーイキャンプ）の二つに入っていることを言っているのだ。すでに緊張していて、それを見せまいと努めている受験者たちを彼はからかった。

「ロシアのワインについてどれくらいご存じかな、諸君？」ソムリエのテーブルに投げかける。沈黙。目をすがめてソムリエたちを見やると、彼はこう言った。「全員、不合格」

　次にモーガンとダナとジャクソンのテーブルで足をとめた彼は秘密を明かすように身をかがめて顔を寄せ、「これは競争であって試験ではない、だから勝つための駆け引きは許される」とささやいた。「ライバルを酔わせれば酔わせるほど、本番でライバルは不利になる」

全員がこのアドバイスを心に刻んだらしかった。バスでビールとワインを飲んだあと、カクテルアワー、それからディナーで七杯のワイン、みんなそれでも飲み足りなかった。私たちは仕切り直しをするため束の間、ホテルに立ち寄った。ロビーのコーヒーテーブルに置かれた空のマティーニグラスをだれかが見つけた。数人のソムリエがそれを嗅ぐために群がる。

「グラスホッパーだな」一人が言った。

モーガンも嗅いで、同意した。「ハッカ入りのリキュール、クレーム・ド・マントとイタリアのリキュール、ガリアーノの匂いがする」

モーガンが先導して〈ロシアン・リヴァー〉という小さな店に行った。私たちのホテルから通りを少し行ったところにある小規模醸造所だ。バーの長さと同じ長い黒板にほぼ千もあろうかというビールのリストがある。〈窓から投げろ〉、〈地獄におちろ〉など食指が動かない名前のビールもある。お勧めはと訊いたのが間違いだった。飢えたピラニアの水槽に飛び込むようなものだ。カオス状態になった。

けっきょくどのビールを手にしたかわからずじまい。私のグラスは、味見したがる一人のソムリエによってたちまち奪われた。感覚の記憶帳にもう一つデータを加えるため、みんな互いのビールを交換してすべてをすすった。

私はビールを一度も飲み終えることはなかった。もう真夜中になっていて、恋人と来ていた女性以外、残っている女性は私だけになった。深夜、アルコール、女性の割合という条件が揃うと、事態はお定まりの方向へと行く。ソムリエという仕事が人気を呼ぶいっぽう、まだ少数である女性には不愉快な副作用も伴うことを私は学びつつあった。すでに一人の審査員からは彼の「広い」ホテルの部屋（私が訊いたわけではない）でその夜を過ごさないかと誘われた。また別のソムリエにもしつこく迫られた。彼は、しらふというには程遠く、ふざけながらのおずおずとした誘いからしだいに露骨な誘いへとエスカレートしていた。だから私は自分の狭いホテルの部屋にもどった。

翌朝、朝食を食べにいくと、ちょうど二人の審査員が水の評価を交わしているところだった。「おお、これはテイスティング向きの水だ」マスター・ソムリエのジェイソンが、知人のマスター・ソムリエのジェシカが持ってきたアクアフィーナのボトルを指して言った。「栓をひねっただけで、四ドルの価値があるとわかったよ。つまり、『これ、ちょっとかび臭い』というか」

出場者のうち、ジョンという四十代のソムリエが身体をひきずるようにして降りてきた。彼はこの時間に温かいピノ・グリージョのグラスを必死で探していた。テイスティング前の儀式の一部だという。ヴァイオリニストが楽器をチューニングするのに似て、彼は舌を酸とアルコールに順応させるためにワインをすする必要があった。それなしにブラインド・テイスティングに臨むのは不可能らしい。「日曜日の酒類販売禁止法の今朝、どうしたらピノ・グリージョを手に入れられるだろう」やきもきして言った。「ホテルのバーは開いていないだろうし」

ジェイソンとジェシカは彼を無視していた。彼らは気圧と、緯度、それから湿気が味覚の感度に影響を及ぼす件について議論中だ。たとえば嵐に見舞われるとワインのアロマは弱まる、とか。

「ハワイを離れると、すべてが強く感じられる」ジェイソンが言う。

ジェシカはうなずいた。「みんなアリゾナでテイスティングするべきだわ」

「イタリアのピノ・グリージョはあるだろうか？」ジョンが訊いた。

心配しながらコンシェルジュのデスクに彼が向かっているあいだ、私は、ブラインド・テイスティングの第一ラウンドの準備をしているほかの審査員たちを手伝いに行った。「トップソム」はサンタ・ローザのハイアットホテルの会議室を数室、試験会場に使っていた。私たちは各テーブルに六個のグラスと数脚の椅子が用意されているかを確認した。出場者は私たちが座って採点するあいだ、順にテイスティングする。私はグラスの向かい側に陣取り、ある審査員とともに最初の挑戦者を迎えた。

見た目にはソムリエ全員がワインの分析に独自の方法をもっているように思える。嗅ぐ者、鼻を鳴らす者、がぶ飲みする者、すする者、飲み込む者、立ったままの者、座る者。なかには嗅ぎながらグラスに向かって絶えずしゃべる者もいる。たった一度か二度、じっくりと嗅ぐだけでアロマを評価する者。赤ワインから始める者もいれば、白ワインから始める者もいる。

そういった外面的相違にもかかわらず、そしてコートの正式のイベントではないにもかかわらず、彼らは例外なく、いわゆるコートによって創られた演繹的推理法に基づいて分析した。コートの規定の頁に書かれた作業進行〈ガイドライン〉によると、ブラインド・テイスティングの四段階——外観、香り、味、結論では、何を、どんな順序で、どんな用語を使って答えるかを採点することになっている。また、ソムリエには、何が味わえるかに注意を払いながら〈目的をもって試飲する〉よう指導している。ほかの高度なテイスティングを要求する団体、たとえばワイン酒造教育機関も独自のガイドラインをもっている。しかし大局的にはみんな同じだ。

ブラインド・テイスティングが大いに楽しみを与えることは見てきたが、たんなるパーティーのかくし芸ではない。目的はソムリエにワインの質を理解させてボトルの購入や販売の知識を得させることだ。ラベルを見られない場合、他人から告げられたことよりも、全体的に自分がそのワインに感じるものに集中し頼らざるを得ない。やがてブドウのフレーヴァーの特徴、地区、生産年、そして品質の表現を自己のものにする。どのワインが良い意味でも悪い意味でも並みでないかを知るようになる。その結果、購入の参考にできる。ニュージーランドのある卸業者がソーヴィニヨン・ブランを提供してくれる。あなたはおいしいと感じるかもしれない。だが数十本のブラインド・テイスティングをすると、このサンプルはたいていの人が〈ニュージーランド〉と〈ソーヴィニヨン・ブラン〉というラベルを見たときに想像する特徴ある酸味のパプリカレモネードよりも、オーストリアのグリューナー・ヴェルトリーナーに似た味がするとわかるだろう。客の期待をさばき、なんらかの説明もしなければならないと承知のうえで、そのワインを買うか？　それとももっと典型的な味をもつ銘柄に手を出すか？

また、ブラインド・テイスティングはソムリエにとり、実際の価格よりも高い価格帯に属する味の、値打ちもののワインを拾い上げる修業になる。たとえばサン・テミリオン（ボルドー地方の右岸の産地呼称）のワインは三つに等級分けされる――上から順にプルミエ・グラン・クリュ・クラッセA、プルミエ・グラン・クリュ・クラッセB、そしてグラン・クリュ・クラッセに分けられる。もしたまにぜいたくをしたい場合、モーガンなら等級づけの理由を知るために理想として高価なプルミエ・グラン・クリュ・クラッセAとBを味わうだろう。そうやって、高級品でももっと安いグラン・クリュ・クラッセを試みたら、〈お買い得〉と考えて飛びつく。ほかの製品と同様に「安く買って、高く売る」商法はレストランでも大いに推奨される。これはまたモーガンがワイン漬けの生活を賄っていく手段でもある――彼が多くのワイン、そして多くの極上のワインを買えるのは、値打ちを嗅ぎ取る鼻を持っているからだ。

自分を「鞘《さや》取り売買の達人」と呼ぶモーガンはワインバー〈コルクバズ〉でワインリストを管理しているときに直面していた状況を解説してくれた。たとえば彼がカベルネ・ソーヴィニヨンをグラス一杯二三ドルで売れると思ったとする。出入りの卸業者全員に声をかけて卸値でボトル一二ドルから一五ドルのあいだのカベルネをもってくるように頼む。そうやって彼は一杯二三ドルもの味がするような製品を見つけるまでサンプルする。「もし二〇ドル程度のものしかなかったら、二〇ドルで売る」そう説明した。

いったんレストランのリストにボトルが載ったら、それを売るのはソムリエの仕事だ。ブランド・テイスティングはまたここでも役に立つ。特化された表現でそのボトルをよどみなく説明する助けになるからだ。〈グランマニエ〉、〝砂糖漬けしたミカン〟などの表現で客にフレーヴァーを予想させる。〈カシス（またはブラックカラント）と混じったアールグレイの香り〉のワインです、などと告げられれば、客がそそられるのは間違いない。それは〈ワインのような味〉よりも情報を含んでいるし、有用だ。

　さらにブラインド・テイスティングはソムリエにとり、どのワインが記憶のフレーヴァーと似ているかを学ぶためにもとても重要だ。たとえそのワインが異なる大陸で育てられたとしても、あるいは異なるブドウの種類から造られていてもブラインド・テイスティングはフレーヴァーの記憶術を磨くのに役立つ。彼らがレストランのフロアで客の好みにマッチさせるボトルを見極めるというきわどい役目を演じることを可能にしている。仮に二十三番テーブルの紳士がリオハのテンプラニーリョを希望したとして、それが店のリストにないとしたらどうするか？　ソムリエはイタリアのサンジョヴェーゼを勧めることでスマートに対処できる。替わりの品、流行の面で似ているが造りは異なるワインを提供することで食事客を幸せにできる。そして流行の面で似ているが価格の面で似ていないワインを知っておくことで店を幸せにできる。

「そうだな、たとえばこういう例がある」ある日のテイスティング後、モーガンが言った。「四人の客が来た、母親と父親と子供二人。父親は五万ドルはしそうなパテックフィリップの時計を着けている。母親は七万五〇〇〇ドル相当のジュエリーで装っている。どう見ても彼らは金持ちだ。そしてテーブルに着いて、女性がこう言う、『ピノ・グリージョが好き』。だがきみのリストに八〇ドル以上のピノ・グリージョはない。きみは『チッ、まずい、でも断ることは許されない』と思う」

「こうなったら父親を攻略するしかない、『あの、私どものメニューにはピノ・グリージョは一本しかございません』そうやって必要に迫られて、きみは最後には彼らに二七〇ドルのグラン・クリュ・シャブリを売ることに成功する。彼らを幸せにするピノ・グリージョはリストになく、きみとしても彼らを幸せにしないワインを売りたくなかったからだ。そしてきみは店のため、自分のために総売上げ高のなかで二二〇ドルという実績を積む」

「彼らはここ十年間は銀行取引明細書など見ていないな！」別のソムリエが口をはさんだ。

「そうやって客を喜ばせつつ、もっと高い代替品を売るというわけさ」モーガンはまとめた。

「金持ちにとり、どうせそんな金額は金のうちに入らないし」

ブラインド・テイスティングに挑むモーガン

ブラインド・テイスティングの順番がきたとき、モーガンは部屋に入ると審査員の前の革椅子に座った。私は彼と何度もいっしょにテイスティングしていたので、彼の手順も熟知している。いまも彼はいつもどおりに振る舞った。視覚を閉ざすと他の感覚が鋭敏になるというかのように眼鏡をはずす。それからスピットカップを自分の左側に移し、テーブルに片肘をひょいとついた。最初のグラスに触れるやいなや、時計が時間を刻みはじめる。彼はいつものように赤ワインから始めた。

「これは、中心部がダークルビー色、周辺はわずかに淡い、ガスも澱もない、凝縮感は中程度プラスのクリアな赤ワイン」コートが色の表現として認めている三つの語〈パープル〉、〈ルビー〉、〈ガーネット〉から一つを借りつつ、彼は始めた。

〈クリア〉はそのワインが澄み切っていて上質であるか濾過されていることを意味する。濾過とは酵母《イースト》やバクテリアのほか、ワインを損なって濁りの元となる分子を取り除く工程である。あるいは、ウマミの複雑さを与えるという意見もある。〈凝縮〉はワインの濃度あるいは濁りを指し、グラスの中心部を見ることで簡単にわかる場合とむずかしい場合がある。そして〈ルビー〉色からは、ブドウの種類と樹齢の両方の手掛かりを得られる。ブドウの種類により濁りと色調も変化するからだ。テイスティンググループでの修業と一人での猛勉強によると、たとえば、シラーとジンファンデルは紫色がかった濃い色をしている。いっぽうピノ・ノワールはふつう澄んだルビー色をしている。モーガンの手にあるワインは濁っていて、ナスというより海老茶《えびちゃ》色をしている。シラー、メルロー、サンジョヴェーゼ、カベルネ・ソーヴィニヨン、そしてテンプラニーリョが頭に浮かんだ。赤ワインは熟成するにしたがって色が褪《あ》せていき、かたや白ワインはコートの用語でいう〈ストロー〉、〈イエロー〉、〈ゴールド〉、あるいは〈アンバー〉と、色が濃くなっていく。年月を経た赤ワインは褪せてオレンジ味を帯び、グラスとワインが出会う部分の表面張力が強い。同じく琥珀《こはく》色の白も。ワインにはつねに〈しかし〉がともなう。しかしオーク樽での熟成によっても白ワインの色はいくぶん濃くなる。モーガンのワインは中心部がダークルビー、グラスの縁だけわずかに淡くなっている。澱が見られない。ワインの十歳の誕生日ごろに現れる熟成の副産物である澱がない。十年くらい経つと酸、色素、そしてタンニンの分子がくっつきはじめて、液に沈降し始める。だからモーガンが手にしているのはおそらく十年以下のワインだろうと私は考えた。

　モーガンはグラスを光にかざした。

「昼間の明るさ」彼は言った。〈くすんだ〉、〈かすんだ〉、〈明るい〉、〈昼の明るさ〉、あるいは

〈星の明るさ〉という表現が許されている。そして〈かすんだ〉という語は疵《きず》を意味することもあり、〈星の明るさ〉はしばしば若いことを意味する。

彼は一口すすると、ヒューと吸ってテクスチャーを調べた。テーブルとほぼ平行になるようにグラスのボウル部分を回すとグラスの壁にワインの膜ができる。彼はグラスを明かりにかざし、液体がしたたり落ちる様を見つめた。「粘性は中程度プラス」粘性――ワインのボディあるいは濃さである。ワインの太い涙がゆっくりと落ちる。アルコール度が高い証拠で、温かい気候の産も意味する。

これまで二十秒費やしていた。あと三分と四十秒残っている。

グラスに鼻を突っ込んだのでモーガンの両頬に縁が当たった。第一印象がきわめて重要だ。もし香りが強烈なら、プラム、イチジク、チェリー、ブラックベリーとまちがいなくフルーティで、新世界のワイン、つまりヨーロッパ以外のすべての地に票を投じることになる。もっと控えめで、風味のあるアロマなら――土、葉、ハーブ、岩さえも――旧世界、ヨーロッパワインを探るきっかけとなる。

〈レッドとブラックのベリーとプラム、赤みがかったカシスのフレーヴァーでモデレートな凝縮度〉と私はこれまで味わい記憶しているすべてを心の中でめくってみた。結果、新世界のカベルネ、たぶんメルロー？　コートのテイスティングの用語法はすっかりスタンダードになっていて、かなりの種類のプロファイルが確立されているので、各フレーズが一つに収斂《しゅうれん》していき、修練を積んだ者の耳には答えの方向を示してくれる。もしそれらの用語を知っているなら、暗号を解析できる。バラとライチという言葉によって一つの素性が明かされる。つまりゲヴェルツトラミネールを示唆しているのだ。オリーブ、ブラックペッパー、そしてミートときたら、もうシラーに向かうしかない。プラム？　だったらメルロー。カシス？　だとしたらカベルネ。

モーガンはさらにバラ、耕したばかりの土、オレガノ、革のサドルのアロマを掻き立て、分析した。新世界よりむしろ旧世界、と私は結論を出した。カベルネかフランスのメルローか、スペインのリオハに使われた、テンプラニーリョ種特有のアロマだ。

六十秒経過。

「ちょっとシナモンとバニラのような、一種スパイス糖液を焼いたような香り」言い換えると、フランスの新しいオーク樽で熟成されたワイン、その特徴をよく示しているのはピリッとしたバニラキャラメルの風味だ。これはワイン生産者がしばしば新しいフランスのオーク樽で古いカベルネをブレンドするフランスの一地区、ボルドーを意味する。またスペインのリオハとも、カリフォルニアのナパヴァレーとも一致する。

「動物、農家の庭、土臭さによればこのワインには少々ブレットがあると思う」その発言はボルドーという答えを叫んでいた。ブレタノマイセスという酵母《イースト》の種類の短い表現であるブレットはワインに汗臭いサラブレッドのような臭いを与えることが多い。匂いの面で疵になる。

二分経過。グラスを見つめたまま彼は低い単調な声でさまざまな言葉を攪拌していた。

ズルズルと大量に吸い込み、一気に口から出す。

味覚。味覚はさまざまなフレーヴァーの感覚をも含んでいる（〈ベイリーフ〉、〈灰のような〉）。

そして究極の客観的手掛かりであるストラクチャーも含んでいる（酸、糖分、アルコール、タンニン、ボディ）。ここで、モーガンは手にしたワインの正体について疑いを持つに至った。ストラクチャーは推理の的確性を疑う手掛かりになるし、ほかの候補が浮上してくるきっかけになる。「焼いた赤唐辛子とトマトのような匂いによると、このワインにはピラジンが入っていると思う」それだ。ピラジン。青唐辛子の中にある化合物、ソーヴィニヨン・ブランと、推理するところテンプラニーリョとカベルネ・ソーヴィニヨン種のブドウの両方が出てきた。

三分三十秒経過。あと三十秒。

このワインはドライだ。タンニンは中程度プラス。酸とアルコールも中程度プラス。酸性が強いことは涼しい気候でブドウが育ったことを示し、アルコール度が高いことは温かい気候で育ったことを示す。だからこれはどこか温か過ぎないところで育ったブドウのはずだ。カリフォルニアよりもヨーロッパのワインというさらなる証拠。

もう一度彼はすすった。あと五秒。

モーガンはそれまでしゃべったことすべてを大急ぎで振り返る必要があると、私は自分の経験から思った。ワインのルビー色、光沢、フルーティさ、そして少々高めのタンニンなどのすべてが若いワインということを示唆していた。トマト、革、それから新しいフランスのオーク樽までスペインのテンプラニーリョとも一致しうる。だがプラム（ヒント・メルロー）、カシス（ヒント・カベルネ）、ピラジン（ヒント・ああ、そう、カベルネ）などが混じって層をなしたフレーヴァーは、少なくとも二種類のブドウのブレンドを意味する。ボルドー左岸のワイン生産者はカベルネ・ソーヴィニヨンを主体にして、メルロー少量とほかに数種のブドウをさらに少量補足してブレンドしたものからワインを造る。ボルドー右岸のワイン生産者はメルローを主体にして、カベルネ・ソーヴィニヨン少量とほかに数種のブドウをさらに少量補足してブレンドしたものから造る。

モーガンは最終的な答えを口にした。「これはボルドー右岸の、サン・テミリオン地域、メルロー主体のワインで、グラン・クリュ・クラッセの二〇一〇年もの」

一つ終えた。あと五つある。

六個のグラスを終えるとモーガンは、ソムリエの一団がブラインド・テイスティングの答えをやかましく吟味しあっているロビーへと急いだ。全員の顔に敗北感がただよっている。

「二〇〇六年のサン・テミリオンだと答えた」と四番目のワインについてミアは言った。モーガンが最初に味見したワインだ。

「あれはメルローより中間の味わいだと思った」ジャクソンが言った。「完全にサン・テミリオンの線上にあり、そうなれば理由がなんであれ、口に含むや、えーと、タンニンが前に出てきた。舌の前方というより中央部で感じた。その他の点ではぼくもサン・テミリオンというきみに同意するよ。初めから終わりまでずっと」

「やあ、調子はどうだい、諸君？」モーガンがジャクソンの背中を叩きながら声をかけて会話に加わった。

「三番目はニュージーランドのソーヴィニヨン・ブランと答えた」モーガンを無視してジャクソンが言った。モーガンは身を乗り出して別の男の肩を叩いた。「ヘイ、きみはいまの意見をどう思う?」

「サンセール」男は答えた。

ジャクソンの顔色が変わった。「サンセールだって?」かぶりを振る。「わからないな、うん」ふたたび考える。自信が揺らぎだす。「あの怪しい酵母《イースト》、だ。あれでグアバの……」ためいき。

「とすると完全にサンセールか」

「ぼくはソノマコーストと答えた」モーガンが口を出した。「後半三つのロワールのビンテージについて考えていたんだ。つまり『こいつは本当にフレッシュだ、最近のビンテージで、純度の高いフルーティさはロワールではないことになる』とね。二〇一三年ものはすべてボトリチス菌にさらされているからな!」

「うん、ボトリチス菌にさらされたソーヴィニヨン・ブランを造るなんて、どこのどいつの仕業だ?」モーガンの指摘に傷ついた口調でジャクソンが詰め寄る。

彼らの推理がまちまちであることに私は驚いた。フランス、ニュージーランド、アメリカ。

「テイスティングでは何が一番むずかしかった?」

「一番むずかしいパートはつねに自分自身さ」ジョンが言った。私のテイスティング・グループ仲間で、〈イレヴン・マディソン・パーク〉でソムリエをしている。

「脳が恐怖モードになってしまうんだ」モーガンが同意した。「答えが欲しい、答えが欲しい、

答えが欲しい、と」

「たとえばナンバー1のワイン」とジョン。「こういう感じだ。『おお、オークと怪しい香りが圧倒的で、高アルコール、ミネラルはあまり感じない』そうなると、本能的にカリ・シャルドネと判断し、それに基づいて進む。だけどもしぼくの心が完全にオープンで演繹的だったら、ぼくは『そうだな、この甘い柑橘類と苦味とバナナの……』しだいに声が小さくなる。「正直言って……焦ってはいなかったけど……怖かった」

「そこがメンタルゲームだと言われる所以《ゆえん》さ」モーガンが言った。イチゴのスライスを満たした氷水をピッチャーからグラスに注いでですする。驚いた表情になった。小首をかしげて、いま口に含んだものを分析にかかる。飲み込むと、まるで謎が解けたかのようににっこりした。「イチゴ水みたいな味がする」

サービス部門の試験

「トップソム」試験のブラインド・テイスティング部門が終わった。理論部門の試験で審査員たちは義務を果たした。みんなテーブルの周りに陣取り、コンクールの主催者が準備した脚本から受験者に質問を浴びせる。妙にこうるさい客を演じて、不運な若いソムリエをいじめるという設定だ。「このテーブルのみんなはヒルツベルガーの良い畑で育ったグリューナー・ヴェルトリーナーか、プラガー、それともベーダー・マルベルグを試してみようかと言っている。どれが一番ボトリチス菌にさらされたかわかるかな?」(答え、ヒルツベルガーのワイン)あるいは「ぼくらのうちの一人がビンテージのカルバドスに興味をおぼえているんだが、洋ナシを主体にしたものがいいそうだ。何かお勧めはあるかな？」（答え、ドンフロンテのルモルトンのカルバドス）。それから「バーの客が店のアブサンのセレクションについて質問があるそうだ……公式に認定された年と、本物のアブサンの典型的なアルコール度の範囲について知りたがっている」（答え、二〇〇七年に認定。アルコール度の範囲は五〇から七〇パーセント）。私なら、あれこれ訊くのはやめてクソカクテルをおとなしく楽しめとバーの客に伝えろ、と答えるだろう。しかし受験者たちは部屋の正面に突っ立って、忍耐と自信をもって各質問をこなしている。

審査員連中がもっとも興奮するのはサービス部門の試験だ。ルールはない。ソムリエの仕事にたいしてやりたい放題、思い切りいじめることができる時間だ。年配のマスター・ソムリエは若いソムリエをいじめ抜くことで特別な快感を得る。

「きみは男性避妊薬を服用したことがあるかね？」ダナを見て彼の背中を叩きながらフレッドは大声で言った。ダナは力なく笑みを浮かべた。

ダナやほかの競技者が外で待機しているあいだ、審査員と私は指示を受けた。

「きみたちは嫌なやつを演じていい」マスター・ソムリエの一人が審査員全員に指示した。

「私が苦しそうにしたら、それは競技者がまずいサービスをした時だ」フレッドは大声を上げた。

「一度、ある男がおすすめのボトルを答えているあいだ、私は鼻をほじっていた。こうだ」右の鼻をほじる真似をする。「そうしたら彼はこんな感じだった、〝アララララー〟」

サービス産業で働く者ならだれでも最高に夢見るロールプレイだ。次は私たちが醜悪な客を演じる番だった。あるテーブルは誕生日祝いをしている設定で、父親は息子の前で恥をかくことを気にして、シャンパンをすすめるソムリエの説明を途中でやめさせる。頼むから、自分の利益のために私を利用しないでくれ、一〇〇ドル以下のものにしてくれ、というのがフレッドの筋書きだった。もう一つのテーブルのカップルは料理に合わせるおすすめワインと、休暇でフランスのロワール渓谷に行く予定だから訪れるべきシャトーを推薦してほしいと頼む設定だった。トータルで十五分というソムリエの持ち時間を食い尽くそうという魂胆だ。この筋書きだと、ソムリエにとり、シャンパンを取ってきて開栓し、サービスをするのはほぼ不可能だろう。私が着いたテーブルは歴史通の仲間の集まりで、マデイラ酒と次にデキャンタージュが必要な赤ワインを注文し、そのかたわら山のような質問を浴びせるという脚本だった。

モーガンが部屋に入ってきて、自分のセクションにフレッドがいるのを目にするや踵《きびす》を返して、カップルのテーブルに向かった。カップル役の二人の審査員のうちの一人ジェシカがモーガンに、店が提供するロワールの赤ワイン三種で一五ドルというメニューについて質問した。メニューによると三つとも異なるブドウと産地のものということだけど、具体的に名前を挙げてほしい、と。挑戦を受けてモーガンは三つの名前と生産者とビンテージも挙げた。それらは地区もブドウも異なり、しかも彼の想像するレストランでは一五ドルで提供して利益を出せるワインだった。フレッドは両腕を組み、いらだちを募らせつつ、モーガンを睨《にら》みつけている。ジェシカはチキン料理に合わせるワインを知りたがった。それからロワールに行ったら見るべき美しいシャトーを教えてほしいうんぬん。しゃべっているうちに実際に白ワインを飲みたくなったのか調子に乗って、何かおすすめはある？　無茶振りに答えるモーガンの声は一オクターブ跳ね上がり、待っているフレッドの顔が紅潮していくのを視界の端でとらえた。「そうですか！　すばらしい！　ええ！本当にすばらしい！」質問に時間をとられて、フレッドのテーブルにサービスする時間がなくなりつつあり、フレッドのところへ行こうと必死のモーガンは甲高い声で答えた。すかさずフレッドは給仕長役に文句を言おうと手で合図した。

審査員たちの渋面はモーガンがミスをおかしていることを告げていた。彼がマデイラ酒を私のテーブルのマスター・ソムリエにテイスティングのために注いだとき、グラスの縁にワインが跳ねたのだ。テーブルの全員が無言になり、モーガンも含め、だれもが息を詰めて、太い茶色の滴がスローモーションのようにグラスの外側をころがり落ち、それからグラスの脚を伝い、グラスの脚元へと落ちる様に目を釘づけにしていた。それはまるでウェディングドレスに付いたいまいましいシミのようだった。マスター・ソムリエは滴がテーブルクロスに染み込む直前に、さっと指を当ててとめた。「かまわない」すべて台無しというのが明らかであるにもかかわらず、彼は言い渡した。

モーガンがサービス部門の試験を終えると、次のグループが試験会場に入ってきた。これら数分の審査が、以前は無邪気な食事客だった私を永遠に変えてしまったように感じた。一つのテーブルに関わるソムリエや給仕が犯すさまざまなミスが明るみにさらされた結果、素朴で単純な食事の楽しみは破壊されてしまった。一時間前、あるソムリエが私に〝バックハンド〟、つまり手の甲を私の側に向けてワインを注いだのは無礼なことだとは知らなかった。いま思うとなんと無礼な態度だったのか！　サービスの最終ゴールは液体をグラスに注ぐことだけではないのだ。まったくちがう。グラスに注ぐことはたんなるグランドフィナーレに過ぎない。サービスとはワインを口にするという究極の快楽の瞬間を打ち立て増強するべく練り上げられた一連のステップを含む振付けだ。

マスター・ソムリエたちからはワインサービスにおける「べからず集」を叩きこまれた。資格試験に先立ってすべてを覚えなければならない。

身体を傾けるな。だらしない姿勢をとるな。硬くなるな。腕を組むな、指をさすな。価格や自分の名前を口にするな（ここはフランチャイズレストランの〈アップルビー〉じゃないぞ）。テーブルや自分の顔、髪に触れるな、客にもけっして触れるな。グラスを磨くことを忘れるな。グラスの脚以外に触れるな。そしてサービス中、ナプキンが自分の服に触れないようにしろ。グラスとグラスをぶつけて音を出すな。手が震えないようにしろ。シャンパンボトルを開ける際、客が無傷でディナーを終えるよう願うならコルクから親指を離すな、考えることすら許されない。

ワインクーラーをテーブルに置くな。コルクを客に提供することを忘れるな。コースターを二枚用意するのを忘れるな。一枚はボトル用、もう一枚はコルク用。

女性より先に男性に注ぐな、招待客より先にホストに注ぐな、ワインの量をまちまちに注ぐな。そして間違ってもこぼすな。注ぐときグラスを持ちあげるな、そして一個のグラスに二度以上注ぐな。ひとわたり注ぎ終わったとき、ボトルを空にするな。手でボトルのラベルをふさぐな。ぎごちなく見えてはいけない。もじもじしてはいけない。客の左側から注いではいけない。テーブルを反時計まわりに歩くな。悪態をついてはいけない。客にビンテージを質問させてはいけない。熱心すぎたり深刻すぎてはいけない——葬儀屋とは違うだろ？　恥ずかしがるな。「ええと」などと口にしてはいけない。そして金輪際、緊張しすぎてはいけない。これは楽しみの席なのだから。

いったん客に憶えさせたら、サービス時のソムリエの機械的足音は音楽的に響くようになるかもしれない、むずかしいとしてもなんとかやれる。だがむずかしいのは、ワインをすすめ、セラーにワインを取りに走り、オーダーを通し、席に着いたばかりの客たちの存在を頭に入れ、ステーキが出されたばかりの女性にワインを提供するあいだ、ドタドタと足音をたてないことである。また、客にきみのことを余裕があると思わせ、一夜の客の気まぐれを満足させてくれると信じさせつつ、あたふたしないこと。苦も無くやっているように見えなければならない。常に「エレガント」を心がけて。「優雅な」、「本当に、実にソフト、本当にソフト」に。姿勢、声の微妙な震え、言葉の間《ま》、ボトルに身体をかがめるなめらかな動きなどすべてが重要である。「白鳥と共通点がある。傍目にはスムーズに落ち着いて動いているように見える、だが水面下では必死に漕いでいるのだ」休憩のときジョンが言った。「あくまでも完璧な動きでなければならない」

「休みのときは何をしているの？」私は訊ねた。

「休みなんてないさ」

サービス部門の試験が終わると審査員は採点に入り、ソムリエたちはテーブルから離れて、試験会場の壁にほとんど鼻をくっつけるようにして立っていた。その慣習は彼らから採点表が見えないようにするためか、いたぶるためか、あるいは両方に由来する。フォーマルな服装で壁紙に顔をくっつけるようにして立っていることで、ソムリエたちは小休止中のやんちゃな最高経営責任者のように見える。

モーガンはワインをこぼしたことで数ポイント失い、また、「相手を緊張させる」エネルギーでもって「少々、そわそわして」いたのも失点につながった。ほかの者はぬぐうことを忘れたり、グラスの磨き方に難があったり、立ち方がぎごちなかったり、緊張を表に出していたことなどで点を引かれていた。一人はフレンドリーすぎるという間違いをおかした。「彼は馴れ馴れしすぎた」と一人の審査員が鼻先で一蹴した。

とあるイタリアンレストランで入賞者が発表された。マスター・ソムリエに相当するモッツァレラのチーズ・ソムリエがいる店だ。彼は自分をモッツ・ガイと呼び、十二の異なる農場から仕入れるミルクを凝集した温かいカードという生地の球を、ソムリエたちが差し出したてのひらに落としていった。みんなチーズの達人にのしかかるようにして立ち、彼がチーズを揉《も》んで白い小さな房にしていく様を見守っていた。彼はその作業を「カードを寄せ集める」と呼んだ。ソムリエたちは温かいモッツァレラに塩とオリーブオイルをかけて食べた。チーズのテロワール、異なる土地の牛が食べた草という話題が出た。

モーガンは賞を逃した。

理論部門はいつものようにこなした。しかしサービス部門でワインを垂らしてしまったことが致命傷になった。ブラインド・テイスティングでも間違いをおかした。そのワインを彼はボルドー右岸のサン・テミリオンと答えたが、本当はボルドー左岸のメドックだった。直線距離にしてほんの四マイルの差だった。

体調について告げておかなくてはならない。少し前、私は一日の大半、飲んでいた。毎週三、四回ブラインド・テイスティング・グループに通っていた。ということはしらふでいる時間が、平均して一日に正味六時間という意味になる。試飲していないときはたとえばシャワー中にシャンプーの匂いを嗅ぎ、ワインの産地呼称アペラシオンを組み立てる学習をしていた。だがたいていは、テイスティングをしていた。慢性的な頭痛を発症し、この状況がゆくゆくは肉体にどう影響するだろうかとの心配も生じた。「肌に深刻なダメージになってない？」と私の目の周りのむくみを見つめながらある友人が訊いた。かかりつけの歯科医は私の臼歯をつついて、ワインの酸の危険性について警告した。歯科医のオフィスでひどくばつの悪い会話のあと、カルテにどう記されるかと思うと、とても怖かった。

看護師　最近、お酒を飲んでいるんですか？

私　ええ、まあ。ソムリエになる勉強をしているので、そう、最近、飲んでいます。つまり、いま現在はもちろんちがいますけど。でも、アルコールは飲みます。かといってべつに問題はありません。でもそれって、アルコール依存症の人の常套句ですよね。だけど自分がアルコール依存だとは思いません。

看護師　（無言）

正直に言うと、夫のマットは、「助けて、二日酔いが苦しい」という、私からしょっちゅう送られてくるメールに心配を募らせていた。彼や大半の人々が仕事をしている午後二時、私は赤みがかった歯をしてよろよろと地下鉄内を歩きながらメールを送っていた。

肝臓には謝らなければならないだろうけど、せめてこのトレーニングが本当に人生をもっと風味豊かなものにする助けになるかどうかを知りたかった。数世代にわたってプロの飲み手に受け継がれてきた伝統的方法で諸知覚が向上するというソムリエたちの言葉を信じていた。その反面、ずいぶん前に誤りが指摘された舌の味覚地図を信じているのもソムリエのグループだった。つまり私たちは舌の先端部分で甘味を感じ、舌の奥で苦味、そして両横で酸味と塩味を感じるという誤った説を信じていた。そもそも味覚と嗅覚を磨くことは可能なのか？　それとも私はただ悪気のない嘘つきになりつつあるのか？　科学は正しい方向を示してくれるだろうか？　私のワイン業界の師匠連中は科学よりは慣習に導かれた方法で多年にわたって数千本のボトルを消費してきた。私の限られた予定時間内でその経験を踏襲することは不可能だ。疑問がわいてきた。神経科学者、博士、医師たちは感覚を鋭敏にする手掛かりを提供できるだろうか――そしてなんなら近道も。

モーガンは、自分とソムリエ仲間がブラインド・テイスティングでしたことは魔法でもなく、遺伝子による幸運と結び付いたものでもないと確言した。「ぼくは魔法使いじゃない」と初対面時に言い切った。しかし、ほかのソムリエたちはフレーヴァーを嗅ぎ分ける能力は生まれつきと思われると口々に言っていた。そのことで自分が無駄な努力をしているのではないかと不安になった。シカゴの〈アリネア〉で働いていたクレイグ・シンドラーは、子供のころ母親と遊んだゲームの話をしてくれた。彼は嗅覚がとても鋭敏だったので、母親は台所のどこかに隠したクッキーを、匂いだけで息子に探させたという。彼と同じ年齢のころの私はドッグビスケットを食べていた。しかもグラノーラバーの代わりとして違和感なく食べていた。

不安は当たっていた。人間の嗅覚と味覚は遺伝子の構造で決定されていると、ある研究にあったのだ。なかには悪臭のみを嗅ぐことができる者もいる、という。たとえばブルーチーズとか極端に凝縮度の高いモルトとか。他の者なら少量で顔をしかめるような悪臭だ。嗅ぐ力の多様性は遺伝子まで遡り、各人が独自の匂いに独自の感覚をもって生まれるという。匂いを強く感じることもあるし、感じないこともある。ゴルゴンゾーラチーズに敏感でもスミレやバラのふつうの香りには鈍感なこともありうるというのだ。

そういうわけで、「スーパーテイスター」という者の存在が明らかになった。「お姫様とエンドウ豆」のように天性の味覚を与えられている者だ。人口の四分の一が特に鋭敏な味の受容器を持ち、心地よいフレーヴァーの刺激を受け取ることができる。これらスーパーテイスターはフレーヴァーの微小な変動も嗅ぎ分けることができ、そして強い味にとても敏感だ。だからケーキの甘いアイシングクリームも吐き気をもよおすくらい甘く感じるし、コーヒーや野菜の王様と言われるケールはぞっとするくらい苦く感じる。彼らは「パステルフードの世界」に比べると、ネオンフードの世界に住んでいる」とフロリダ大学の科学者リンダ・バートシャックはたとえて言った。彼女は一九九一年に「スーパーテイスター」という言葉を編み出している（あとの二五パーセントは「ノンテイスター」、これは通常の味覚を持つ人々にたいする科学者の冷淡な命名だ。そして残りの五〇パーセントは「テイスター」と、味覚受容体が通常より少し多く散在しているだけの人々を彼女は持ち上げている）。複数の研究によると食通やワイン愛好家やシェフのなかにスーパーテイスターが高い率で存在しているという。私の個人的経験によれば、スーパーテイスターは他より優れているという先入観を不当なくらいもたれがちだと思う。スーパーテイスターかどうかを知るために、ある靴修理店の上階が返品用住所となっている怪しげな会社からテストキットを取り寄せた。化学的処理をした試験紙を舌に載せて試した結果、自分が「テイスター」族だと知った。マットは？　独善的スーパーテイスター。「ぼくのスコッチを少し飲んでみるかい」と私の眼前でグラスを回しつつ彼は申し出た。「だけどまだわからないだろうな」

諸研究所が人のDNAと諸感覚の結び目を徐々にほぐしていく途上で、人は完全に遺伝子の虜ではないとわかった。ドイツのドレスデン工科大学の教授で嗅覚味覚クリニックの医師をしているトーマス・フンメル医師は味と匂いの化学的感覚（食物と液体と大気で運ばれる化学物質によって刺激されるから化学的感覚と呼ばれる）を鍛える学問を専門にしている。ストックホルム大学の同僚によると「ヨーロッパにおける嗅覚と味覚研究の中心」という彼の研究室はまた、すくなくともいくつかのサークル内で、一見、数量化不能な感覚を定量化し、長年無視されてきた一つの規定のなかでそれらを擁護して有名になった。彼は、嗅覚異常の検査と診断のために世界的に使われている、いわば視覚テストの嗅覚版を開発した。そしてさらに最近は嗅覚を鍛錬によって改善できるかどうかの研究の第一人者になっていた。

電話で初めてトーマスと話をしたとき、彼は私の鼻にカメラを付けることを提案した。たちまち彼が好きになった。自分の最新の発見をドレスデンの研究室で主催する臨床化学感覚会議で発表する予定だと彼は語った。神経科学者、医師、心理学者、フレーヴァー化学者、そして調香師などが世界中から参加して、最新の味覚と嗅覚の研究について意見をかわすそうだ。私にも参加を促した。私はすでに飛行機のチケットを予約するつもりでいた。

匂いの科学

二〇〇四年のノーベル賞は嗅覚の仕組みを発見したコロンビア大学の二人の科学者に贈られた。ノーベル委員会によると嗅覚は「人間の感覚のなかでもっとも謎につつまれたままだった」。そしてこの場合、理解の欠如はまさに試行の欠如だった。ノーベル賞は嗅覚の研究をおおいに押し上げた。不幸にもプラトンの説が影響してとくに視覚や聴覚や触覚に比べて何十年も二流の研究分野に貶められ、研究費も関心も低い状況が続いていた。研究者のあいだで、嗅覚（味覚も）を研究することは長年、「もしどうしてもほかにすることがないなら、やるような分野とみなされていた」とモネル化学感覚研究所の神経科学者ヨハン・ルンドストロムは語った。「嗅覚の研究は最初のガールフレンドみたいなものだ――『オーケイ、でも結婚はもっとふさわしい相手とするんだぞ』」

ドイツへの機上、私はトーマス主催の会議でプレゼン予定の人々の資料を熟読した。同僚からのプレッシャーを無視し、化学感覚に執着するために要した彼らの献身に頭が下がる。しかし彼らの仕事に深く入っていくにつれ、クレイジーさも要したのだと思い始めた。たとえば彼らの過去の研究にはこういうものがある。五日間歯を磨かずにいる男性対女性の息の臭いのどぎつさランキング。生理中の女性の膣の臭いに対する好感度の推移。そして〈性的経験のある〉ネズミ対未経験のネズミによる尿の臭いの好み。会議の初日、クロワッサンの列に並んでいると、ある陽気なポストドクターの研究者が私にこう言った。彼女は最近人の〈攻撃的モード〉と〈恐怖心モード〉時の汗のサンプルを集めているという。知らずに応じたテストで、あるいはビルの窓の出っ張りに立たされた人々の腋窩《えきか》の汗を拭いて集めたサンプル。私が博士号を目指していない理由を彼女は知りたがった。私は彼女がいま話してくれたことが理由だと答えた。

参加者が着席するとトーマスは歓迎の挨拶をした。でっぷりと太って、フォルクスワーゲン・ビートルのように頑丈な体つきをし、巨大な白い口髭をたくわえている姿は、チロル地方の革の半ズボンが似合いそうだった。全員に自己紹介をさせる。するとまるで環境に順応できない科学者たちのための支援グループに迷い込んだかのような錯覚を覚えた。「世間には嗅覚について関心のない人間がたくさんいる。このことを私は一度ならず経験した」トーマスは語った。あちこちでうなずいている。最初の講義で彼は自分の専門分野を人が学ばなければならない理由をけっこうあからさまに擁護した。

ランチ休憩の前でもすでに、化学感覚を研究する世界の外にいる一般人にとり、味覚と嗅覚を改善するための基本的ステップがあることが明らかになった。まず両感覚の区別を学ぶことだ。

私たちが食べ物や飲み物から得る総合的印象がフレーヴァーで、それは味と匂いと触覚、その他の刺激から成り立っている。だが私たちは味として口の中で感じるものはどんなフィーリングも味だと思いがちだ。しかし何かを「味」がいいと言うとき、本当は「フレーヴァー」がいいという意味なのだ。となるとブラインド・テイスティングと言うより「ブラインド・フレーヴァリング」と言うほうが正確だろう。つまり私たちの多くは、味がいいということと、匂いがいいということをごっちゃにしているのだ。ペンシルヴァニア大学の嗅覚と味覚センターが牽引している研究に携わっている者によると、味覚をなくしたと訴える患者でもむしろ嗅覚にトラブルを抱えている者が、実際は三倍もいるそうだ。道路標識が見えづらいと眼科医を訪ねたものの、聴覚関連に問題があると知らされる場合を想像してみるといい。嗅覚以外の感覚でそのような初歩的な混同は想像しがたい。一般大衆は味と匂いの何についてもっとも誤解しているかとトーマスの同僚の一人に訊くと、彼女は間髪をいれず、こう答えた。「みんな、何が味で何が匂いかを知らない」

マーチン・ヴィットは脳標本をドレスデン工科大学のキャンパスにある大教室の地下で、黄色いポリバケツに保存している。この日、彼は人間の遺物がいっぱい入っているバケツを置いた教室にいた。骨盤や人間の頭がい骨が入った多数のタッパーウェア、その上に骸骨が護衛のように立っている。棚のガラス瓶からホルマリン漬けの胎児たちがじっと見ている。

それらは彼が保存している取り巻きとも言えたが、五十代の解剖学教授マーチンは彼自身が骸骨そのものだった。青白い顔、痩せて骨ばり、キラリと白い歯を見せて笑うと皮膚が両頬の上で強く引っぱられる。彼は、ドレスデンの北に位置するロストック大学のオフィスから数個の脳と標本を持ってきていた。そしてこの変わった積荷とのドライブを楽しげに語った。「以前、六個の胎児といっしょにポーランドとドイツの間を旅していたとき……」と、ある晩のカクテルパーティーで藪《やぶ》から棒に切り出した。彼の表現は外科医の優雅な手際（「その哀れな男をV字形に切り裂いた。それは実にむずかしく、電動ドリルが必要だった」）にも劣る露骨なもので、死体にまつわるショッキングで豊富なレパートリーのジョークが混じっていた（「どこかを掘らないかぎり、それはきみらの周囲では絶対見ないような光景だな！」）。また、イルカに対して謎めいた恨みを抱いていた（「やつらはとても愉快で友好的だと思われている。だが本当にやつらは徹頭徹尾、自己防衛本能に長《た》け、独善的な、銀行家のようなメンタリティを持っているんだ」）。

マーチンは会議で講演をするために招かれていて、たまたま心理学の学部学生のクラスがトーマス・フンメルの研究室を訪ねるのと重なっていた。トーマスはマーチンに、科学者の卵たちに向けて何か話してほしいと頼み、私は私でマーチンが学生に人間の脳を神経単位《ニューロン》から神経線維まで案内するところを見たくて屋外見学ツアーに加わった。そして一つの感覚が終わり、ほかの感覚が始まる場所もはっきりと見たかった。味と匂いを的確に理解するために、いかにこれらの感覚が機能するかというもっとも基本的な諸事実を知る必要があった。

　マーチンは黄色いバケツに手を伸ばして人間の頭部をつかんだ。それは頭頂部から鼻、唇、そして顎まで垂直に二分されていた。「自由に触ってくれ」彼は促した。「よければ手に取っていいから」

　主だった解剖学的なポイントを簡単に説明したあと、彼は味覚をテーマにしゃべりだした。舌の表面にある突起には味蕾の房があり、全体で約二千から一万個ある。ワインあるいは何でもいいが舌に触れると、唾液が味物質をイオンと分子に分解する。それは舌の表面にある気孔に入り、各味蕾の先端で受容器細胞につながる。これが神経単位を刺激して引き金を引き、脳までシグナルを送らせる——甘い！　辛い！　酸っぱい！

　もし私たちの化学感覚がどんなに誤解されてきたかという疑問を抱いたら、以下のことを考えてほしい。舌の味覚地図がインチキであると一九七〇年ごろ判明するまで、ほぼ一世紀かかったこと。一九〇一年のドイツ人学生の博士論文の誤訳から一人の科学者が失態を演じたせいだ。舌の味覚地図の教えと逆に、本当は舌の全域が五味の反応に責任を果たしているという。それまでは、舌の先端はたんに甘みと塩味にやや敏感であり、いっぽう軟口蓋・上顎は苦味の微細なレベルまでとらえることができるとされていた。もう一つ一般的な勘違いとして、舌は身体のたんなる味の通訳者にすぎないという説。そうではなく、喉や胃袋や腸やすい臓と同様に、人の喉頭蓋に味の受容器があるのだ。そしてあなたが男なら精液や睾丸にもある。人類はたったの五味を五感で気づくことしかできないとする考えはまた議論を呼ぶ。甘味、苦味、塩味、酸味、そしてウマミ（肉のような、醬油やきのこを調理したときのような食欲をそそる強い風味）の他に、科学者は、水、カルシウム、金属的なもの、「石鹼のような」、そして脂肪（「脂味」）を含め、基本的味の柱を広げるために議論してきた。

しかしたとえ新味覚「脂味・オレオガスタス」が甘味や酸味に並んで仲間入りを果たしたとしても、私たちが気づく味感覚の領域より不快な臭気のキャパシティのほうが大きい。二〇一四年の『サイエンス』誌で事実として認定されたことがある。人間は一兆個以上の臭気を検知できるという。私たちが見ることのできる数百万の色数より多く、そしてほぼ五十万の聞き取れる音より多いのだ。研究者のあいだには一兆という数をめぐり論争があった。しかし控えめな見積もりですら、人間はおおよそ一万前後の嗅覚的刺激を嗅ぎ分けられるという。私にとってなによりも重要なのは、味覚を改善すると嗅覚も改善される、と教わったことだ。となるとドイツのリースリングやフランスのシュナン・ブランの酸味と甘さをもっと感じる可能性もでてくるかもしれない。重要な差異がわかる場所は鼻のなかにある。ブルゴーニュのピノ・ノワールにたいするモーガンのスタンスを考えた。楽しみはすべて匂いにある。「そのワインを飲む目的は何かというと、匂いを楽しみたいからだ」と彼は言った。「でもぼくにとり、アロマはアピールの八〇パーセントだ」彼の考えによると「味」とはほとんど匂いで、自分でごく簡単に経験できる。鼻に栓をして、コーヒーをすすってみればいい。きみに残されたフィーリングは味だ。鼻の栓をはずすと、匂いとフレーヴァーの残像がすべてもどって押し寄せる。一杯のエスプレッソは苦い味がするが、匂いはコーヒーだ。

解剖学者マーチンの講話は進み、死体の頭部のスポンジのような肉の上のアロマに及んでいた。ワインのグラスを手に持っていると想像してみる。液体の表面には顕微鏡で見るような匂いの微粒子があり、ワインの表面から蒸発して大気中に散っていく。嗅ぐたびにその匂い分子はあなたの鼻腔、鼻と目のちょうど背後にある空気が満たされた空間へと旅する。匂い分子は異なる形と重さで入ってきて、嗅覚受容体の細胞を刺激する。その細胞は鼻腔のなかで組織を並べ、受容器の一個か二個を束ねている。それが嗅球《きゅうきゅう》に一つのシグナルを送る。嗅球とは「分子が受容器を刺激し」、脳で意味あるメッセージに変える重要な中継点である。モーガンならたとえば「動物の匂い、納屋、大地の匂い」と言うかもしれない。私なら「うーん、馬かな？」と言うだろうか。

音波と異なり匂いは化学的に送られる。何であれ私たちが嗅ぐものの表面から分子が浮き上がって、私たちの体内に入る。「きみが嗅ぐものすべてをきみは吸収する」がヨハン・ルンドストロムのモットーだ。新鮮なバラや黒トリュフといったかぐわしい物なら、それは素敵な考えだ。犬の糞を考えると不安にさせられる。その臭いに気づいたときはもう遅い。糞から漂うその化学物質はすでにあなたの鼻腔に到達しているのだ。ヨハンが断言したように化学物質は私たちの血流に乗り、脳へと進み続ける。「それは」と不幸にも明瞭にせざるを得ない。「われわれが嗅ぐ多くの糞が最後は脳内に到達することを意味している」

グラスを鼻から離してワインを少し舌に載せたあとでも、あなたはワインの匂いを嗅いでいる。液体を味わうとき、さらに浮遊している匂いはあなたの口、科学的に言うと「口腔」から嗅覚の受容体へと旅ができる。レトロネイザル、嗅覚経路として知られる一つのプロセスだ。死体を見ると、口の真後ろと鼻腔をつなぐ通路がはっきりと見えた。ワインが舌を通過して喉に流れていくとき、アロマは嗅覚受容器へと続く通路にある分岐点を通って、鋭角的に上へと折り返すことができる。

脳の前頭葉の下側に奇妙な青白いものがあることに私は気づいた。目の真後ろにあたり、一インチ半ぐらいの長さで、ゴムバンドの薄さ、先端は丸くなっている。バブルガムのカスが脳の底部にくっついているように見える。

「あそこにくっついているのは何ですか?」私はマーチンに訊いた。

「あれか!」まるで旧友を見つけたかのように嬉しそうに彼は声を上げた。それが嗅球だった。ごく小さいのに、それは大きなトラブルの元になる。そこで匂いが生まれるのだ。また、近代につながる嗅覚の複雑な劣性の源だ。

人間の嗅覚の歴史

紀元前四世紀、人類はすでに匂いに関して見放していた。この感覚は「人間の場合、正確ではなく、多くの動物より劣る」と『デ・アニマ(霊魂論)』でアリストテレスは烙印《らくいん》を押していた。「人間の嗅覚は不十分だ、そして苦痛か快適かでないかぎり匂いの対象に何一つ気づかない。なぜならば嗅覚の器官は精密でないからだ」歴史上、最初の科学者であるアリストテレスはそう断言し、人間は匂いを感じ取る能力がひどく劣るという理由を提示できなかったにもかかわらず人間の嗅覚はお粗末というその見解は、以後固定観念となった。

人間の嗅覚は未発達だという考えの科学的説明はやっと十九世紀に現れた。フランス人医師で人類学者の研究結果による。一八二四年、ボルドーから遠くない地で生まれたポール・ブローカという天才児は、十七歳でパリの医学校に入ったときは文学、数学、そして物理学の学位をすでに取得していた。のちに彼は言語発達を担う脳の領域を発見したことで、神経科学の分野でもっとも称賛される人物の一人になった。その領域のことはいまでも「ブローカ領域」として知られている。

しかしドレスデンの科学者たちはブローカのことをトラブルメーカーとみなしている。ブローカはほぼ二百年の間、彼らの分野につきまとう一つの理論の根拠となる怪しげな区別を提供した。進化の過程で人類は嗅ぎ方を忘れてしまった、と彼は唱えた。そして表向き証明した。ブローカと同時代人たちのあいだで嗅覚は人気がなかった。当時、研究者たちは、嗅覚をそのように低くみなしていた。だから十九世紀、アン・ハリントンとヴァーノン・ロザリオといった歴史家による医学的視点からの記事によると、ほんの「二、三の論文が散発的に出版される」程度だった。論文のほとんどが、嗅覚はさらなる考察に値しないといわんばかりの内容だった。匂いを失うことは「少々、不便を感じさせる程度」と、ある英国の医師が一八七三年の医学週刊誌『ランセット』で主張している。

ダーウィンの『種の起源』の背景に反して、嗅覚の鋭敏さは私たちの野蛮な先祖の遺物とみなされた。少々、都合のいい論理で科学者たちは、すぐれた嗅覚は彼ら自身と知識人仲間に欠けている能力で、その重要性を失っていると考えた。そして人々が文明化した存在になったときに消えてしまったにちがいないと理由づけた。「社会生活を営むようになり、周囲に自分と同等の知力をもつ人々を認識するようになったことで……嗅ぐ力に頼る必要性がなくなり、文明化された人間は、嗅覚で作動する印象に鈍感になったままにされた。それゆえに鋭敏な嗅覚のいくぶんかは失われた」フランス人解剖学者イポリット・クロケは一八二一年、嗅覚に言及した文章でこう主張している。

だが論証はダーウィンの強力な擁護者であるブローカの肩にかかってきた。近代人は嗅ぎ方を「忘れた」という仮説を支持するもっとも説得力のある証拠を展開してみせることを課せられたのだ。パリの実験室でブローカは多くの動物のなかから鳥、魚、チンパンジー、げっ歯類、カワウソ、人間、そして海の銀行家《バンカー》イルカなどの脳を解剖した。そして一つのパターンをつかんだ。脊椎動物から霊長類、そして人類へと生物が進化のはしごをのぼるとき、弧状のかたちをした中脳の一領域である大脳辺縁葉が嗅覚を司っていたが、その後「退歩し、退化した」というパターンを見つけた。長い間、辺縁葉は私たちの嗅覚装置だと考えられ、脳の正面にある小さい、印象に残らない組織の塊だと思われていた——嗅球。ブローカの仲間たちのようにクロケも高度の霊長類の嗅球は、脳全体のサイズに対して比較的小さいことに気づいた。彼が記しているように、そして以来、数世代にわたり、教科書にもそう記されてきたように、動物のほうが優れた嗅覚を持っていると認められた。たとえばネズミや犬の場合、嗅球は脳のなかで比較的巨大な部分を占めている。それに比べ、人間の嗅球は自身の灰白質の全体量と比べてごく小さい。人間の脳全体の大きさがネズミの脳の八百倍もあるというのに、嗅球はほぼネズミのものと同サイズというのだから。ブローカは「嗅覚機能の重要性の目減り」の発見が「文明化された人間にとり、繊細な嗅覚が……生活に何の役にも立たない」ということを示唆している、と結論づけた。

同僚であるブローカの貢献を称賛する試みで、医師サミュエル・ポッツィは一つの説を完成させた。人類が四足歩行から二足歩行になったとき、匂いは視力に劣るものになったという、いまでは広く流布している説を彼は明確に唱えたのだ。

動物は四足歩行である、それは基本的に嗅ぐ行動がしやすいということだ。霊長類が二足歩行になって、人が永久に頭を地面から離すようになると、視界が地平線と平行になるようになった。嗅覚に代わって視覚が主導権を握り、……解剖学者が正当にこの最初の、明らかにシンプルな事実を前頭葉の発達とリンクできたのも不思議ではない。同じ視点から見ると、人の脳で支配的座を降りた器官の遺物、すなわち辺縁葉を発見することは、まったく自然である。堂々としたユニットを造るかわりに、それは破片状に縮み、やっと互いにリンクしている程度である——言い換えれば、ガラクタの集まり。

もっと端的に言うと——嗅覚器官は廃物である。そして嗅ぐ能力に長けていればいるほど、あなたは進化が遅れているのだ。それは世間一般の通念として、以来、受け継がれてきた。

だがトーマス・フンメル主催の会議に集まったエキスパートたちによると、それは間違いである。

「われわれが嗅覚をなくしているという考えは歴史の一時期におけるたんなる神話だと言いたい」神経科学者のヨハン・ルンドストロムは言った。講義の合間に私たちはハムサンドをかじっていた。その折、もしハムが鮮やかな色、たとえば目立つ緑のような色だったら、風味が増すだろうとヨハンは言った。多感覚器官の知覚と化学的感覚の研究を専門とするヨハンはフィラデルフィアのモネルセンターの神経科学研究所とノーベル委員会のおひざ元ストックホルムにあるカロリンスカ研究所とで研究活動をしている（彼はまた、トーマス・フンメルの研究助手をしていたこともある）。ヨハンは人が食べ、嗅いでいるときの脳を観察することに多くの時間を費やしている。

彼が学んだすべては、ブローカが間違っていることを示唆していた。人類が二足歩行になって立ちあがったときに嗅覚は死に絶えたというのは間違い、人類は嗅ぐ能力に劣っているというのは間違い、私たち「文明化した」存在において嗅覚は無益とするのは間違い。

これは腑に落ちた。これ以上何もする必要がなく、すでに自分の嗅覚が改善したように私は感じた。

他の動物に比べて人類は機能する嗅覚受容器遺伝子の数が少ないのは事実である（記号化され、

私たちの嗅覚受容器をつくるこれらの遺伝子は、身体からひそかに出て大気浮遊している匂い分子が私たちにアロマを知らせることと結びついている)。私たちはそれらの遺伝子を一千個もっているが、活動しているのはそのうちのほんの三百五十個だけだ——重要なことだが、一千個の活動嗅覚受容器遺伝子を誇るネズミやハツカネズミより少ない。二十一世紀の科学者たちがこれを説明するために十九世紀の理論を採用したことをブローカと研究仲間は喜ぶかもしれない。人類が四色型色覚を発達させたときに基本的に私たちの嗅覚受容器遺伝子は死に絶えたと彼らは主張する。

不活発な遺伝子と嗅球の貧弱なサイズという組み合わせが人の嗅覚能力の劣性を示唆しているかもしれないといういっぽう、最近の行動学的研究はその反対を示している。私たちは、過去のだれかが考えたよりもかなり優れた嗅覚を持っている。ブローカも含めておそらくもともとだれ一人として組織的に嗅覚能力を測っていないからだ、とヨハンは述べている。私たちの鋭敏さについての説明はまだ発展段階だが、好んで使われるセオリーがある。ブローカは逆の結論を引き出したが、基本的にそれと同じ証拠を使うセオリーだ——もちろん、私たちはほんの数百個の嗅覚受容器遺伝子しかもっていないし、嗅球も比較的小さい。しかしこのひとまとめの装置が、うんと大きく、そして発達した脳によって動力を供給されるという。それはサイズ面のあらゆるハンディを相殺している。「脳の小さい領域に制限されているより、たとえば料理をしたときの複雑な匂いを嗅覚が分析するプロセスは、人間の脳の増大した分析プロセスを利用している」とイェール大学の神経生物学者ゴードン・シェパードは『プロス・バイオロジー』誌で書いている。

人間vs.犬。嗅覚対決

ヨハンはスウェーデンのリンケピング大学の生物学者マティウス・ラスカの研究を私に教えてくれた。私たちがつねに称賛してきた鼻を持つ多くの動物よりも人間は優れた嗅覚を誇るということを彼の研究は明らかにした。ネズミは地雷や結核を嗅ぎとれる嗅覚の天才と言われている。そういうネズミファンのサイトで「ネズミの嗅覚の世界が貧相だなんて、ぼくらは想像できない」と、ファンはいっせいに反発した。だが実際に私たちは想像できる——マティウス・ラスカは、人間が微細な匂いまで鋭敏に検知するというデータをすべて再チェックした。そして動物王国——ネズミ同様にハツカネズミ、ハリネズミ、トガリネズミ、豚、そしてウサギなど優れた鼻を持つと長いあいだ考えられてきた種より勝る場合も多いと断言した。人間は、テストした匂い四十一のうち三十一で勝った。十五の匂いのうちの五つも犬にまで勝った。

「私たちの嗅覚をほかの動物と比較した場合、実際にほとんどの動物に勝てる」とヨハンは言った。

トーマス・フンメルは講義の中で、よく訓練された猟犬と対抗して大学生たちが、人のベストフレンドである犬がキジやシカの匂いをたどるように学生も匂いをたどれるかどうかを見た実験を披露した。嗅覚能力において動物界のスーパースター、とブローカが称号を与えた犬。お金、爆弾、そしてがんのタイプといった、かならずしも匂いを持つものとは考えない対象を嗅ぐことができる存在として褒めたたえた。いっぽう人間は台所の生ゴミの山を一週間放置していてもやっていける。匂いを追跡する実験で研究者たちは参加学生たちを匂い以外のすべての感覚を覆い隠すために厚着をさせた。学生たちは長袖のジャンプスーツに手袋、ゴーグルをテープで固定し、ヘッドホン、グレーのブーツ、膝当てを着けさせられた。その出で立ちは、四つん這いで地面を這いまわり、鼻をくっつけ、尻を天に向けての作業を少し楽にしてくれたが、威厳は与えてくれなかった。彼らは草地に放たれた。研究者が付けたチョコレートのエッセンシャルオイルの臭跡を指定の終点までたどるのだ。講義でトーマス・フンメルは、小鳥を追う犬の道筋と、チョコレートを追う学生の道筋を比較対照のために並べて語った――まさに犬のように人はジグザグとチョコレートの道を終点に向かって縦横に動いた。そして何度か試行するたびに学生たちの成績は実際に改善したことがわかった。研究者たちはこう結論した。「トレーニングが長期間になればなるほど、追跡の速度が増していく」そしてたぶん一つの新たな狩猟の仲間が出現するだろう、と。

私たちはまたまさに動物と同様に、自分の周辺で匂いの警告シグナルをキャッチできる。私たちの身体に備わる警告システムである嗅覚はつねに脅威にたいして警戒怠りなく、何かあれば敏感に私たちにシグナルを送る。たとえば女性の涙の匂いは男性の性的刺激を低下させることがわかっている。人は見知らぬ健康な人間と病気の人間を体臭だけで識別できることをヨハンは発見した。感染を避けるために徐々に獲得してきた能力かもしれない。そしてもちろん人はいくつかの危険を嗅ぎつけることができる。たとえば煙やガスはそれらを目にする前に匂いで気づく。

意識レベルでおおかた忘れがちであるが、私たちは匂いを通じて社会的情報を交わしている。二十代の人と八十代の人を体臭で区別できることをヨハンの研究は決定づけた。友人と身内、恋人とたんなる男友達の区別。匂いはまた人々を親しくもさせる。彼の研究の一つは、女性が男性と恋におちるとき、他の男たちの体臭を嗅ぎ分ける能力が落ちることを見つけた。ロマンチックな愛は、他に可能性のある新しい相手から女性の注意をそらすために嗅覚を変えるのだ。匂いはまた母親と幼児の絆を強める。自然のアロマが母親の脳の報酬領域でドーパミンの奔流を促すという。「まるで一種のコカインを嗅いでいるかのような」とヨハンは言った。私たちの身体からひそかに出て大気浮遊している化学物質フェロモンはもともとカップルをくっつける役目をしていると考えられている。科学者がフェロモンの概念を発展させるはるか以前のエリザベス朝時代、レディは皮をむいたリンゴを腋の下に挟んで自分の汗の匂いを染み込ませ、その「愛のリンゴ」を恋人に差し出して、匂いを嗅ぐように仕向けたという。いまは求愛行動が大いに進歩した。昨今、あなたがたは仲介サービスを通じて「匂いデート」を試せる。自分の汗をTシャツに染み込ませ、そのあと、体臭が染み込んだその服を未来の伴侶と交換するのだ。

姿の見えない人形使いのように嗅覚によって私たちの行動が操られていても、私たちは相変わらず自分の嗅ぐ能力を過小評価している（理由の一つは、匂いに注意を払うように脳が配線されていないらしいということと、ほとんどの匂いが潜在意識的に処理されるからだ。嗅覚のシグナルは、ほかの感覚のインプットと異なり、間脳の視床、すなわち受け取った刺激を感じさせる脳の一部分を迂回する）。ヨハンと話した少し前、彼と同僚はあるパーティーを開いた。神経科学の研究所の場合、これでも明らかに陽気なパーティーとされる場だった――ヨハンは彼の部のトップの男性にスタッフ十人の体臭をブラインド・スメリングして人物を当てるようにもちかけた。不可能だと男性は言い張った。いいからやってみて、とヨハンは促した。嗅ぐたびに被験者は両手を挙げて、手掛かりがないと訴えた。その都度ヨハンは、続けて推測するように励ました。挑戦してみてくれ。できるかぎり。

結局、部のトップは八名を体臭で特定した。当たらなかった二人はほんの数週間前から被験者と働きはじめた研究助手だった。

自分の嗅覚スキルが思っていたより良かったことがわかり、私はほっとした。なぜなら本音を明かすと、嗅覚の改善法について得る忠告は少々、奇妙なものだったからだ。

「もしあなたなら、そして味覚と嗅覚を強化したいと思うなら、何をしますか?」と私はリチャード・ドーティに訊いた。モネルセンターの神経科学研究所のヨハンの同僚で、化学的感覚の世界的権威だ。

「コカイン」即答した。

予想外の答えだった。べつに冗談を言っているふうもない。よくわからない、と私は彼に言った。もう一度考えてこう答えた。「マリファナはたぶん味覚や嗅覚を改善すると思う」

水パイプを吸ったあとブラインド・テイスティングをしている自分を想像した。「それで味覚が向上すると思いますか?」疑問をぶつけた。「それともただ食欲を増すだけ?」

「ああー!」うなずきながら彼は言った。「LSDがいちばんいいかもしれないな。自分ではテストしたことはないが。でも視界を変えることは確かだから、おそらく味や匂いも変えるんじゃないかな。ドラッグで神経伝達物質を巧みに操作すれば、たぶん感覚の多くを変えることができるだろう」私の表情の何かが、この思いつきを真剣に受け取っていると思わせたらしく、彼はこう添えた。「だがこの方面で優れた研究はないんだ」

たぶんない。あるのは神経学者オリヴァー・サックスによるドラッグづけのスーパースメリングの患者のドキュメントだけ。『妻と帽子をまちがえた男』でサックスは、おもにアンフェタミン、ＰＣＰ、ハルシノゲン、コカインなどドラッグのカクテルで最高にハイになっている二十二歳の医学生の話を書いている。医学生は自分が犬になっている夢をみる。「目が覚めてからも匂いに満ちた世界にいたのです。他の感覚もすべて鋭くなっていたのですが、嗅覚の鋭さとは比べようもありません」「これまでこんなに鼻が鋭敏になったことはない、だけどいまはそれぞれをたちどころに嗅ぎ分ける——そして一つひとつが個性的で想像力を喚起し、それ自体がひとつの世界だということがわかりました」と詳しく語った。彼は友達や患者を、そして彼らの気分を匂いだけで言い当てた。そしてニューヨークのあらゆる通りや店の異なるアロマを識別できた。三週間後、彼の感覚はすべて正常にもどる。彼はそれを「大きい喪失」と呼んだ。

その日の午後、私は味蕾トレーニングで〈やるべきことリスト〉に電気ショックを加えた。嗅覚は感覚のなかでもっとも可塑性に富む。匂いは恐怖を与える刺激と速やかに結びついて、いったん嗅覚のシステムがこのような方法で敏感になると、どんな匂いでも危険の可能性と結びつけて肉体に強い警告を送る。ヨハンがプレゼンした新しい研究で、彼は被験者たちに軽い電気ショックを与えながらバラの匂いを嗅がせた。そして実験が終わるころ、バラの匂いにたいする彼らの感受性は鋭敏になっていた。

当然、私はこの結果に注目した。嗅覚への敷居を低くすることができるか、つまり、ピラジンという芳香族化合物やカベルネ・ソーヴィニヨン、カベルネ・フラン、あるいはソーヴィニヨン・ブランを二度とまちがえないで当てられるか？　ワインを飲みつつ電気ショックを与えることについてヨハンに相談した。効果があるでしょうか？

「もしもう少し鋭敏になりたいと思えば、うん、そうだな」彼は答えた。代替案を示唆した。「対連合学習《ついれんごう》を研究している同僚によれば、最高の組み合わせの一つは、セックスをしながら何かをすることだ」

嗅覚を磨く

会議の「匂いの空間」や「ムスクとは？」といった次々と行われるプレゼンテーションの流れに乗って、私は周囲の専門家たちの嗅ぐ習慣を学んだ。そのなかでよく出てくる内容には、注意をそらすものを最小限にして鋭敏さを増すことに役立つ情報が含まれていた——テイスティング（あるいは嗅ぐこと）の一時間前からは食べ物を口にしない、馴れを避けるため一度に嗅ぐのは二回にする、上体を起こして嗅ぎ、横になって嗅がない。そして飲み込んだあと静かに息を吐くことによって口内から鼻に抜けるときに感じる匂い、レトロネイザル刺激を最大にすること、そうすればアロマが口の奥から鼻腔へと運ばれるなどなど。

講義の合間のわずかな時間にはさらに興味をそそられ、しかも啓発されるものがあった。会議に出席している研究者たちはソムリエに似て、味と匂いを生活の正面と中心に置く厳しい生活習慣を自分に課しているのを私は目撃した。彼らは嗅覚と味覚に関連するすべてに飽くなき好奇心と情熱をもっていた。そしてそれは間違いなく、よく感じ取るための第一歩だった。

ある女性科学者は我が子の匂いを毎日嗅ぐそうだ。別の学者は子供たちに匂いの正体を突き止めることを教えているという。ポールという爽やかな顔つきの大学院生はあるディナーで最高値のワインと最安値のワインとをブラインド・テイスティングし、挙句、区別できないと公言し、それから二つを混ぜて独自のブレンドをつくった。その飲み物を飲みつつ、彼は値段の張るブランドの製品が実際に美味かどうかを知るためにソーダ、ビール、プディング、そしてワインなどを買い、どうやってブラインド・テイスティングしたかを説明した。「ゆくゆくはブランドもののボトルに安いワインを入れるつもりだ」と胸を張った。

どんな話題でも学者連中は嗅ぐことと味わうことにこじつけることができた。「ストリッパーは排卵日に稼ぎがいいんだ。排卵によってうまく踊れるかどうか、何か別の匂いを放っているのか当人たちは知らない」カクテルタイムにだれかがしゃべっているのを私は耳にした。そうかと思うと「ハエはラッキーだな、だってやつらは脚に味の受容器が付いているから」。それから「鼻孔が二つある理由は正確なところはわかっていないんだ」。写真を撮るとき、「チーズ」と言う代わりに彼ら科学者たちは「アクションはオルファクション（嗅覚）！」という韻を踏んだ掛け声ではしゃいだ。

どんな悪臭でも、必ず熱烈なファンがいる。三日目の午後、コーヒーブレークの終わりごろ、口腔灼熱症候群を専門にする女性歯科医が私のところに息せき切ってやってくると、会ってほしい調香師がいると告げた。「彼にいまどんな匂いに注目しているのかと訊いたら、尿だって」と焦って言うや、聞き間違いに違いないと私が聞き返す前に風のように立ち去った。

「それで、いま……尿に着目しているんですか？」くだんの男性、クリスチャン・マーゴットに私はおずおずと切り出した。

「おお、ちがう」彼は頭を振りながら、まるで私がクレイジーといわんばかりに否定した。そして背筋を伸ばすと、「新鮮ではない古い尿だ！」と得意げに表明した。

彼はスイスの香料メーカー、フィルメニッヒのために新しい風味と芳香を開発した。フィルメニッヒはアイスクリーム用の合成イチゴエッセンスから、香水のアクアディジオまであらゆるものを作っている。クリスチャンは化学的刺激の心理学的効果を試験したことから自称「心理化学者」と心理を強調しつつ好んで呼ぶ。彼は古い尿の臭いを嗅ぐことを楽しみ、自分のオフィスの外の廊下にまで臭気が漂っていることが楽しいと言う。人々の反応を観察できるからだ。特に女性が頭にくるらしい、と話してはクスクス笑った。私が興味をもったと思ったらしく、合成のインドールを研究していることも披露したがった。

「糞便の臭いだ。クソの臭い！」声が甲高くなる。

「いったいなぜそんなことをしているのですか？」私は訊いた。

「その成分はスズランやユリにも含まれているからさ」彼は答えた。そしてこれで一件落着とばかり立ち去った。

会議の最終日になって、トーマスの研究室は嗅覚の修練に関して最新の発見を発表した。これこそ私が待ち望んでいたものだった。

トーマスがそのテーマを研究しはじめたのはほぼ十年前、彼が担当していた嗅覚と味覚を失った患者を助けたいとの思いからだった。ざっと見積もってロサンゼルスの人口の約二倍弱にあたる六百万人のアメリカ人が完全に匂いを失って悩んでいた。無嗅覚症は聴覚あるいは視覚障害の匂い版だ（味がわからない味覚障害も併発する）。しかし無嗅覚症についてはあまり知られておらず、目に見えず、治療法も確立しておらず、障害として公式に指定されていないため、問題を抱えた患者と向き合うと医師は肩をすくめるだけという傾向があった。

トーマスや、化学感覚をもった同僚ですら、匂いを奪われていても聴覚あるいは視覚障害者ほどの弱者ではないと思う傾向があった。講師の一人による非公式のアンケートで、もし感覚の一つを捨てなければならないとしたら嗅覚にするだろうと聴衆は流れに抵抗できないまま同意した。しかしこれは、嗅覚が取るに足りないということにはならない。研究を指揮することに加えて味覚と嗅覚のクリニックを経営しているトーマスは、無嗅覚症患者の苦悩は、より「個人的な」ものであると言った。「彼らは人より危険な人生を生きているのだ。屋内でも事故に遇う危険性が高い。一つのシグナルを失っていることを当然知っているから不安材料はたくさんある」自分の体臭のパラノイアにおかされて日に二、三度シャワーを浴びて体臭防止剤を着けなおす患者も数人抱えていた。腐った食べ物とか、目に見えない日々の脅威を患者は感知できない。社会的相互作用としての嗅覚の警告を奪われたとき、抑うつと孤独感に襲われる。「世界からつなぎ縄を解かれて放り出されたように感じた」とある女性患者は記している。

無くしたものを患者がとりもどせるかどうかを見ようと決意してトーマスはこのテーマの初期の研究で、匂いの感覚をすべてあるいはいくぶんか無くしている四十名を募った。彼らの三分の二に、バラ、ユーカリ、レモン、クローブという四つの強烈な香りを毎日二回、三カ月間嗅ぐという訓練メニューを課した。対照被験者グループのほうは何もしなかった。三カ月の終わりに、トーマスは訓練メニューを実行した患者が「嗅覚機能に改善を経験していた」ことを発見する。それらの香りにたいする感受性に改善が見られた。これは先の研究結果と一致するもので、繰り返し一つのアロマを嗅ぐことで、かすかではあっても明瞭に理解することができる、という結論が出た。

匂いを失うことも伴うパーキンソン病の患者たちにもトーマスは訓練メニューを試みた。彼らの嗅覚は改善した。さらに感染症か外傷で嗅覚を失った患者、そして正常な嗅覚をもつ子供たちに訓練メニューをやらせた。両方のグループとも改善を見た。メニューにしたがって嗅覚機能をとりもどした前者は嗅覚を保持しつづけたという結果も得た。もともと彼らは正常な嗅覚の持ち主だったのだから、あまり驚くことでもないが。しかし革命的な変化が彼らの味蕾に起きていた――味蕾が大量に増えたのだ。鋭敏さという意味で嗅覚機能はこうして比較的単純な日々のエクササイズで改善されうることがデータで明らかになった。

そこでトーマスは訓練そのものをもっと純化しはじめた。一連の研究をとおして、彼は強い匂い、高度に凝縮された匂いを吸い込むと、穏やかな匂いより嗅覚に強く訴えることを発見した。数週間後、四つのオリジナルな匂いを新しい匂いに替えると、匂いを識別する力が増した。一つずつの匂いの名前を挙げ、かすかな匂いの存在も嗅ぎ取る力が強化された。

私たちの嗅覚のユニークな点はフレキシブルで順応するようにつくられていることだ。人間の視力、聴力、触覚の受容器の数は固定されている。しかしいくつかの匂いのタイプの受容器は固定されているいっぽう、大気中の埃や毒素にさらされて受容器自体は六ないし十週間で再生される。二カ月から四カ月ごとに嗅覚受容器神経は全体的にターンオーバーして新しく入れ替わる。その過程で適切な努力をすると、匂いの感覚はさらに強化されてもどってくる。もし一つの匂いになじんだ場合、その匂いに敏感な受容器ができるかもしれないのだ。

トーマス研究室の最新の匂い訓練研究は、彼の研究仲間イローナ・クロイによると、人は特定の匂いに対する無嗅覚を克服して逆転できる、とのトーマスの研究をバックアップする強力な結論にいたったという。自分の周りの者は空気からどんな匂いを嗅ぎ取っているのだろうと思った人は、イローナが次に特殊な無嗅覚症の研究に入っていくことに興味を抱くだろう。無嗅覚症とは、健全な嗅覚機能をもっているにもかかわらず特定の匂いを検知できないという症状だ。かつては稀と考えられていた現象を、イローナはDNAの配線によって特定の匂いを〝嗅げない〟千六百人の被験者を調査し、ある結論を得た。特定の匂いとはどのような匂いかというと、私にとってはビャクダンかもしれないし、人によってはペンタデカラクトンのムスクのような汗の匂い、モーガンにとってはロタンドンということになる。しかしその症状から離れて、特定の匂いの無嗅覚症は「嗅覚処理の例外というよりも機能」かもしれないとイローナと共同執筆者は書いている。しかもそれは私たちが変えることのできる機能らしい。

正常な嗅覚の人と、すくなくとも一つだけ無嗅覚の二十五人のボランティアを募り、トーマスの訓練メニューを実行してもらった経緯を講義室の演壇からイローナは詳しく語った。被験者は彼らが嗅ぐことのできない匂いを希釈した「スメルボトル」を受け取り、一日に二回、十秒間嗅ぐというセットを二〜四カ月間、実行した。

結果、各人が「匂いの受容が改善した」。参加者全員が、以前は識別できなかった匂いを識別できるようになった。

嗅覚訓練に効果があることを、もともと正常な嗅覚の持ち主も実証した。私たちは嗅覚の盲点を矯正できるし、以前は見えなかった透明マントの嗅覚版を「見る」ようになれるのだ。無嗅覚症の人も匂いをふたたび自分の世界にもたらすことができるかもしれないし、正常な嗅覚をもつ人も識別力を高めることができる。だから私が嗅ぎ分けることに苦労しているワインの香りのキーポイントであるピラジンやオークのバニリンの香りについても、電気ショック療法を受けずに、ＬＳＤの吸い取り紙を舐めずに、鋭敏さを育てる機会をもてるかもしれない。

「人間の鼻は本当に偉大だな」プレゼンを終わりイローナが拍手を受けているときにトーマスは言った。「これが今日、ぼくが伝えようとしていたことだ。訓練で、きみはスーパーセンスを獲得できる」

想い出の匂い

ドレスデン空港でニューヨークにもどる便に搭乗しようとしているとき、母から電話があった。祖母がその日の朝、亡くなったという。

祖母と私はとても親しくしていた。ほぼ毎週末、私は列車でマンハッタンのアッパー・ウエストサイドに行く途中、彼女のアパートに寄っていっしょに料理をし、私が書いている記事について話したり、第二次大戦中スロヴェニアからの逃避行の話を彼女から聞き出すかしていた。特別な絆だった。彼女はまさに宝のような存在だった。

ニューヨークに着くや、祖母のアパートメントに集まっていた少数の親せきグループに一刻も早く加わりたくて税関を押し分けて進んだ。アパートで私たちは積もる話をした。やがて母と私を残して、みんな去った。母は客用の寝室にこもって、葬儀の手配やアパートメントを明け渡すために要する時間を測ったりしていた。九十年の人生を終えて残された物をどうするかという問題もある。家具。ティーセット。衣類。

服。祖母の寝室に行ってクローゼットの引き戸を開けた。この数カ月、私の頭の中は匂いのことでいっぱいだった。祖母を思い出すための写真はあるし、いとこと私とでひそかに家族の食事中に録音した音源すらある。でも彼女の匂いは……。

突然、どうしようもなく彼女の匂いにすがりつきたくなった、彼女だけの匂いの指紋に。パンツ類、スカート、セーターそれからクローゼットに掛かっているドレスを前に私は立っていた。両手を伸ばして、抱えられるだけの衣服をかき寄せる。それらを抱き締めて、顔を埋めた。目を閉じ、ベージュのカシミアのセーターに鼻を押しつけ、一つ長い深呼吸をした。もう一度。
その匂いは驚くほどの衝撃を与えた。心に深く染み込ませたい。後で呼び出せるように脳に焼き付けておきたい。唯一匂いだけができる方法で彼女に属したものを呼び出せるように。彼女ならではの特別なアロマのミックスを明確に表現するためにふたたび吸い込む。優しい匂い。それは祖母が愛したパフューム、〈エタニティ〉の名残にちがいない。それからハンドクリームの匂い。でも推測に過ぎないかもしれない。〈ノナ〉の匂い、これはまちがえようもない。吸い込む。祖母がそこにいるように感じて、懐かしさがこみあげる。でもいま、このアロマを失いかけているのだ、それも永久にと思うととても焦った。彼女の香りがそこにある。そして消えかけている。もうすぐ。

悲しみの鋭い痛みが鈍い痛みになってからも、このときのことを繰り返し思い出していた。そして別の声が日常のルーティンにもどれとうるさく言っていた。ドレスデンを去るときの私は新たな自信で武装していた。その自信は実際にもっと匂いを受容できるようにしてくれ、自分の諸感覚がそもそもそれほど悪くはなかったということを再認識させてくれた。でも祖母のアパートメントでのあの瞬間が、自信に一つの穴があることを暴き出した。クローゼットの前に立ち、祖母の服にすがりついて私はこのうえなく鋭敏に嗅ぐことができた。ただ脳はその情報をどう処理するかを知らなかった。世界の感覚のシグナルに波長を合わせるということは、生の刺激を感知するというのみならず、それを知識に変換させることが必要なのだ。で、シグナルはどうやって意味を持つようになるか？　どんなスキルが私に欠けているか？　私は嗅覚の鋭敏さの要素について手掛かりを求めて、ドレスデンからの唯一魂のお土産である宿題の長いリストに取りかかった。

無神論と地球平坦説のあいだの懐疑論的領域に、ワインの専門的技術など存在しないと信じる相当数の人々がいる。ソムリエの嗅ぐ能力、味わう能力は一般人と変わらないというのだ。しょせんインチキな神話だから、いっそビールを手渡して、それで終わりにしようじゃないか、と。このことを証明するためにいつも持ち出される二つの研究がある。二つともボルドー大学の元教授のフレデリック・ブロシェと共著者の手になるものだ。そのうちの一つの研究で、ブロシェのワイン醸造学の学生たちは二つのワイン、白と赤を区別するように言われた。簡単だ、とみなさんは思うだろう。白ワインと思うほうは典型的な白ワインの匂い「リンゴ」と「ライチ」そして「グレープフルーツ」を想わせる「フローラル」な香りを放っていると学生たちは答えた。赤ワインとみなしたほうには一般的な赤ワイン用語で特徴を述べた。たとえば「カシスのような」、「ラズベリー」そして「プルーンのような」などだ。だがまさに二つのグラスには同じ白ワインが入っていて、学生はそれらを嗅いでいたことが判明する。片方だけ赤い色を付けてあったのだ。ブロシェと共著者はその発見から言語についての結論「人はワインを、そのワインと同じ色のものになぞらえている」を引き出した。ところが世間は、いわゆるワインエキスパートとは赤と白の区別もできない輩だと解釈した。二つ目の実験でブロシェは学生たちにボルドーの二つのワインを味見させ、格付けさせる。一つは安価なテーブルワインと伝え、もう一つはグラン・クリュ・クラッセの呼称を受けている一流のワインと告げて出した。五十七人のテイスターのうち四十人がグラン・クリュを「良いワイン」と推奨し、三人が「極上の」、そして数十人が「バランスがとれている」、「複雑な」、そして「まろやかで円熟した」フレーヴァーだと激賞した。次にふつうのテーブルワインを出されると、彼らはなんとか飲み下し、「弱い」、「フラットな」、「欠点のある」ワインと言い放った。もうみなさんはおわかりのように、ブロシェは実のところ「グラン・クリュ」も「テーブルワイン」もまったく同じ中級クラスのボルドーを出していたのだ。新聞やブログはワインのテイスティングを「くだらない」、「論理的根拠に乏しいジャンクサイエンス」とこきおろした。「専門家」にとり、これはお手上げ、どうすることもできないまずい事態だった。

しかしインチキだと葬り去るのは総計だ。ワインエキスパートが実際に一般人と違うということを私たちは知っていることを認めなければならない。ドレスデンで興味を持った研究を仔細に見直して、私はコルクドークをコルクドークたらしめているものを見つけにかかった。そして得た答えは、アロマの微細な違いを識別するために鼻を鍛えるうんぬんよりもっと複雑なものだった。

仮にワインプロたちが鼻をグラスに突っ込むたびに一連のキイワードをすらすらと言えるとするなら、しろうとよりもはるか遠い匂いに波長を合わせているとあなたは思うかもしれない。だがかならずしもそうではない。一見、匂いの混合物から一つずつピックアップできているように見える。しかし嗅ぐ訓練を受けている調香師やソムリエのような経験豊富な専門家ですらブレンドしたアロマを嗅ぐように言われたら、最大三つか四つの匂いを識別できる程度だ。初心者と同じ数である。砂糖漬けしたショウガ、桃、スイカズラ、バービナ、ユズといった、ソムリエがあなたのシュナン・ブランの中にあると請け合うブーケは、どうやら業界の習慣の産物らしい。つまりソムリエの場合は巧みに言葉にするというコートの演繹的テイスティング法や、この手の詩がボトルの売り上げを助けているという業界事情がそうさせているのだ。

しかし、ワインのプロがふつうの嗅ぎ手よりも巧みにかつ見事に力を発揮する場がある。トーマス他が示したように、多くのプロが日々実行している嗅ぐ訓練は嗅覚を鋭敏にし、かすかな匂いもとらえることを可能にする。ワインのプロはまた匂いの区別に優れている――ベテランは、異なる匂いを嗅ぎ分ける段になるとアマチュアより正確に嗅ぐ。たとえばコリアンダーとクローブ、フレーヴァー間のニュアンスを拾い上げる。高アルコールと低アルコールの識別。それらに加えて、彼らの嗅ぎ分ける能力と匂いに名前を付す能力は練習で上達する。

練習はまた劇的かつ実感できるやり方で専門家の脳も変える。という説得力のあるいくつかの科学的エビデンスが、ワインを味見中のソムリエの脳を観察した研究者たちから得られた。二〇〇五年、イタリアの科学者たちは、神経科学教授のリチャード・フラコウィアクとの共同研究の結果を出版した（フラコウィアクはロンドンのタクシー運転手は市内の通りを走るうちに、脳が構造的変化を遂げたとする、いまは有名になった研究をした）。研究者たちは七人のソムリエと七人の対照被験者（ワインのことをあまり知らない一般人）を募った。そして彼らをｆＭＲＩ装置にかけ、プラスチックチューブからワインをすすらせた。ｆＭＲＩは血流の変化を追うことで脳の活動を測る方法だ。参加者は赤ワイン、白ワイン、それから甘いワイン、匂いのないグルコースの溶液など数種の液体を口にする。吸い込み、飲み込むタイミングも指示される。その間、研究者たちは被験者の頭をスキャンする。

結果はあっと驚くようなものだった。一般人の対照被験者がワインを口にしたとき、脳の二、三カ所に動きが見られた程度だった。明らかに感情処理と結合する領域だ。しかしソムリエの脳はとても活発な動きを見せた。高度な認識の処理や記憶、計画を練り、抽象的推理と思考をする領域で活発な動きが見られた。つまり、ソムリエと一般人の脳の活動には特徴的な違いがあった。「われわれの実験の結果は、脳の活動のパターンが実質的に経験豊かなソムリエと対照被験者のものとでは異なっていることを証明した」とイタリア人チームは書いている。ソムリエの「ごく洗練され」、「分析的な」味覚と嗅覚がワインの評価に結びついているという意味になる。研究の主筆アレッサンドロ・カクトゥリオータ・スチャンダーベグはこう見ている。「脳の神経経路はトレーニングと経験で変わるという証拠を得た」そこでふと考えた——私自身の脳は変わりつつあるだろうか?

ことワインとなるとイタリア人の後塵を拝することを良しとしないフランス人は二〇一四年に似たような研究を行っていた。ブザンソンの大学病院の神経科学者グループは十人のソムリエと十人のアマチュアワイン愛好家をｆＭＲＩにかけた。するとイタリアと基本的に同じ結果を得た。

そう、ワインテイスティングの専門技術はインチキではないのだ（ワインの味見など「くだらない」という証拠を得ようと躍起になって研究をしていたブロシェ教授だが、かといって嫌になって醸造学の世界を捨てることはしなかった。そのかわり大学を去り、フランス西部の美しいシャトーでワイン造りを始めた)。プロの飲み手はたんなるアマチュアとは異なるワイン経験のために必死で独学している。そしてカベルネ・フランのグラスの香りは、ブローカなら予想したかもしれないが、私たちの脳の灰色の原始的な名残を刺激することはなく、逆に脳の発達した高次の部位をはっきりと活動的にさせるのだ。

その理由は？　つまり嗅覚あるいは味覚どちらか一つでは人をじゅうぶん楽しませるには足りないという意味だ。ソムリエはよくブラインド・テイスティング修業と肉体的エクササイズを比較する。あたかも鼻や舌の刺激は、ウェイトリフターたちがベンチプレスで汗をかいて筋肉を付けるのに似ているかのようにだ。だがまったく違う。ワインの専門知識の習得は、ベンチプレスを持ち上げて鍛えることよりも新しい言語をピックアップするのに似ている。ごくかすかな音を聞きとってヒアリングの上達に努めても外国語をマスターできるわけではない。概念的知識を広げることによって学ぶのだ。私が中国語を学び始める前、それはただの音にすぎなかった。ニーハオウォーデミンツィジャオバオビアン。その意味を知るために耳をチェックする必要はなく、意味と音を結びつけなければならなかった（「ウォ」は私という意味）。それらの音を繰り返す（ウォ、ウォ、ウォ）。そしてそれらの音に意味を割り当てる（私はウォ、あなたはニ）大きな枠組みを作っていく。時間をかけるにつれて単なる音のかけらだったものが以下のように区切られていった。ニーハオ　ウォデ　ミンツィ　ジアオ　バオ　ビアン、「こんにちは、私の名前はビアンカです」。

似たように、ワインの専門知識は集中すること、はっきりと嗅ぐこと、それから肉体的感覚に意味を定めることによって得られる。たとえば言葉は嗅覚力を強めるのに鍵となる役割を演じると考えられる。プロたちは匂いに名前と意味を付与すること（酸味があり、赤い果実のアロマはクランベリー）を学んで嗅覚を磨く。匂い（クランベリー、クランベリー、クランベリー）を繰り返し嗅いで、匂いに意味をあてがうための枠組みを作っていくとき（クランベリーはしばしばトスカーナのサンジョヴェーゼの中に現れる）、嗅覚が改善する。「ワインを味わう者の技はある種の類別を発展させ、そのあと匂いの関連語／匂いのカテゴリーと結びつける力に由来する」と、カーディフ大学の名誉教授ティム・ヤコブは語った。『心理学のフロンティア』で報告されているように、関連語を付与して枠組みを作ることを学んで「訓練されていない者より、信じられないほど勝れた知覚と感性を手にできる」。

言い換えると、夫マットはスーパーテイスターの地位を手にし、その能力を推し進めることもできる。ワインの微妙な成分をすべて正確に評価するために、みんなスーパーテイスターにあるいはスーパースメラーになる必要があるというのではない。重要なのはスーパーシンカーであることだ（そのときでも、あなたはただスーパーリラックスし、ピノのグラスか何かをスーパー欲し、依然として楽しみを得られる）。私に必要なのは一つの概念的構造を持つこと、そうすれば嗅いだアロマを類別し理解できる。

この新知識で武装して私は肉体と脳の両面から訓練にのぞみ、そして速度も上げようと決心した。日々のルーティンに加えて、トーマスと彼のチームが発展させた嗅覚訓練メニューを組み込んだ。ルネデュヴァンのワインの香りサンプルキットに投資した。大枚をはたいて、ムスクからメロンまで一般的にワインに含まれる五十四のアロマエッセンスのキットを購入した（世界最優秀ソムリエになった一人はこのキットを「貴重な仲間」とみなしていた）。トーマスとイローナの方法論を少々適用して私はルネデュヴァンのサンプルから毎週五つの瓶を選んで、一日に二回、三十秒ずつ嗅いだ。いっぽうでエッセンスの名前を自分の記憶と連合させて脳に焼き付けながら。たとえばサフランだと、指ぬきサイズの小瓶を鼻の下に当てつつ、サフラン、サフラン、サフラン、と唱える。そして調香師から教わったように、サフランをいくつかのイメージと結びつける。時たとえばオレンジ色のスター、その匂いは石鹸みたい、かすかな金属臭、パプリカのようだ。時流に乗ったこの嗅覚訓練にモーガンを誘おうとしたが失敗に終わった。ロタンドンの匂いを嗅ぎ分けられるようになるかもしれないと力説したがだめだった。彼は旧式のスタイルでやることを好んだ。

ワインの理論面の勉強を倍加した。バニラ、ディル、ココナッツの匂いを正確に識別するだけでは不十分だ。専門知識とは、それらの匂いの意味を述べる枠組みをもっていることを意味する。バニラ、ディル、ココナッツの匂いがするということは、アメリカオークの樽で熟成されたワインだということを知っていなければならない。アメリカオークの樽はスペインやアルゼンチンのワイン生産者のトレードマークで、とくにテンプラニーリョ種やマルベック種で造られたワイン、リオハやメンドーサ、ということも知らなければならない。

だがブラインド・テイスティング力の向上のためにこの科学的なアプローチを決めたときでも、

それは私以外の他者の鼻と舌にどう応用するかという問題には役に立たないだろうとわかっていた。なんといっても、コルクドークのソムリエは自身の楽しみのみならず、最終的に客のフレーヴァー体験を助けるために嗅覚を磨いている。こうなると他者の味覚向上をどう助けるかについてもっと学ぶために、一般の人々に接する必要がある。一軒のレストランが必要だった。

コート・オブ・マスター・ソムリエのサービス心得に目を通してみると、ソムリエの仕事は人質交渉人の仕事と似ている面が少なくないという、気にかかる記述にいくつか出くわした。一つには、客の動作や小さい反応にも注意をはらって見逃さないようにしなければならないという点だ。「客の反応、話し方、そしてボディランゲージに細かく注意を払うこと」が公式のガイドラインに書かれている。「プロのソムリエの振る舞い」、「必要に応じて客とアイコンタクトを維持する」、「スマイル」。唐突な振る舞いをしない、と私は付け加えたかった。

科学によって強化された私のテイスティングのスキルが順調に上達しているいっぽう、サービス面の能力はゼロだったから、これは一つの警告だった。ここでは前章で出てきたロストック大学のマーチン・ヴィットも彼がポリバケツに保存している脳も役に立たない。ある晩、家でキャンドルを灯してデキャンタージュの練習をしていて、台所のキャビネットの表面を、幸い一部だけで済んだが焦がしてしまった。このままだとコートの資格試験には絶対通らないし、店で働くという挑戦の機会も決して訪れないだろう。

サービス技能の習得にはレストランでの経験に勝るものはない。大半のソムリエはキャリアのある時点で、「トレイリング」をする。つまりさまざまなワインリストをそつなく扱い、公式のサービススタイルを確実にこなすために、レストランのフロアや厨房で実際に働き、同僚の仕事ぶりを見て学ぶ、いわば見習いだ。コートの試験の数週間前、たとえばハッピーアワー・タイプの店でサービスをしている者なら、一流レストランで一杯の酒を探したり、幾夜かを四十年もののブルネッロをテイスティングメニューとペアリングさせて過ごすかもしれない。あるいは頼み込んで一夜、目を光らせているマスター・ソムリエの下でサービスさせてもらい、シフト後、マスター・ソムリエに批評を仰ぐこともできる。これは「スタージュ」というフランス語で呼ばれる。ソムリエになるための必要条件ではなく、従来の形式尊重のあり方の一つだ。

私にぜったい必要な「スタージュ」をぜひしたいと思った。私の場合、そもそも磨くようなスキルをほとんど持っていないにもかかわらずではあるが。ワインのフォーマルなサービスを淀みなくできるようになることが試験には重要だった。そしてまた実際の場で一流のコルクドークを目の当たりにし、コートの教科書版と比べて現実の公式のサービスがどういうものかを理解するために重要だった。もちろん、レストランでチーム——ソムリエのネットワーキング版——の一員として見聞きするうち私にフロアで仕事をさせてくれそうな人々と仲良くなるかもしれない。そういう機会はある。

〈ラピーチオ〉での四カ月、肉体労働をしてセラー・ラットから次のポストに移る準備ができたとき、私はララが客のサービスにあたっているあいだトレイリングさせてほしいとジョーに頼み込んだ。最前線の苦労を共有できるように、と説得した。だが土壇場でジョーは考えを変えた。幸いにも彼の決定にそれほど落ち込まなかった。というのも、私はすでにもっと高いところに狙いを定めていたからだ。

モーガンと出会った同じ「ザ・ワインバー・ウォー」フェスティバルで私はヴィクトリア・ジェイムズというワイン界の寵児《ちょうじ》と知り合いになっていた。彼女は私が憧れるすべてを体現していた。二十四歳にしてニューヨーク市でバリバリの最年少ソムリエで、すでに高級レストランの一つでシーフード専門のイタリアンレストラン〈マレア〉で働いていた。私がスタージュに行きたいと夢見る場所だ。二、三週間かけてしつこく頼み、〈ラピーチオ〉での仕事について誇張して言うことでヴィクトリアを得心させて、彼女の上司連中に彼女の元でトレイリングをさせてくれるよう説得した。

〈マレア〉は人々がマンハッタンを「金持ちの遊び場」と呼ぶときに思い浮かべるような場所だ。億万長者の通りとして知られるセントラルパークの直線通り近くにあり、シェフのマイケル・ホワイトのその美食の殿堂は一オンスで三八五ドルもするオセトラキャビアやオリーブオイルで食べる生のアカザエビを提供している。その一帯にはミシュランの星を獲得している店が世界一集中している。二ツ星の〈マレア〉から一ブロック以内にいずれも二ツ星の〈ジャン＝ジョルジュ〉、〈パーセ〉そして〈マサ〉など綺羅星のごとく並んでいる。このクラスの高級店での給仕は「高い賭け金」を要求される。最高のものを知っている客は最高のものを期待し、料金に見合うもの以外はいっさい受け付けない。〈マレア〉では毎夜、三人のソムリエが総額二万ドルから三万五〇〇〇ドルのワインを売り上げる。「ハリケーン・サンディに襲われたとき以外、一万五〇〇〇以下だったことはないの」とヴィクトリアは言った。〈マレア〉の予約係たちは客の一人ひとりをグーグルで調べることになっている、と話が巧みな給仕頭のジョージは明かした。すでに街の名士の一人ひとりを知っていて、反目する相手どうしがダイニングルーム周辺で鉢合わせしないよう戦略的にアレンジする才能をもっている。だから客どうしはぜったい顔を合わせることはない。もてなしの微細な点にいたるまでの〈マレア〉のこだわりは、サービス部門で、料理界のアカデミー賞と言われるジェームズ・ビアード賞を受賞したことでもわかる。それも私がヴィクトリアに取り入ろうと必死になった理由の一つだ。もう一つの理由は、〈マサ〉が毎晩、三十五人前後の客をもてなすのにたいして、〈マレア〉はゆうに三百人は超える客を迎え入れることだ。メキシコ料理チェーンレストラン〈チポトレ〉と同規模だが、もっと清潔で塵一つない空間で、だ。そしてそれは現実世界での完璧な料理、完璧なサービスとはどのようなものであるかを見るのに最適の場だと思われた。ボーナスとして、法外にすばらしいワインの味見もできるだろう。世界最高クラスのレストランのソムリエがだれよりも、客よりも先にワインを飲んで味わえるというのはピンとこないが。しかし〈マレア〉クラスの場所では手順として、万に一つでも間違いがないようにソムリエはボトルをサービスする前に味わう必要があるのだ。その小さな罪はたんに適切なサービスに過ぎないと彼らは言い張るだろう。そのお蔭でどんな客も疵のあるワインを出されることはないという保証が得られるからだ。ソムリエのほうもだれ一人として、セラーから取ってきた高価なボトルにちょっと触れるスリルを否定しようとしないだろう。

私はまた女性ソムリエ、ソムリエールの将来的展望を知りたいと思った。長いあいだレストランのワインのシーンを支配していたいわばボーイズクラブに女性が侵入したのは、つい最近のことだ。アメリカの高所得層向けの最初のレストランは、ヨーロッパの華やかさとワインをめぐる環境だけでなく全員男性スタッフという伝統も輸入した。ニューヨーク市で最初のソムリエに触れた記述は一八五二年の、ウォールストリートからほんの数ブロック離れた店が出したソムリエの求人広告だった。それからほぼ一世紀後の一九四三年、ニューヨーク・タイムズが市で初めての、当時唯一の女性ワイン給仕係を紹介するまで、女性ソムリエはいなかった。「彼女は丁重であっても媚びないこつ――多くの妻たちの憧れ――を学んでいた――男のうぬぼれを害することなく義務を果たしている……彼女は自分が知っていることだけにこだわってやっていて男性とうまく折り合っている」とタイムズは書いた。「私は男性に一度もお酒の助言をしたことはありません」との言葉も引用している。「ニューヨーカーはその面でどんな助けも必要としません。彼らはたいてい自分の欲するものを正確にときには知りすぎるくらいに知っていますから」一九七〇年まではフードサービス従事者の九二パーセントが女性だったが、セラーの女性はまだ珍しかった。「私が始めたとき、ほとんど女性はいなかった」と一九八七年最初に女性のマスター・ソムリエになったマデリン・トリフォンは語った。いまでさえマスター・ソムリエの八六パーセントは男性だ。

もしだれか男性支配の社会を揺さぶることができるとしたら、それはヴィクトリアだ。丸い目と象牙のような肌、そして勝気な性格をうかがわせる物腰と雰囲気でフィルム・ノワールに出てくるファム・ファタールを想わせるような古典的美女だ。マンハッタンのアッパー・ウエスト・サイドで四人きょうだいの一人として彼女は育った。家は裕福ではなく、十三歳になったとき、児童労働法をものともしないギリシャ料理店の喫煙席担当として午後四時から午前二時までウェイトレスの仕事に就いた。その後ヴィクトリアは心理学を学ぶためフォーダム大学に入ったが、レストランの活気ある雰囲気が忘れられなかった。そこで、合法的に飲酒できるようになる三年前にタイムズスクエア近くの小さなイタリア料理店でバーテンダーの仕事に就き、ひそかにワインの世界に足がかりを得る。やがてセラー・ラットとして働くようになると大学を中退する。二十一歳になるやいなや、〈オリオール〉でソムリエの道に入る。モーガンに先立つことほんの数年。そして私が会っただれよりも速く昇格し、ワインを自分のキャリア、趣味、天職、情熱の対象、それらのあいだにあるすべてと考えるようになる。火災避難装置の上でピノ・ノワール種のブドウを育て、空いた時間には野生のハーブを採集して自家製薬用酒アマーロを作って台所の樽で熟成させているヴィクトリアは「ワインは自由そのものよ」と告げた。「ふつうなら会わない人々と会わせてくれ、行かない場所に行かせてくれ、そしてふつうは試さないことを試させてくれる」

これまでそこを見ることができたのはわずかな人間で、ましてそこで働けるのはもっと少数という一つの世界に私は足を踏み入れようとしていた。そういう世界だけに彼女の観察力は私にとり真実そのものだった。

〈マレア〉での実践

ヴィクトリアの入念なチェックを受けた服装で、ある火曜日の午後三時〈マレア〉に出向いた。彼女のチェックは行きすぎにも思えた。黒いブレザーと黒いスカートではどう転んでも悪い方向に進みようがない。でも〈マレア〉クラスのレストランでは接客にたずさわるソムリエ、ウェイター、オーダー取り、ウェイター助手などスタッフの外見を仔細にモニターしているので、注意してしすぎることはない（店の奥の厨房はシェフ、スーシェフ、ラインコック、皿洗い、その他のスタッフのものだ）。それでも〈イレヴン・マディソン・パーク〉の基準とくらべたら緩いと言えた。〈イレヴン・マディソン・パーク〉のソムリエはビクトリノックスのスーツキャリーバッグと釣り合う服装を求められる。ニューヨークでもっとも予約のとりにくい三ツ星フレンチレストラン〈パーセ〉はスタッフに優雅な動きを教えるためにバレエダンサーを雇っていることで知られている。それから三ツ星フレンチレストラン〈ジャン＝ジョルジュ〉は歩き方と服装の両方にガイドラインを設けている。口紅の色、ジュエリーのスタイル、ネイルカラー、そして爪の長さにまで及び、また望ましい姿勢とポーズのアドバイスも盛り込んだマニュアルを従業員に渡している。その週の初め、ヴィクトリアはボスの勧めによって茶色のロングヘアを顎丈のボブにカットしていた。私が会ったときの彼女は自前の黒のブレザー、合わせて黒いフラットシューズ、そして地味目のワンピースという姿だった。私たちのどちらもアクセサリー類は着けていない。お高くとまった客の顰蹙《ひんしゅく》を買う危険は冒せない。香水の類もいっさい着けていない。シャンプーの匂いがきつすぎると叱責された女性ソムリエのことを私は聞いていた。

ヴィクトリアは〈マレア〉の規則をひととおりさらってくれた。レストランは往々にしてサービスの諸段階を時間と経費、空間面で節約し、コートのお達しに背いてかなりの慣習をはしょりがちだ。どんなお達しかというと、テーブルサイドでボトルを開けてはいけない。あまりにも「安っぽいビストロ的」だから、とヴィクトリアは教えた。ボトルの開栓は客から見えないところ、たとえばソムリエのステーション、ええと、つまりダイニングルームの背後にある戸棚の前でするべき。頼まれないかぎりテーブルにコルクを持っていってはいけない。「それはテーブルにゴミをプレゼントするようなものだ」ワインに欠点がないことを確認するだけのために、サービスする前に必ずワインを味見すること。つねに男性より先に女性に注ぐこと。「あ、いけない！」ヴィクトリアは訂正した。「神が最初ね」良いサービスについての詳細は店によって異なるかもしれない。しかしトップソムリエ試験でマスター・ソムリエから叩き込まれたように、なによりもすべての動きを優雅にするように努めること。そしてソムリエの究極のゴールは消え失せることだった。「もし客が素敵な経験をしたとするなら、彼らはサービスしてくれた者の顔をおぼえていないはず」ヴィクトリアは言った。「いっさいが魔法のように客の前に現れたと思わせるようなサービスが理想」

彼女は給仕頭の持ち場を回り込んで、ダイニングルームから厨房そばの裏の部屋にあるソムリエのステーションへと導いた。私たちの前の棚にはさまざまな高さと胴回りのグラスがきらめいている。透明のグレープフルーツが脚の上にドカンと乗っているような球根状のグラスをヴィクトリアは指さした。それは赤のブルゴーニュと他の「アロマチック」なワイン用だった。「表面積の広いグラスだと鼻がたくさんのアロマにさらされるから」そう彼女は説明した。リースリングやデザートワインはもっと背の低い、細いグラスで出すことになっている。背の高いグラスはほぼその倍の高さがあり、滑稽なくらい大きくて不格好で、ガラスの脚が付いた金魚鉢に似ている。それはカベルネ・ソーヴィニヨン、シラー、そしてネッビオーロ用だった。

鑑定のためには、ワインと料理の組み合わせと同様に、ワインとグラスのペアリングが重要になる。〈アリネア〉のソムリエのオーディションでは各ワインに三個のグラスが置かれ、彼らが各ワインで引き立てたいと思う特質を出す一個を見つけなければならない。グラスのボウルの形状がそのワイン特有のフレーヴァーとテクスチャーを引き立たせるとグラスメーカーはうたっている。ワインが舌に触れる場所をコントロールすることによって、あるいはどれくらいワインの表面を空気にさらすかをコントロールすることによって。ワイングラスの老舗リーデルはこれまでのところ、「ボルドーのグラン・クリュ」用（一個一二五ドル）をはじめ、十二以上のブドウと地域に特化したグラスを売っている。「熟成したボルドー」には別に一個九九ドルのグラスを用意している。かわいそうにうぶな田舎者はリーデルの「アルザス」グラスに注ぐことでシャブリの神聖さを汚している。リーデルのペア型グラスは洋ナシのアロマを強めるために使うとか間違った説も耳にする。そしてもっと凝り性の人間は、グラスのカーブは飲む経験を変えるとまで断言する。

ちょっと言葉をはさませてもらうと、これは言いすぎで、全部ではなくとも一部間違っている。

グラスの縁の口径や胴回りの角度にこだわることを私はずっと疑問に思っていた。そこでおびただしい量の書物や科学的調査をあたり、この課題に潜むものを探った。端的に答えると、イエス、彼らは正しかった。そして、ノー、プラスチックのカップは代用にならない。ごく微妙だが感知しうるワインのアロマがグラスの形によって和らぐことがあり、逆に強まることもあることを、かならずしもリーデル、ザルトその他のグラスメーカーが公言するような確信的な言い方ではないけれども五つの研究が正しいと立証していた。一般に、胴回りが広く縁が狭いグラスがほかのモデルよりもワインのアロマを強める。ある研究では、フルーティさまでも強めるとされている。日本の研究者たち（訳注：東京医科歯科大学　生体材料工学研究所　三林浩二研究室）は、「スニファ・カメラ（探嗅カメラ）」という愛らしい名前をつけた分析装置を開発し、このことが正しいことを明らかにした。彼らはこのカメラを使うことで、（ワインに含まれ、）ワインのアロマを邪魔する「アルコール（エタノール）」がワイングラス内面に沿って凝縮しながら上昇し、グラス開口部ではリング状にアルコールが蒸発する様子を観察することに成功した。逆にワイングラス中央部にはアルコールガスはほとんど無く、「香ばしいアロマを楽しめる空間」を作っていることを明らかにした。残念ながら同じワインであっても、マティーニやハイボール用のグラスではワイングラスのようにはならない。アルコール（エタノール）ガスがグラス開口部の全体に広がり、アロマを楽しめる空間を作ることはできない。

ヴィクトリアに従って私は初めて〈マレア〉の三つの「セラー」に足を踏み入れた。セラーとは実際のところ、二つの重いスイングドアの間にサンドイッチになっている背の高い一基の冷蔵庫を指した。スイングドアが動いているときは、私より小さいサイズのものをそれらの間に置いておく。スイングドアの一つは厨房に続いていて、そこでは男三人がワイングラスを指紋のない完璧な輝きにするために蒸気を当てている。二つめのスイングドアはべとついた黒い木製で、ダイニングルームへと続いている。だれかが汚れた皿のトレイを持って私の横を飛ぶように通りすぎたので、あおりをくった私はヴィクトリアのほうに吹っ飛ばされ、あやうく死のスイングドアに砕かれそうになった。「水平のギロチンのようなものだから」とヴィクトリアは警告したが、少々遅すぎた。

〈マレア〉の三つのセラーには千四百種、総額八〇万ドルを上回る一万本以上のワインが保管されている。リストに載っている大半のワインは卸値の約三倍に値付けされていた。高価なワインは利掛けを薄く、安価なボトルは逆に盛ってあるようだ。地下からボトルを取ってきたセラーの使い走りをヴィクトリアが紹介しようとしたとき、重い木製のドアが私の右肩を直撃した。脱臼はしていないとアピールに努めた。本当はもっと痛手を受けたのではないかとヴィクトリアは疑わしげな目を向けたが、向きを変えて厨房へと歩を進めた。

「死ぬわよ」肩越しに彼女は叫んだ。

お客を値ぶみする

〈マレア〉のようなレストランはセレブにとってのディズニーランドだ。給仕係のネクタイから化粧室のハンドタオルにいたる細かな点まで魅了する王国のファンタジーを破ることは何一つ許されない。王国の一五〇ドルもするリゾットをオーダーすると、削った白トリュフをかけて供されるすばらしく、かつ適切だ。うまくデザインされたテーマパークはどこでもそうであるように、夢を現出させるため、環境には細かい部分まで気配りがされている。店の長椅子は、チョコレート色に磨かれたインドネシアのローズウッドで縁取られている。バーの背後には店の奥行きまでの壁が続き、縞瑪瑙《しまめのう》のゴールド縞が間接照明を受けて光っている。縞瑪瑙柄の明かりはトラの毛皮を連想させた。高価で稀少で完璧なしつらえに思わず触れたくなる。〈マレア〉のシーフードメニューに関連させて金箔を着せた巻貝が窓敷居に置いてある。ダイニングルーム全体がロシアの新興財閥のヨットのインテリアと言っても通る。その効果に〈マレア〉の客の多くが好感を覚えるにちがいない。このすべてがシンデレラの魔法のフィーリングをかもしだしている。革のバンケットシートの一つに座っただけで、食事客はあたかも超空の覇者——もし彼らがまだそうでないなら——に変身するかのようだ。礼儀正しく丁重なスタッフ、グラスの煌《きら》めき、そのすべてがおとぎ話の世界へと誘う。たとえダイニングルームの外の生活がカオスであっても、〈マレア〉での二時間、世界はすべて正しいのだ。そしてあなたはそれを味わう資格がある。オセトラキャビアも含めてすべてを。

凝った趣味の完璧に創られたおとぎの世界と、だれにでも与えられているという平等な機会は、ディナーがスタートする前から大きな音をたてて床に崩れ落ちる。ここはたんなるベニヤ板張りの世界に過ぎないのだ。その下には怒号が飛び交い、そこにいる者のてのひらは火ぶくれができ、脂がこびりついているという混沌とした世界が横たわっている。

午後五時、最初の予約客が来る三十分前、私は日々の開店前のミーティングにほかのスタッフとともに集合した。そして座るとき副支配人のマイケルはヴィクトリアの黒いフラットシューズに目を止めた。「その手の靴は足の露出部分が多い」片方の眉を吊り上げる。私はヴィクトリアとその夜のソムリエ二人の横に座っていた。大きなヘアスタイルと固い笑みの三十代の女性リズ、そして〈マレア〉のベバレッジ・ディレクター、フランチェスコ。華奢《きゃしゃ》で小柄な男性で、ニュージャージーを経由してきたイタリア人だ。

シェフは新メニューにある六インチもある骨髄を紹介した。パティシエはその夜に出す予定のプチフールを報告する。マイケルはスタッフに向かってオリーブオイル入れにいっそう注意するよう懇願口調で訴えた。だが給仕頭のジョージがメインイベントだった。

「今夜六時十五分にワインにうるさいオクタヴィア・サンソンの予約が入っている」大声で通達する。「常連のアデシュ・パテル。そしてこれもワイン通のミスター・ベネット・デイヴィス。ミス・ジョージナ・ウィルデ、六時三十分に二人、こちらもワインにうるさい。もう一人、ワイン通のアレックス・ワン」

PXとはペルソン・エクストローディナーレの略で、レストランの符牒では「スペンド・ドゥ（現ナマを遣ってくれる）」と言うとヴィクトリアが教えてくれた。それは大金を遣う人、会社経営者の友人、羽振りのいい常連、そして〈イレヴン・マディソン・パーク〉のシェフのダニエル・ハムのような特別客のことだ。彼は今夜八時に来る予定になっている。彼らは甘やかされ、わがままをきいて、ご機嫌を取り、万難を排して高い商品を買わせる存在だ。〈マレア〉はそういった客のリストを持っている。彼らを怒らせる事柄、性癖、食歴、店に重要なことなどプリントしたソワーニュという紙を。テーブルに客が着くやいなや任務に就いている全員に回して、その客の扱いを知らせる。

　レストランのなかには「ＶＩＰ」か「ＰＸ」、「ＢＬＲ」（「baller」リッチマンの略）より以上に詳細を知ろうとしない店もある。しかし野心的なレストラン業者はテーブルに出す大量の料理と同じく、顧客の細かい点まで徹底的に調べ上げる。食事に遣うお金と力を持っているほど、費やせば費やすほど、店側から細かく調べられ、彼らがテーブルに着くずっと前に旗で信号を送られるというわけだ。たとえば「ＡＴＧ、バークレイズ・キャピタルの投資銀行アナリスト」というふうにソワーニュに「ＡＴＧ」と付いていたら、それはアコーディング・トゥ・グーグル、グーグルによればという意味である。〈マレア〉は顧客を「たまにワインＰＸ」、「以前はワインＰＸ」、「ＰＰＸ、超金持ち」に種分けしている。また「Ｆ／Ｏ」は「フレンド・オブ」で、「Ｆ／Ｏフランチェスコ（フランチェスコの友人）」、「Ｆ／Ｏジョージ（ジョージの友人）」、「Ｆ／Ｏオーナー（オーナーの友人）」というわけだ。あなたは「常連」、「ブロガー」、「プレス関係者」、「前に苦情を言った」になるかもしれない。癇癪《かんしゃく》を起こすと「ＨＷＣ」（「要注意：handle with care」）の烙印が押され、それは他のレストランだと「ＳＯＥ」（「権利意識高し、うるさ型：sense of entitlement」）となり、給仕は「前回この御仁はクレイジーだった」と証言する。ものすごく悪いなら、あなたは「86、受け入れ拒否」になるだろう。ものすごく良いなら、しかも大金を落とすなら「決して拒むな」という冠を戴くかもしれない。

ジョージはさらにいくつかの名前を矢継ぎ早に並べた。「八番テーブル（ダイニングルームでもっとも希望者の多いコーナーブースのテーブルの一つ）はビッグ・ワインＰＸで、ブラジルのセニョール・ペラルタ」と詳しく伝える。「ブラジルの富豪だ」

ソムリエたちのあとについて、彼らの待機場所へと行った。そしてワインＰＸとされるにはなにが必要かと訊いた。

バカじゃないのと言わんばかりの目つきでリズは私を見ると、「彼らは……お金を……遣うの」一語ずつゆっくりと答えた。

一本のボトルに遣う金額として途方もないと思われる額を口にしてみる。「だとすると三〇〇ドルとか？」

ジョージという髪の薄くなった給仕がまばたきをした。リズと視線を交わす。「一人……の客あたりかい？」

ボトル一本あたり、と私は明確にした。

彼は大声で笑った。「それは平均額だよ」

「そう、つまりもしだれかが一本あたり五〇〇ドル以上を遣ったら、この客は間違いないと踏んでかかるわけ」リズは説明した。「私、彼らが飲んだボトルを書き留めておこうかな、だってそうすれば次回、その人が予約の電話をかけてきたとき、たとえまえもって七時の予約が入っていなくとも、彼らにテーブルを確保しようと努める。だって前回彼らはお金を遣ったし……ワインチームは一年、そしてひと月の売り上げ目標を持っているし、最終的にその夜の売り上げに影響するからね。私たちはチップをプールするために一生懸命働いているから勘定書きが高額なほどチップも高額になる。ということはみんなに、お金がたくさん入ってくるという仕組み」

自分の言葉に発奮したのか彼女はダイニングルームをちらと見やった。「ちょっとひと回りしてくるわ」そう言うと滑るようにその場を離れた。

他のレストランと異なり、リズやヴィクトリア、そしてフランチェスコは特定のテーブルを割り当てられていない。〈マレア〉はPXほか客との個人的関係をとても大事にしていて、ソムリエたちにダイニングルームを飛び交うための全面的自由を与えているのだ。客がどの席に着いているかにかかわらず、ソムリエはなじみの客を満足させることに専心できる。これらのワインPXは、個人的な交流、あるいは得難い予約はむろんのこと、さまざまな特権を享受していた。常連でいつも酔っぱらうPXは過去、何度もダイニングルームで胃の中のものをもどしていた。腹いっぱい詰め込んだ魚をそっくり自分のシャツにもどし、そして女性スタッフに卑猥《ひわい》な誘いをつぶやいて面白がった。それでも出入り禁止にはならず、店はただ女性スタッフをサービスにつかせることをやめただけだ。

「彼はとにかくお金を落としてくれるから」女性スタッフの一人が私に告げた。「店は彼を出入り禁止にできない、いの」

ヴィクトリア先輩に教わる

ダイニングルームはまだ比較的空いている。そうは言ってもいまは「アマチュアタイム」だ。馴れないディナー客が店に来たとき、私はそう説明された。「午後五時にディナーに来るとはね？」理解に苦しむとばかりにヴィクトリアが言った。テーブルをさっと見渡した彼女は、ワインリストを開いている者、すでに相談してリストを閉じた者などを目に納めた。

バーにいる二人の女性客を彼女はさりげなく通りすぎた。一人は常連客でいつもブルゴーニュ地方のシャブリとムルソー産の白ワインを楽しむ。まだオーダーする準備はできていない。セントラルパークを見晴らす窓の下のバンケットシートに座っている年配のカップルにヴィクトリアは目を止めた。

「こんばんは、いらっしゃいませ」ヴィクトリアは声をかけた。

ワインリストを手にしている明らかに七十代と思われる妻はヴィクトリアのことを上から下まで見やった。それから他にだれか現れないかと期待するようにダイニングルームを見回した。

「あなたはワイン……ワインレディ？　ワインパーソン？」

そうです、とヴィクトリアは答えた。女性はシャブリかサンセールのように柑橘系のフレーヴァーと、爽やかでクリスピーなボトルを推薦してほしいと彼女に頼んだ。これらは両方とも酸味が強いために角のあるフレーヴァーをもっている。ヴィクトリアは二、三質問をして、セラーにボトルを取りにいった。濃厚でバターのような香りのイタリア産ワインですと説明していた。これは意味をなさない――どんなサラダを注文したらいいかと訊いて、バースデーケーキで落ち着くようなものだ。

「客が欲しいと言うものが、本当に望んでいるものではないことがときどきあるの」栓を抜いたボトルを手にテーブルに戻る途中ヴィクトリアは小声で言った。そして客に味見をさせるために注いだ。

「おお！」一口すすった老婦人は声を上げた。

ヴィクトリアに微笑む。「気に入ったわ」

そのとき、ヴィクトリアのボス、フランチェスコが私をテーブルから壁のほうへとぐいと引きもどしたので、それ以上聞けなかった。

「少々さがって離れていてくれないか？　正直に言うと、客というものはなにかとうるさくてね、細かい点にこだわり、いろいろ知りたがり、ばかげた初歩的質問を投げかけてくるんだ」と言った。私はコートのガイドラインを改めて思った。〈客の反応、話し方、そしてボディランゲージによく注意すること〉檻《おり》に近づきすぎるな。「少しテーブルから離れているか、ただ、観察しているふうではなくなにげなくそこらを歩くならいいが……」ヴィクトリアがテーブルを離れるやいなや私は急いで彼女を追った。ふつうの速さで歩いているように見えてものすごく速く動く技を彼女は体得していた。その彼女に遅れまいとあわてて追う。年配のカップルとの会話で聞き逃した部分を訊いてみた。

「旅の話をしたがってただけよ。楽しい話を」地下のセラーへと階段を踏み鳴らして降りながらヴィクトリアは答えた。セラーは冷房が効いた二つのユニットに分かれている。一つは高級ワイン用、もう一つは極上ワイン用。扉には金の刻み文字で「唾を吐くな」というサインが掛かっている。「よく考えてみると、私たち、召使みたいなものよね。ワインは人々にサービスするための道具に過ぎない。だからあなたは媚《こ》びへつらい、客をリラックスさせ、快適に感じさせ、納得させ、そして正当なサービスを受けているという相手に思わせなければならない」つまりさっきの場合だと、カップルが最近旅したピエモンテの話を細かく話しているあいだ、ヴィクトリアは微笑みとうなずきで応じるということになる。

ヴィクトリアは日本人のエリート・ビジネスマン八人の招待主《ホスト》と話し合い、「一九九七年 ルネッサンス シャルドネ」のマグナムボトルを二本、注文を取り、二十五番テーブルにコルクを置いてきて、厨房に立ち寄ってエスプレッソをあおり、そしてあるテーブルのグラスにワインを注ぎたした。それをやるべき給仕が忘れていると見て取ったのだ。私はこのことをメモした。グラスにワインを満たすこと=適切なサービス。それプラス、絶え間なく注ぎ足すことでボトルが早く空き、二本目を促すことになる。そしてもし前菜が出されるまでに二本目のボトルに移っていないとしたら、それ以上の進展はない、もう取り返しがつかないという意味だとヴィクトリアは警告した。

ネクタイをしたグループがワインリストを眺めているあいだ、ヴィクトリアは、ワインの味について、ときとして客の理不尽な発言をどうとらえるかを説明してくれた。ドライの赤ワインが好きと打ち明ける客が毎晩いる。実際、すべてがドライなのだが。「でも客の言葉を否定することは許されない。だから言葉の裏の心理を推し量るの」とヴィクトリア。「そう言うとき、彼らは口がすっきりとするワインを望んでいるの。タンニンの強弱を言ってるのね」だからたぶんイタリアのブルネッロ・ディ・モンタルチーノかキャンティ・クラシコがお勧めかもしれない。人々はまた無難に定番ワインを頼みたがる。カベルネのような味で、でも「ピノ」と呼びたいものを切望する。シャルドネ種はすべて嫌いだと公言して、シャブリを要求する、そしてシャブリは――あなたの想像どおり――シャルドネ種で造られている。客は味とは無関係の理由でワインを拒むの。ピノ・グリージョは果実味が豊かでべたつく、だけどソーヴィニヨン・ブランはトレンディで、カベルネは時代遅れだと。バーの近くにいる女性客がヴィクトリアにこう言った。自分はブルゴーニュ産の白ワインが大好きだけど、中程度の酸味をもつフレッシュで、グリーンのフレーヴァーかミネラル感――ブルゴーニュの白としばしば品質が結びついている――のあるワインは大嫌いだと。ヴィクトリアはその女性にお気に入りの生産者を訊いて、候補を絞ろうとした。その客は名前を挙げることができなかったので、「だったらたぶん必ずしも嫌がらずに白のブルゴーニュのジェネリックで国際的スタイルのものを気に入るだろうと思った。そこでこれ」ヴィクトリアは手にしたボトルを振ってみせた。「これなら完璧だと思う」

あなたがもしレストランでワインを注文したことがあるなら、その経験がいかに拷問になりうるかを知っているだろう。まず、連れとそれぞれのムードについて不愉快な会話をかわす。連れの者の気に入らないワインを選んだらどうしようと尻込みしているか、ピノ・グリージョ（ウワッ！）を注文して無教養な者に思われることを躊躇する。それから価格だ。ここでも、言葉にならない不明瞭なつぶやきだけで、だれもあえて発言しようとしない。ワインリストを持っているあなた次第ということになる。いいだろう。ついに一つを選ぶとき、自分が渋ちんか羽振りのいいテキサスのオイル男爵かのどちらかを感じる。どちらにしてもあなたの選択が場の空気を壊したように感じるのだ。さらに悪くするのは、そのあいだじゅうソムリエールが観察し、待ち、呼吸をしつつ間近でうろうろしていることだ。彼女に何と言うかまったくわからないにもかかわらず。好きなブルゴーニュの生産者を挙げる？　あなたはまだ白にするか赤にするかも悩んでいる。

つらいのは二重にソムリエールに挑戦しているからだ。すくなくともあなたは予算と好みについて心の底ではわかっている。それを思い出せば答えは出る。ここに至り、ヴィクトリアは千もの候補からなんとか二つ三つに絞って、たとえあなたがはっきりと発音することができないとしてもあなたの味覚と財布に合うワインを提示する。彼女はせいぜい三つの質問をする。答えを聞いた彼女は生産地と生産区域とスタイルの情報を手にし、次に三つのボトルを挙げる。あなたがどの価格でひるむかを見るために価格帯を八五ドル、二二五ドル、そして四九五ドルと広くしながら。その間、彼女は、あなたがこの食事会でどういう印象を与えたいと思っているかを直感で知る必要がある。そうすればボトルの選定においていろいろと演じることができる。

ごく短時間で多くの情報を集めなければならないとしたら、客をパターン化しているのかとヴィクトリアに訊いた。

「もちろん」と彼女は答えた。一つのテーブルに視線を置くやいなや、客を値踏みにかかる。四十六番テーブルは日本人男性グループ。アジア人客はふつうお湯とレモンで食事を始める、だから少なくとも酸の多いワインを勧める。さもないと味が平板になってしまう。二十七番テーブルは全員がスーツ姿の男性だから、ビジネスディナーだと思われる。となるとボトル一本、最高で二〇〇ドル止まりか、「市場が好況なので数千ドルを遣っても構わないと思っている」かだ。バンケットシートのカップルと、センターテーブルの若いカップルはデートだろう。とすると失敗しない平凡なワインをオーダーするだろう。二十二番テーブルのタートルネック姿の昔からの資産家は高級ワインを望むと思われる。九番テーブルの客は自己顕示欲が強そうだ。彼らは「新興成金だから」とヴィクトリア。「私に印象付けるためにね」

奥のソムリエのステーションでワインオープナーが飛び交うとき、三ツ星のフレンチレストラン〈ル・ベルナルダン〉のソムリエの話を私は披露した。そのソムリエは男性客の高価な腕時計を観察しているうちにジャガー・ルクルトを見分けられるようになり、時計に見合う高級ワインを勧めるという。彼の同僚の女性ソムリエは、ワインの推薦で天文学的数字をあげられるかどうかを計算するために指輪、ジュエリー、バッグ、靴の勉強をしたという話も披露する。

まだまだ初心者ね、とリズとヴィクトリアは口をはさんだ。宝飾品のカラットにだまされちゃだめよ。

「うちにはニューリッチの客がたくさん来る。スウェットパンツ姿で来店した一家が一本三〇〇〇ドルのワインをオーダーしたりするの」とリズ。「だから必ずしも客をステレオタイプで判断すべきじゃないと思う。だってバーにいるあの女性。シャネルを着て、巨石大の指輪をしていて、こうなんだから――」

ウェイターのジョージがヒップを突き出して、鼻にかかった高い裏声でこう言った。「パイナップルジューーースはある？」

「そう！　そういう感じ、『プロセッコはどこ？』。するとあなたはこう言いたくなる、『よしてよ。あんたはもっとましなものを買えるでしょ』」

逆に客のほうがヴィクトリアをステレオタイプで見ることも本人は自覚していた。年配の客にたいして、彼女は最高に慎みをもって礼儀正しく接する。「客は私を見た瞬間、こう思うの、『この若い女は一体何？　なぜ彼女は私たちにワインを売ろうとしているわけ？　私たちから大金をふんだくるつもり？　自分が何をしようとしているのかわかってないのね』」ヴィクトリアは言った。「だからまず客を尊敬していることを示したいと思ってる。つねに」ワインリストを手にした年配の客に彼女は「助け」を提供しようとしない。何か「お持ち」しましょうかと訊ねる。「けっして客に何かを教えようとしていると思わせてはいけない。こういう七十代の人は新しい教訓など必要としていないしね」

ヴィクトリアのように若く魅力的なソムリエールにとり、妻たちは地雷だ。ソムリエールになったとき、支配人から妻連中に注意するように彼女は警告された。もちろん、妻という存在は問題だ。〈マレア〉の姉妹店でアッパー・イースト・サイドにあるイタリアンレストラン〈モリーニ〉で彼女が働いていたとき、ある女性がヴィクトリアにたいして夫を誘惑しているとあらぬ疑いをかけ、ネットにあげて店の評価をおとしめた。いま、ヴィクトリアはいつもその妻に微笑むようにしているという。何を飲みたいかとわざわざ彼女に訊ねる。ワインを味見したいかどうかも訊く。「シャツがずりさがっていないように、シャツを引き上げてからね」

リズも全面的に同意した。「とくにもしカップルだったら、つねにまず妻にアプローチして微笑みかけるの。『こんばんは、いらっしゃいませ』そうすると彼女は『大金をふんだくるため私の夫を誘惑しようとしているこのあばずれはだれ？』にはならない」

いっぽう、男性客はヴィクトリアを歓迎一色で受け入れる。彼女もそれをとことん利用する。「男性客のテーブルに行く、つまり向こうはあなたを性的対象と考えていることを見越したうえでね」彼女は明かした。「もし若い男性のテーブルに行ったら、連中は聞き耳をたてる。あなたはなんでも好きなことを言っていい。彼らはあなたの言葉に興味津々なの。たぶんあなたと寝たがっているか、あなたと調子を合わせたいかね」

最終的にもっとも重要なのは、客が望んでいることを会話からつかむこと、そしてそれに沿ったワインを届けること。例の年配のカップルは自分たちジェットセット族のライフスタイルを称賛してくれる聞き手を求めていた。男たちはしばしば単純な崇拝を求めている。

「たとえば辛辣に聞こえるけど、男たちは認められたがっているから」彼女は言った。「エゴを少々撫でてやるの。このボトルを選ばれるなんてさすがですね。すばらしい味覚をお持ちです。おめでとうございます、あなたは特大のイチモツをお持ちなのですね。このワインは偉大なボトルですよ」

ダイニングルームの熱気

それ以降、私はヴィクトリアの言葉の選択に注意を払った。フロアの喧噪《けんそう》と、彼女のテーブルからじゅうぶん距離をとりつつ漏れ聞くのはむずかしかったけれども。午後七時を過ぎていて、客足はゆうに二回転目に入っていた。ダイニングルームは満席だったがヒット――その夜の一番多忙な部分――はまだだ。私たちがセラーから取ってくるボトルの価格は上昇しつつあった――二〇一二年のミアーニ・リボッラ・ジャッラ（二五〇ドル）、二〇〇四年のドーヴィチ・プルミエ・クリュ・シャブリ（二七五ドル）、二〇一一年のアンジェリック・プルミエ・クリュ・ヴォルネイ（四〇〇ドル）、二〇一一年のクイルシーダクリーク・カベルネ・ソーヴィニヨン（五二五ドル）。ヴィクトリアと私は開栓したワインをすべて味見し、上質なワインの醍醐味を大いに楽しんだ。「そこいらのただ富裕な人間ではなく、あなたは億万長者に仕えているの。それは素敵なことよ、だって彼らは何でもオーダーするから」彼女はにっこりした。フランチェスコが彼の客のボルドー、二〇〇四年のシャトー・レオヴィル・ラス・カーズ（四九五ドル）を少量こっそりと飲ませてくれた。香りを解放するために当然デキャンタージュするべきだが、注文した客たちがデキャンタージュを望まないことに彼は不平をもらした。だがデキャンタージュすれば必ず香りが引き立つという説に同意しない向きもある。デキャンタージュはワインのデリケートなアロマを損ねる可能性があるとエミール・ペイノーは唱えた。それとは別に、食物科学にとりつかれた『現代の料理』の著者ネイサン・ミーアヴォルドは年代もののボルドーをミキサーに入れて細かい泡を立てる「ハイパー・デキャンタージュ」を「粗野なテクニック」だがと、勧めている。夜が更けるにつれて、入店してくる客は、なんというか、ソフトになっていった。彼らがまとっているものはすべてカシミアやシルクや動物の仔の革で作られているように見える。ある女性のケープにはラインストーンが煌めいている。

　ヴィクトリアが三〇〇ドルのボトルを注ぎ切る様子を私は注視していた。そのワインはコルク臭がした。かすかな有機化合物トリクロロアニソール臭、濡れたボール紙の臭い。別の客はボルドー産の甘いワイン、シャトー・ディケムのグラス二杯に一九〇ドルを遣った。階下のプライベートな会食では人数分のパピー・ヴァンウィンクル・ウィスキーの注文があった。大学のほぼ一学期の授業料に相当する価格だ。モーガンのアパートのバスルームが頭に浮かぶ。壁には白かびが生え、トイレのハンドルは壊れていてタンクに手を伸ばして水を流さなければならない。ヴィクトリアはアッパー・アッパー・アッパー・ウエスト・サイドに住んでいる、〈マレア〉の顧客のほとんどがおそらく運転手付きの車で、プライベートジェットのハブ空港であるウェストチェスター・カウンティ空港に送迎される際にちらと目にするマンハッタンの一部だ。

「二、三時間でひと月分の家賃を遣う客と接していると金銭感覚がおかしくなるわね」セラーへの徒歩旅行から戻ったあと私は言った。

　リズが目をむいた。「これがニューヨークよ」

　真実を言うと、彼女やほかのウェイターたちは客がお金を遣わないと苛々し、遣うとご機嫌になる。ボトルの栓を抜くためにソムリエがステーションにもどるたび、彼らはどの客が「ワクワクするワイン」を注文したかを報告し合う。「値の張るワイン」という意味だとリズが解説した。

しかしヴィクトリアにとり「ワクワクする」はかならずしも高額を意味しない。彼女がめったに味わえない変わったワインという意味もある。

「想像してみようか――十四番テーブルは飲んでいない。彼女、妊娠しているのね」ヴィクトリアはリズに知らせた。二人してひとしきり見交わしていた。

すべてが欲得ずくというわけではない。ソムリエは売り子であり、略奪者ではない。彼らは自分の任務を果たし、そして店にお金をもたらすことを望んでいる。だからこそ〈マレア〉は営業を続けてこられ、給料を支払ってこられたのだ。レストランがパスタ一皿に請求する代金には上限がある。上昇する税率に似てワインは顧客のなかでの価格差別という業界の一商法だ。同時に、ヴィクトリアたちソムリエは客を喜ばせ、彼らの信頼を得たいとも思っている。長い目で見ると信頼は究極的に利益になる。二〇〇ドル内外のボトルを頼むとヴィクトリアは、あなたを搾取しようとしているのではないことをただ示すために気持ちよく一本のワインへと導くだろう。願わくは信頼も得られる。そうするとその夜、あるいはいつの日か二本目のボトルに繋《つな》がるだろう。もちろん、ソムリエはワインPXに気に入られようと努める。しかし数千ドルを遣い何年も変わらずひいきにしてきた常連客の立場からすれば、ギブアンドテイク、当然何がしかの見返り、少々のさらなるサービスを期待するだろうし。

これがソムリエという職業であり、そして彼らには一夜のチップのプールよりも大きい関心事なのだ。〈マレア〉以外の店で働いているソムリエのなかには給料で雇われている者もいる。彼らが売るワインの価格は基本給とは分離されている。だがたとえそうでないとしても、ワインは常にお金より神聖なものだ。ソムリエはなによりも自分の客にワインをじっくり味わってほしいと望む。ワインとはそういう酒なのだ。突然のひらめきを与え、感動を分かち合うべきものなのだ。〈マレア〉においてすら、ワインＰＸになる方法は一つではない。まず率直に好奇心を示すところから始めるといいだろう。

夜が更けるにつれて、私は時間の感覚がなくなっていった。いまや時計ではなくボトルが開けられる回数で時の経過を測るようになった。私はダイニングルームの熱気の渦と目を見張る光景、そしてアドレナリンの放出に飲み込まれかけていた。ボトルを取りに行き、コルクを抜き、澱を濾過しなければならない。テーブルにワインコースターを置いてまわり、セラーからワインを取ってくる。ダイニングルーム奥の小さなスタッフコーナーは多忙による興奮したエネルギーで脈打っている。スタッフはあくまでも冷静さと落ち着きを保ち、笑みとお世辞を絶やさないようにしなければならない。私どもはつねにあなたがたのために控えております、お客様。現実はというと、しびれを切らしたＰＸの炎ですべての幻想が轟音とともに床に崩れ落ちているのをよそに、まだ注文を決めかねているテーブルが二つある。

正面扉付近では次々と客が来て待っている。給仕頭はだれにでもイエスと応じている。スタッフは目をぎらつかせている。追われている動物の恐怖のまなざしなのか、獲物を探してうろつくハンターの目なのか、私にはわからない。元気のある人の近くにいると自分まで高揚するという接触陶酔を感じた。電気のようなエネルギー。突然、四つのテーブルでワインのオーダーがあった、五十七番テーブルではワインが残り少なくなり、二十五番テーブルは何を注文するか決められないでいる、三十一番テーブル用のワインは地下に取りにいかなければならない、十二番テーブル用のワインはデキャンタージュしなければならないし、一本きりのボトルだ。日本人ビジネスマンのテーブルからフェイスリフトの女性客たちのテーブル、それからスペイン人の四人組へと、苦も無く滑るように動くヴィクトリアに私はついていこうとしていた。そしてしょっちゅうだれかの邪魔をしていた。この世の一番多忙な「ヒット」タイムはぶつかる時間《ヒット》でもあった。私は周囲のダンスに巻き込まれて、壁に押しやられ、椅子をかわし、トレイに積まれたグラスをよけつつうろうろしていた。ちょっとでも足をとめるとたちまち「後ろ注意」とだれかの鋭い声が飛ぶ。そこで場所を移動すると、両太ももに手がかかって押しのけられるを感じた。シルバーウェアの前に立って邪魔をしていたのだ。水のボトルを取るウェイターには肘で押しやられた。料理のトレイが突進してくる。「後ろ！」テーブルに運ばれる数本のボトル、テーブルから下げられる皿。六個のブルゴーニュグラスの盆を避けようと後ずさった。しかし足が床につく前に、厨房から来るフュージリ（短いらせん状のパスタ）を避けようとしてふたたびつんのめった。それからつねにあのスイングドアの脅威がある。ソムリエのステーションに避難した。そこではスタッフが棚からグラスをひっつかみ、新たなグラスを棚に納めている。自分の身体のサイズをこれほど意識したのは初めてだった。だれにとっても隙間などない。膨れたジャケットに大振りのバッグと巨大なショッピングバッグを数個持った大柄の女性がバーに横歩きでにじり寄るのをマイケルがちらと見やった。「お、おー、問題だな」そう言うと、女性のほうに大股で向かう。「あそこでは無理だ」マイケルは女性を人の少ない隅へと導いた。途中、巨大なバッグを女性から奪ってクロークにすばやく置いて。

シルバーの手すりとステーションの間に三十数センチの隙間を見つけて私はそこにもぐりこんだ。給仕やソムリエが次々と来ては注文票を置き、グラスを置いて出ていく。私は手すりの横に避難し、担当しているテーブルのことをスタッフがあれこれ話すのを聞いていた。

「これは四十六番用だが、赤だからいまデキャンタージュしてほしいそうだ」

「五十八番にボルドー二本とワインコースター一枚、頼む」

「五十七番にそのワインをもらえるか？」

「パスタに火を入れて」

「五番テーブルには二度と行かない。彼女はホント、クレイジーだ」

「三十番にボルドー。三番はヘビースモーカーだ」

「テキーラＰＸ。ライムジュースもお持ちしましょうかって彼女に訊いたら、こう返ってきたわ、〝私、バーテンダーみたいに見える？　私ではなく、あなたが私のためにやるの〟だって。結構」

「クラウディ・ベイの注文を受けた。シート・ワンそれともシート・ツゥだっけ？」

「ワオ、チップは絶望的だな」

「あそこの男性はセックスの匂いをプンプンさせてる」

「万一、私が変になったら、彼らのせいだから」

「彼女のジャケットにタグが付いたままよ。あそこ。見て！」

「成金」

「彼女、どうなってるのかしら、『こんなこともできないの、自分の仕事のくせに』だって。もう無理。連中ったらけっして変わらないんだから」

「あああ、とてもいいことだね、二十八番テーブルにいる十七歳の誕生日の子のために厨房見学ツアーをするそうだ。ラインコックたちにその子をひっぱたいてもらって、根性を入れ直してやるのがいいね」

給仕頭のジョージは友人（F／O）と握手すると、私の隠れ場所へと足早に向かってきた。そしてバーに座っている魅力的な若いカップルに注意を向けさせた。カップルの価値というものを教えたいらしい。女性はレザーのジャケットを着て、モデル然とした表情をまとっている。男性のほうは白いシャツとなめし革のジャケット姿だ。二人は予約をしていなかったが、ジョージは結局、ダイニングルームを一望するコーナーの二番か八番テーブルという最高のテーブルの一つをあてがった。

「ほかの客が周囲を見回したとき『ワア！　コーナー席にいるカップル、すごーくゴージャスね』と言わせたいだろ」彼は私にささやいた。「ダイニングルームを華やかにしないとな」

サービスの心理学

ヴィクトリアはリズに抜け駆けしてシェフ・ハムのテーブルを手にした。〈マレア〉のスタッフにとっては俳優や政治家より〈イレヴン・マディソン・パーク〉のシェフ・ハムのほうが真のセレブリティなのだ。ジョージにテーブルへと案内される彼を見て、あちこちで興奮ぎみのささやきがかわされた。リズは、先輩ソムリエとしてフランチェスコがその晩のスターをアテンドする名誉を担うだろうと思い込んでいた。だがフランチェスコは常連のテーブルを見るのに忙しくしていて、そこをヴィクトリアがさっと獲物をかすめ取ったというわけだ。シェフ・ハムはたいしてやりとりもせずにワインリストを指さして、まず駆けつけの赤ワインを注文した。

ヴィクトリアはまたブラジル人富豪で八番テーブルの大物ワインPPXも手に入れた。富豪のデート相手にヴィクトリアは微笑みかけ、そのあとで富豪に微笑んだ。女性が携帯電話を取り出したので、ヴィクトリアは男のほうににじり寄り、バローロについてあれこれ話し始めた。女性客の無関心を彼女は喜んでいるのだろうか、と私はふと思った。女性というものは「ワインの妨害者」として、夫族が関心を持つワインからいつも会話を奪うことで悪名高いそうだから（「女性にワインリストを渡さないほうがいい」とあるソムリエが情報をくれた。「男性に彼のイチモツをテーブルに置かせたいと思わせること」）。ヴィクトリアがすでに担当していることを知らず、リズはなじみのブラジル人富豪にいつものPPXボトルの注文を受けようと期待して八番テーブルに行った。すると彼は白のブルゴーニュの、ただのシングルグラスをオーダーした。シングルグラス！　しかもグラン・クリュものですらなく、どうということのない村名のヴィレッジレベルのワインをだ。銘柄は想像にお任せする。ヴィクトリアと私が彼のワインをもって近づいたとき、リズは過呼吸症候群を起こしそうになった。その後ヴィクトリアは彼のオーダーしたボトルを見せた。一九九七年のブルーノ・ジャコーザ・バローロ、七四五ドル。すばらしいボトルだ。世界のどこに出しても絶賛されること間違いない。彼は白のグラスワインからスタートし、そこから上昇していくつもりでいた。

心理学を学んだバックグラウンドをヴィクトリアは有効に使っているようだった。ワインを扱う手際の良さは見ものだ。栓を抜く、デキャンタージュする、冷やす。そして終始、客の心理を読んでいた。ワインについての会話を終えた客が次に望むのは自分がなりたいと思っている人間、すなわちパワフルで、男らしく、強い、そしてそれに応じて一言ある人間になることだと心得ていた。

ヴィクトリアは、ボタンダウンシャツとローファー姿の四人の男たちのテーブルに、たぶん銀行員だろうと想像して助けに行った。

「濃厚で芳醇なワイン、きみが与えられる最高のワインが欲しい」一人が指定した。彼女は三種のワインを挙げた。結局、アマローネで落ち着いた。イタリアの赤で、甘い咳止めシロップを感じさせる風味をもっている。〈マレア〉の舌平目やウニではなく、イノシシやステーキに合わせたい赤だが、彼らはオーダーした。そのボトルをヴィクトリアが出したあと、男たちは必要以上に彼女をテーブルに引き留めていた。あなたに言い寄ろうとしていたの？「さあね」彼女は答えた。「彼らは結婚指輪をはめていた、でも正直言ってそんなものだれにも何の歯止めにもならない」

毎夜フロアで男性たちの世話をしているときヴィクトリアは余分な重荷を負っているのだ、と私は突然気づいた。モーガンはソムリエとしての任務を果たすだけでいいが、ヴィクトリアは任務に加えて相手を魅惑しなければならないのだ。銀行員とデートしたいからではない。そうではなく彼らの誘いに応じる可能性は閉じられていないという印象を与えつつ、彼らのゲームに調子を合わせ、すくなくとも勘定書きが来るまではご機嫌を損ねないようにしなければならないのだ。別のソムリエはもっと気どった言い方をした。「あの男たちが私を誘惑できるように感じさせたい。でも私をピックアップするには向こうもそれなりの覚悟をしなければね」

四人のボタンダウン連中はアマローネのボトルをたちまち空にし、ヴィクトリアはまたテーブルに行った。祝宴は六人に増えていた。そのなかの一人が、自分たちの料理には彼女なら何を飲むかと訊いた。アマローネではない、と彼女は認めた。まったく異なるワインを示した。二〇〇一年のドメーヌ・ジャメのシラー、これも濃厚でとても強く芳醇な香りをもっていると請け合った。リストのなかで彼女のお気に入りだ。一本目でヴィクトリアは信頼を勝ち得たので、彼らはそのシラーを試してみると言った。二九五ドル、先のボトルよりも一〇〇ドル安い。

彼女の誠実さに驚かされた。誠実さは客がソムリエにしばしば切望するものと考えれば、そしてソムリエが供給するものと考えるなら、彼女の態度は相手を安心させる。私が会ったソムリエはみんな、客の本当にひどいワインの選択にも、機嫌取りのため自分を偽って虚しさ混じりの言葉で同意していた。ヴィクトリアはその場でさまざまな情報を伝えることでしのいだ。アマローネはヴェネト州で造られていて、コルヴィナ種、コルヴィオーネ種、それからロンディネッラ種をブレンドしたワインだということなどを伝えた。〈ジャン＝ジョルジュ〉のアンドレアは「狙いどおりの出来上がりです」とお茶を濁し、〈デル・フリスコ〉のソムリエール、ジェーンは「これはすごく、ものすごく上品で高級なボトルです」と小声で言い、モーガンの場合はやや遠回しに「すごく心地よい」あるいは「とても飲みやすい」あるいは「軽快なピクニックワインです」と受ける。

ヴィクトリアやほかのスタッフが見える奥まった私の位置からは、客席からステーションへともどるときの彼らが丁重さをかなぐり捨てるのを見ることができた。礼儀正しさは取り繕ったものので、ずるがしこいとすら言えた。「ぼくはソムリエを『少々嘘つき』と呼んでいる」リズやフランチェスコ、そしてヴィクトリアに聞こえないときにマイケルが本音をもらした。

ただ、正確な意味で彼らは嘘をついているわけではない。俳優がシェイクスピアを暗唱するとき感情をまとうのと同じだ。あるいはバレリーナが『白鳥の湖』で苦痛をともなうパドドゥをつま先で踊る際に何事もないかのように演じるのと同じだ。すべてが優雅で洗練され、現実から離れた癒しの世界に食事客を留めおくため、ソムリエは愛想と微笑を装っている。そこではあなたが、客が、いつも正しいとされる。客は賢明で上品で博識で傑出しているとされる。問題ある結婚や、プライドを傷つける上司を手っ取り早く埋め合わせる役目をヴィクトリアたちスタッフは果たしているのだ。彼らは、ぱっとしない現実からの一つの逃避だ。安堵させるうなずきや微笑みで、落ちこぼれの子供や失敗した取引きの悩みをやわらげてくれる。人々は料理とワインのためだけに〈マレア〉に来るわけではないのだ。バターポーチしたノヴァスコシアのロブスターが満足させてくれるのと同様に、モーガンお気に入りの食堂の卵サンドイッチは飢えを満たしてくれる。だが、卵サンドイッチは〈マレア〉とまったく同じようには心まで満足させないだろう、あるいはエゴまでは。「魔法のような経験を人はしたいと思うでしょ」息を整えるやヴィクトリアは言った。快楽を創るのが自分の義務とみなしている。ある意味、これは不必要な贅沢である。

もう一つの意味で、それは見知らぬ人間が別の人間に実行できる最上の行為である。だから失敗したとき、ヴィクトリアはひどく落ち込む。「人々を幸せにしたいから私はもてなすことに心を砕いている。私はもてなすのが好き、だからワインと料理で人々をハッピーにできる。一番むずかしいのは、ときどきそれができないでいること。ただあなたと相性が合わないというだけで客に気に入られず、助言はいらないと言われる」彼女は続けた。「それは人間関係のようなもので、あなたは彼らを愛していて、いつまでもいっしょにいたいと思う、だけど向こうはそう思っていない。これはまずい。失恋するのは、そうね、しょっちゅう。それがこの仕事の最悪なところかな」

〈マレア〉の客はなかなか去ろうとしない。六人の銀行員たちは、ヴィクトリアが勧めたシラーをまた注文した。さらに一本。真夜中が近づいてくる。ほかの客は徐々に去ったがシェフ・ハムと銀行員たちはまだ腰を上げない。

三人のウェイターが賭けに勝って、つまり負けて残っていた。最後のテーブルを受け持つことになるからだ。最後までぐずぐず居残っている数人を見守っているあいだ、彼らはダイニングルームでのぞっとする話で楽しませてくれた。ディスクジョッキーのライアン・シークレストを撮影しようとする男を押しとどめようとしてケイティが顔にパンチを食らった話。同じころ、一人の女性が尿の臭いをプンプンさせて来店し、給仕頭のジョージは彼女のテーブルの周囲にシャネルのコロンをひそかに噴きかけたという話。ある夜、八十代の客の食べる速度がとても遅くて、ジョージは事態打開のため老人にスプーンで食べさせて急がせなければならなかったという話。ほっそりした黒人女性スタッフのダーネルは、白い海のようなダイニングルームで、客もほとんどが高齢という職場でいじめられた。頼むから目立たず控えめにしていて、とあるテーブルで言われた。そのときは黒人の大統領だったからだろう。奴隷役を演じてオスカーを獲得した女優に似ているとわざわざ告げた客。彼女がハイチ育ちと聞いて「お気の毒に」と言った客の話。

銀行員たちはやっと腰を上げ、ダーネルは彼らが飲み残したワインと、サインされた勘定書きを取りにいった。その勘定書きを見た女性陣はいっせいに笑い転げた。だれかが〈電話をくれ〉と勘定書きに走り書きしていた。ところが酔いすぎたせいか電話番号は書かれていない。

銀行員らはドメーヌ・ジャメのボトル三分の一を残していた。ほかの夜なら、ほかのレストランなら飲み残しは取り置きして、グラス売りかテイスティングメニューにペアリングワインを注文した客に再利用されるかもしれない。一ドルたりと無駄にしない。だが取り置きするには勿体ない、これは。

「まあ！　あなたたち、ぜったい味見す、べ、き、よ」ヴィクトリアはグラスを数個つかんで、仲間に注いだ。「なにしろ最高のボトルとも言える逸品だから。世界の赤ワインで私の一番のお気に入りなの。これはぜったい味見しなきゃ」

最近ワインに目覚めつつあるダーネルは、ほかのウェイターたちが味見しているあいだ、すぐにはグラスを手にしなかった。つねにすばらしいワインと料理に囲まれているので感動しなくなっていた。あえて言うならば、だ。自然の成り行きといえば言える。舞台裏の策謀を目撃しても、優雅さと魔法の幻影を支えているウェイターやソムリエは自分たちの毎夜の経験が花開くのを切望している。ショーはとても納得がいき非常に楽しいので、俳優までが観客席に座るのを心待ちにしている。革のバンケットシートに身を預けて、自分たちがサービスする客と同じ位置で勤務後過ごす。あるいは樽で熟成させたクールエイドを飲む者もいるし、モーガンの場合、彼のテイスティングリストから一人ですすって過ごす。

「レストラン業界で働きはじめる前、日曜日に家族と行っていたチェーンの〈オリーブガーデン〉なんかクソだと思っていた」シラーのグラスを回しながらダーネルが言った。「で、いまはこういう感じ、『ねえ、〈アイ・フィオーリ〉に行かない？』」人気シェフ、マイケル・ホワイトのもう一つの星付きレストランだ。「あそこに行くとただもうハッピーな気分になるの、わかる？　どこかの店に行き、バーに腰かけ、美味しい料理を食べ、そして飲む、するとあなたはこんな感じ、『ヘイ、私、生きていて、自分であることがラッキーだわ』って」

「あなたが〈ソムリエ〉っていう言葉を口にしたとたん、人々は怯《おび》えてしまう。私のような貧乏人がレストランに行ってソムリエに会ってこう言う。『ねえ、私、八〇ドルしか払えないの。うんちょうだい。これでいいでしょ』」彼女は言った。「人々がじゅうぶん持ち合わせがないときにレストランに行くとこのようにとまどわされる、みんなが金持ちじゃないからね。でも大丈夫、尻込みしないでこう言えばいい、『これが私の支払える額よ』って」

ここでダーネルはやっとグラスを鼻先にもっていき、香りを吸い込んだ。香りについて考え、それから、ついに唇にもっていく。「最初の一口はこんな感じ、『オーーーー』」声が一オクターブ低くなる。喉をゴロゴロ鳴らした。「すごーーくいい」

目を閉じ、もう一口すする。腰を振る。「二口目、がぜん踊りたくなったわ！」無音の音楽のリズムに合わせて滑るようにすり足で進む、そしてビートに合わせて肩を揺らす。目を閉じたまま、ふたたび香りを嗅ぐ。「誓っていい」ささやいた。「これを少しでも味わったら、小さな味蕾が成長しはじめる。もう何があっても引き返せない」

6章 バッカス祭り

The Orgy

私はワインPXではないが、彼らのように飲むようになっていた。かつてなくたくさん、そして上質のワインを飲んでいた。自分のテイスティンググループに加え、モーガンやヴィクトリアが紹介してくれるさまざまなイベント――卸業者の試飲会、ワインセミナー、パーティー、ランチなどで飲んでいた。なんとまあすばらしいワインをただか、ただ同然で飲めることかとショックを受けた。そして可能なときはいつでもブラインド・テイスティングに挑戦していた。

月日が経つにつれて腕を上げていた。ブラインド・テイスティングで自分の番になると、以前はまるで最近脳こうそくを患った者のように言葉がうまく出ず、グラスの中身を何一つ嗅げないことにパニックになって甲高い声を出していたが、しだいにそういうことはなくなった。ワインのメッセージの読み取り方を理解しつつあった。ピーチヨーグルト風味なら「ジンファンデル」――キャラメルの香り、バタースコッチ、それから焼いたスパイスの香りは、そのワインがフランスの新しいオーク樽で熟成したことを示唆しているとわかった。自分の脳をどうにか理解する瞬間が生じるようになった。たとえばヨーグルト、バターポップコーンフレーヴァーのシャルドネに出会うと、「あ、マロラクティック発酵だ」と思った。これはワインの醸造技術のことで、発酵したブドウのリンゴ酸（リンゴのなかにも見られる）が乳酸（ミルクの中に存在する）とダイアセチル（人造バターのフレーヴァーに使われる）に変化する意味というのはおろか、スペルさえ書けない時期もあったというのだ。日に二回、エッセンシャルオイルを嗅いで名前を当てる訓練のお蔭で、ラズベリーかタバコの香りがグラスのなかで、パーティーでの親しい顔のようにちらりと垣間見えるようにもなった。それでもブラインド・テイスティングの成績が悪い日は、どこか肉体的に欠陥があるのではないかと不安になった。でも成績がよい日には六本のワインのうちビンテージ、ブドウの種類、地域などについて一つか二つを当てられるようになり、そういう日が増えつつあった。四つかそこらの方向性は正しくとらえるようになった。たいていブドウ品種は正しいが地域が間違っていて、完全に間違っているのは二つだけだった。数カ月間会っていなかったテイスティンググループに最近ふたたび加わったが、ソムリエたちに驚かれた。「だれとテイスティングしていたんだ？」一人が訊いた。「誰か知らないが、ぼくらにもその人物を紹介してくれ」

一杯のワインはもはやたんに良し悪しの問題でも、グラスが空か満たされているかの問題でもなくなった。高酸性か低酸性、たぶんピノ・ノワールかカベルネ・フランか、典型的なワインか珍しい異端児かまで進んだ。各ボトルが、地域やブドウの品種から予想されるものをおさらいする機会を与えてくれた。私はのどの渇きから飲むのではなく、人生で初めてだが、出会ったボトルに抱く純粋な好奇心から飲んだ。このワインはモーガンのワインへの入れ込みにじゅうぶん応えるものか？　この生産者は私が聞かされたとおり上質の味を提供しているか？　それは一つのクイズだった。ソムリエたちが熱く語り合っていたいくつかのワインメーカーを探して書棚から書棚を見てまわった。より広い世界を歌ったビヨンセのニューシングルのように、影響を与えてくれるサークル内での文化的水準を自分でもなんとか経験したかった。何をつかみたいか、なぜそれが好きかを知ることの先に行こうとしていると感じた。

切望していたフレーヴァーを求めるための言葉と知識をなんとか得て、それらのボトルと特定の経験をすることができるようになった。特定の数種がアルコールのせいのみならず私の気分と精神状態を変えてくれることもわかった。あるうっとうしいじめじめしたマンハッタンの朝、私は白ワインのグラスに鼻を突っ込んだ。すると一瞬、私は夫マットとドライブした七月中旬の日にひきもどされた。あの時、私たちはウインドーを開けて、スティーヴィー・ワンダーの曲をボリュームいっぱいにかけて海岸へ走っていた。咲き誇る黄色い野の花が暖かい風に揺れている緑の牧草地を通りすぎる。このように記憶の管理人でありキーパーでもある匂いは私をタイムトラベラーにしてくれ、今まで以上に自分の目的や行動をコントロールできるようになった——一つの匂いかワインを選ぶと、ある時、あるフィーリング、ある場所にさっと運んでくれるのだ（アンディー・ウォーホルがしばしば同じことをしていたと知った。「一つのパフュームを三カ月間着けていたら」と彼は書いている。「たとえもっと着けていたいと感じても無理矢理あきらめる……するとそれを嗅ぐたびに、香りがいつもその三カ月を思い出させてくれる」）。アロマは意識の脳を迂回し、一瞬にして一撃を加える。ローズマリーの香りは私が小さいころに祖母と散歩していた日々に連れもどし、ヴィオニエは中学時代の海岸での休暇にもどしてくれた。快楽主義は日常生活と離れて存在しなければならない、というものではない。四ツ星レストランで重宝される何か、あるいはアマルフィ海岸への長い旅のあとで目を充血させてつかむ何かではない。匂いとフレーヴァーは瞬時に快楽のための快楽へと逃避させてくれる、そして逃避は私がそれらに心を開いていればどこでも現れる。

食べ物との関係も徐々に進化しつつあった。以前、料理は義務としての家事だったが、いまは一つの実験になった。レシピ集を捨て、ワインに合う料理という視点——正反対同士引きあうというロジックから食材を集めて、手早く準備する。甘口のワインはスパイシーな料理とよくマッチし、高酸性のワインは高脂肪の食べ物と、苦くタンニンの強いワインはしょっぱい料理と合う。チキンのハニープラムソースはチリ産ワインと、クリーミーなスープはレモンピールと、そして友人がよく口にするアイスコーヒーは塩と合うと思った（苦味を和らげると期待したものの失敗だった）。告白するとわがままにもなった。レストランでワインがじゅうぶん冷えていないと言っては突き返し、空気以外の何か匂いの付いたグラスも拒絶した。「そんなにワインを回すとバカみたいに見えるぞ」と友人のクリスからはあるディナーの席でたしなめられた。

それでもまだモーガンのような真のコルクドークの域にははるか及ばなかった。〈マレア〉で「エキサイティングな」ボトルとお金の交換を目撃したあと、真剣なワイン愛好者はワインに何を求めているのかということを探り出す以上の好奇心がわいてヴィクトリアの見習い《トレイリング》を終えた。

ワインという飲み物が最高にすばらしい理由は、諸感覚をどれほど刺激するかにある。どれほど飲み手のエゴをくすぐるか？　どれくらい酔わせるか？

一般人についてはわからないが、モーガンや他のソムリエの場合、すばらしいワインによって肉体的快楽を超えて、知的・精神的両方のレベルまで動かされるのを目にした。

啓示をもたらすワイン

これを体験したのは、ある晩、ソムリエ組合主催のパーティーの直前、モーガンからダナのアパートで軽く飲む《プレゲーム》から来ないかと誘われたときだった。いま思うとステレオタイプの考え方だったが、二人の独身男が「プレゲーム」をする、となると食べるものときたら、ひからびたチップスや古いサルサソースなどお粗末なものだろうと考えた。そこでモーガンからチーズを持ってくるように頼まれたとき、あまりにお粗末なものは勘弁とばかりクラッカーとチーズ合わせて四五ドルの、そこそこのものを買った。ディナーとしてはじゅうぶんだろうと踏んだ。

三コースに分かれた食事は、飛行機の化粧室サイズの台所でダナと真空調理機がすべて準備していた。ヤマブシタケとブラックマッシュルーム添えのスズキ、キクイモとポブラノ唐辛子のスープに入ったマメザヤタケ。クレソンとスプリングガーリック、ポテト、だし、すりおろしたメイヤーレモン敷きのマグロのハラミスライス三人分――手動プレスのアップルジュースとラム、ドイツのリースリングやサイダー、そして蜂蜜、八角、クローブ、実胡椒、ビネガーなどでつくった万能調味料ガストリックソースをかけたポークチョップ。それらすべての料理が出される前から、私のチーズはたちどころにダナ手作りの塩漬けしてワイン冷蔵庫で乾燥させたカモのハムによって影が薄くなった。ポークの喉の肉のプロシュートと、乳酸菌で発酵させたピクルスは明らかにビネガーに漬けたものでない。それは二人に譲って私はご遠慮申し上げた。「発酵させたピクルス以外、ぼくは認めない」いつもの許可証なしの銃携帯を禁じる会話で聞くような確信に満ちた口調でダナは言った。彼は自家製のトニックウォーターでもてなし、彼とモーガンは進んで私のチーズのブラインド・テイスティングをやった。二人とも正確にフランスのブリアサヴァランとピエモンテの羊の乳のチーズだと当てた。ハンガリーの有名なマンガリッツァ豚の脚をプロシュートそれともハモーンに分類すべきかと議論するような二人のために何を買っていくかについて悩んだことと、チーズを常温になるようにしたことでモーガンに褒められ、私は得意げに顔を輝かせた。「それこそ洗練された扱いだ！」彼は褒めた。「人生の生き方がわかっている！」

チーズでこれだから、彼らがワインにつぎ込む精密な調査や吟味は推して知るべしというものだ。ダナがブランデーのフィーヌ・ド・ブルゴーニュとドイツのアイスワインの四十二年ものを持ち出したとき、私たちはすでにワインを三本空け、議論に忙しかった。アイスワインは霜に覆われて熟したブドウをそのまま放置して糖度を凝縮させたワインだ。ダナはそのアイスワインを特別な機会のためにとっていて、組合のパーティーに持っていきたいと思っていた。一人っ子の私は、もっと少数の場でボトルを開けたら彼自身、たくさん飲めるのにと訊いた。

「だって彼らはこのワインの価値を理解し、ありがたがってくれるから」組合の客のことをダナは重視していた。

「彼らはこういうワインを受け取る準備ができている」すかさずモーガンも添える。「今日、そのワインを飲む人間のうち、すくなくとも五人から十二人は気に入るだろうな。『おおすばらしい、これまで飲んできたのは何だったのか。この宇宙で私のいる場所と、私という人間と、私が日々売っている製品についてあらためて考えさせられる』」

これこそワインが飲み手に及ぼす影響の頂点だ。カントやエドモンド・バークのような哲学者は味覚と嗅覚を軽視した。つまりどんな「大感覚」も創る能力がない味覚や嗅覚は、ソナタや静かな人生と同じような美的経験を作ることができない、と。モーガンにとり、この意見は正気ではないことになる。よいワインは変化、だ。ワインは周囲の世界と自分との関係を変化させ、人生観をも変化させる。

「自分が卑小に感じられるほどのすばらしいワイン経験を何度もしてきた。モディリアーニの『ヌード・リクライニング』を見たときの衝撃に似た経験だ。あの絵を見たとき、ぼくは、『自分自身の外に、ぼくよりも大いなる存在がある』と思った」モーガンは語った。「ぼくにとってのワインは広い世界観への接点なんだ――自分はちっぽけな存在だ。この地上で、もしラッキーなら八十年生きているところの水ともろもろの器官でできた袋にすぎない。だからこそそういう存在を有意義なものにするため何かの方法を見つけださなければならないんだ」

ワインを一口すすってもモーガンの中に繋がれた野生動物を目覚めさせなかった。彼にコンドリューのグラスを与えてみる、するとブドウを摘む人々や育てる人々やワイン生産者たちがワインに注いだ血、汗、涙、そして希望などを彼はフレーヴァーを通じて解析する。彼は人の貢献と、職人の技能によって現出させられた自然が造る奇跡に敏感だ。「ワインを味わうとき、作り手が期待したことを理解しようと努める」

ダナとモーガンが見たように、だれもが、発酵したブドウが提供するはずの突然の啓示を受ける準備ができているわけではない。そしてすばらしいワインを買えることが啓示を受ける資格を持つことにはならない。

その夜、私は、啓示を経験したソムリエが、啓示をもたらした稀少なワインの保護者だと自負している様を初めて垣間見た。モーガン、ダナ、その他の者たちは啓示をもたらすボトルを保護しなければならないと感じている。そのワインが持つ壮麗な味わいの層をすべてつかむ準備ができている人々にこそ飲まれるべきだと信じていた。そういったボトルを、準備のできていない、真価のわからない者に与えるのはドブに捨てるようなものだ。冒瀆《ぼうとく》以外の何物でもない。だがふさわしい者の口の中で、それらは輝かしい経験になりうる。この理由のためにソムリエはときどき、高価なワインの売り上げを犠牲にしてでも慈しんでくれるだれかに飲まれるように安い値を付けて、ふさわしい客に提供する。

モーガンは〈オリオール〉が非常に限られた数量だが特別なワインを持っていることを認めた。どの客にそれを飲ませるか、彼が選び、その逆はなかった。

「そのワインを確実に、信頼できる人に委ねたいだけなんだ、そうだろ?」彼は言った。「世界観を変えさせる経験になりうるだけに重い責任があるからだ。だれかにボトルをサービスする、すると彼らはそのワインをすごく気に入り、衝撃的経験をする」

　これがきっかけで、過去モーガンとダナに圧倒的衝撃をもたらしたボトルの話になった。シャトー・ミュザール・ブラン、九〇年ノエル・ヴェルセ・コルナス、九八年ジャン・ルイ・シャーヴ・エルミタージュ・ブラン――「啓示を与える」、「生の快楽よりも知的な」衝撃。彼らは経験を重ねてテイスティングの技能を究めていた。ダナはノートパソコンを引っ張り出して、過去五年間に自分が開いた誕生日パーティーでのリストをすべて読み上げた。彼もモーガンも、これらのワインが本来の持ち味をじゅうぶん味わえない人々に飲まれたのは悲劇的だと異口同音に言った。モーガンにとり、それは「心を引き裂かれる思い」だった。

　だれかが一本のボトルに感動した――本当に、心底感動する――かどうかを、彼らはどうやって判断するのか私は知りたかった。その夜彼らが開栓したワインを味わったとき、自分はどう反応したかを思い出してみる。だれかが本当にじゅうぶん味わっていなかったと二人はどうやって判断できるのか？

「なぜなら」とにかくシャブリに夢中になっているモーガンは言った。「すばらしい何かを飲んでいて、胸に長いモリをうちこまれて仕留められたようには見えないからだ」。

　ソムリエとしてのモーガンの仕事は、世界で彼自身の場所を再構築することではない。彼ではなく顧客に啓示をもたらすワインを見つけることが仕事だ。とはいえ、そもそも客は啓示を経験したいと望んでいるのだろうか？　ワイン狂《コルクドーク》の市民が、水分ともろもろの器官の袋のような存在に過ぎないと自分を卑小に感じたくて特定のワインを切望するものだろうか？　この世界はワインPXの視点からどう見えるのだろう、そして彼らがワインを飲む悦《よろこ》びとは何か？

飲み手のうちのエリート層について私が知っていることの大半はソムリエからの又聞きに過ぎない。派手にお金を遣う人々にソムリエが感謝しているのは確かだ。上客の贅沢な嗜好と多額の銀行預金がソムリエに、ふつうは本で読むだけのワインを味見する機会を与えてもくれる。彼らのほぼ全員が〈マレア〉のような店で働いていて、客に出すボトルをすべて味見している。そしてヴィクトリアがお気に入りのシラーをウェイターたちと分け合うように、本当に上質のワインを口にする機会はなかなかやってこないと知っているソムリエは愛を広げる機会を心待ちにしている。〈イレヴン・マディソン・パーク〉での火曜日のブラインド・テイスティングのあと、ジョンは一本のボトルでみんなを驚かせた。遅摘みの一九八九年トリンバック・クロ・サンテューヌ・オー・ショア、一七六五ドルのアルザスのリースリングで、前夜、二人の上客が飲み残したものだという。「権威あると認められた史上最高のボトリングの一本だ」舌なめずりしながらモーガンが言った。「それらはわずか五九年と八九年の二年しか造られなかった。この目でボトルを見たことさえなかった」コカインを吸うために何度か化粧室に行く以外、その二人は理想的な客だった。料理に四〇〇〇ドル、ワインに一万四〇〇〇ドル遣い、価格については一度もあれこれ言わなかった。「金持ちとはすばらしいな」とジョンは私たちに注ぎ分けるとき顔を輝かせて言った。中流クラスの出身が多いソムリエは、大金を湯水のごとく遣う人間にたいしてべつに憤慨したりしない。コルクワインは持ち込み禁止だと思ってジップロックに入れたワインをチャプチャプいわせながら〈ジャン＝ジョルジュ〉に持参するイカレた名士のような浪費家連中をからかうことはあってもだ。それでもソムリエたちは突き詰めると自分のPXパトロンに愛着を持っている。そして毎夜、彼らに仕えてかなり親密な、たとえば古代のファラオと酒杯持ちとの信頼関係に似た絆を結んでいた。（「ロバート・デ・ニーロがいくら持ってるか知らないが彼は本物の金持ちじゃない」富にうんざりした投資銀行家が自分のカントリークラブの噂をしているのとそっくりの口調で一人のソムリエが嘲笑するのを漏れ聞いたことがある）。最高によく言って、金持ちの市民はすばらしいワインへの執念をソムリエと分かち合う。最悪でも、金持ちは店のスタッフの財源になる。ソムリエが全面的に軽蔑する唯一のグループは二一ドルのサラダに哀れな声を出す石頭のしみったれた連中だ。レタスの葉っぱだけでなく、レストランの家賃や保険、光熱費、従業員の給料、リネンサービス代、化粧室のトイレットペーパーなどなどが考慮された値段だということを理解できない連中である。

ソムリエの実態はというと彼らが飲んでいる量ほどには、そして自分たちを「高機能依存症」とみなしているほどには、ワイン産業を維持する存在ではないということだ。業界はソムリエがサービスする客で維持されているのだ。個人セラーに一生かかっても飲みきれない量の数千本ものワインを集めているコレクターがいる。歴史上もっとも高価なボトルは二〇一〇年に三〇万四三七五ドルで売られた。家一軒分、大学を二つ卒業できる額、あるいはポルシェSUV五台分が、一九四七年シャトー・シュヴァル・ブランに費やされた。「まさに完璧な」との評価でもいずれは破壊され、きわめて高価な尿に変質するだろうに（「儚《はかな》いからこそ、とても美しいんだ！」モーガンの弁。「だって飲んだら四時間後には小便で出てしまうだろ！」）。高価なワインのフレーヴァーもやがて巨大な涙と化す。ABCニュースで、億万長者ビル・コッチがインタビューを受けていた。そのなかで彼は自分のセラーについて考えただけで言葉を詰まらせた。兄弟たちと二十年にわたる苛烈な法廷闘争を演じた冷徹な石油王の一面だ。「どんなに上質なワインといっても二万五〇〇〇ドルあるいは一〇万ドルの価値なんてありえますか」と訊く記者に、「ふつうの人間なら〝まさかそんなにしない〟と言うだろう」とコッチは応じた。「だが私にとっては、芸術品なんだ」咳払いをして「職人魂《クラフトマンシップ》」と言う彼の声は最後のあたりで割れ、あふれだした涙を止めようとまばたきをした。笑みをつくろうとする。「失礼」もう一度、咳払いして、咳をし、それからまるで「こんなことを言われるなんて信じられない」とでもいうかのように両手を放り投げた。記者はコッチに面食らったようで、事態の収拾に乗り出した。「あなたは職人魂《クラフトマンシップ》を大切にしておられるのですね」と水を向ける。コッチは背筋を伸ばして態勢を整えにかかった。「おお、い、い、そうだ」

ブルゴーニュワインに熱をあげる

ワイン愛好家がワインやラベルにこだわって大金を惜しげもなく使う理由が私にはじゅうぶん理解できなかったが、自分もあやかりたいとは思った。そうするためにはコッチのようなビッグボトルハンターたちと飲み、彼らを理解することが必要だ。だが大物連中と話すことはそれほどたやすくない。レストランから出入り禁止をくらうほどの強烈な願いを持っていないかぎり、指差してもらい、当人のワインの習慣について質問を浴びせたりはできない。ダナお手製のカモのプロシュートを食べながらダナとモーガンは近く行われるラ・ポレ・ド・ニューヨークというイベントについて話している。同じ名前で一世紀もの歴史を持つフランスの伝統に刺激を受けて、ニューヨークで開催されるブルゴーニュワインの祭りだ。ソムリエ、卸業者、ジャーナリスト、そして市の輸入業者のあいだでもその話題でもちきりだ。ブルゴーニュワインの熱狂的愛好者で、世界最高のワイン産地の一つとしてブルゴーニュを熱烈に支持し、そして筋金入りのファン、しかも富裕な者だけが捧げることのできる現金と時間の投資を必要とするイベントだ。ラ・ポレは宇宙のどこであれ最高に乱費するコレクターの集まりと言われている。一週間続くフェスティバルは十以上のディナーと味見、盛大なグランドフィナーレから成る。チケット一五〇〇ドル、BYOB（自慢の一品を持参する）のガラ・ディナーの参加者は「自分のセラーの宝物」を持参することになっている（そう、チケットに書いてあるとおりグラス一杯の無料シャンパン以外チケット代金にアルコールは含まれない）。価値にして一〇〇万ドル以上のワインが最終ディナーで姿を見せると聞いた。スピットバケツの中だけでもピノやシャルドネの二〇万ドル分が吐き捨てられるだろう。「ラ・ポレは一国ならず複数の国で革命が起きる類の催しだ」と数年前に参加したコレクターが言った。

私には要求水準が高すぎて参加費が払えない。紹介者や伝手《つて》も必要だ。しかしたんにイベントでワインを注いでまわれるだけでも特権だから、ソムリエはラ・ポレのあいだ、チケットなし、〈マレア〉や〈イレヴン・マディソン・パーク〉にのこのこと出かけてソムリエにワインPXを賃金なしで働けるようにあらゆるコネクションを利用する。週給分に匹敵するワインの試飲を提供してくれる仕事だと彼らは知っている。ダナはラ・ポレのチーフソムリエでワインを注ぐソムリエを選ぶ人物とダブルデートして参加権利を釣ろうとしてきたことをモーガンと私に明かした。

「この策士め」モーガンは感心したように言った。

ダブルデートなどしたくないと思い、私はトップの人物に直談判に及んだ。ニューヨークのラ・ポレの創立者で、またブルゴーニュワインの輸入を手掛け、ダニエル・ブールーレストラングループでワインディレクターもしているダニエル・ジョーンズに電話をした。

ドメーヌ・ミシェル・ラファルジュのレアワイン・ディナー（一人一五〇〇ドル）、ワイン醸造家ジャン・マルク・ルーロとクリストフ・ルーミエとのランチ（一二〇〇ドル）、そして〈ブールー〉でダニエルがドメーヌ・ルフレーヴとドメーヌ・ド・ラ・ロマネコンティのボトルをフィーチャーする伝説的ディナー（七二五〇ドル）などを次々とチェックしながら「これは売り切れている、これも――これはもう数カ月前に売れてしまった」と彼は答えた。火曜日――フリー・ギフトバッグに相当する九五ドルで密かに飲める可能性はある。しかしだれもが宝物のために来るのだから、ラ・ポレで「裏口」から入る者などいない。さらに数回の交渉をしたあと、自分のプライドと、それから富裕層向けの旅行雑誌に記事を書くことと引き換えに、ダニエルはガラ・ディナーで二つのテイスティングのリストに私の名前を、弁解もいくつか添えて書きくわえてくれた。

ブルゴーニュは地球上でもっとも複雑なワイン生産地域で、まさにその点をファンは愛している。たんにブルゴーニュのファンになると決意するだけではない、ブルゴーニュ愛好家という地位を勝ち取らなければならないのだ。「この地方を理解することは生涯を通じての追求になることを心にとどめなさい」とソムリエ組合のガイドブックでは、フランスの一コーナーを「熟知するのは至難」とみなして戒めている。ソムリエは、ブルゴーニュを学ぶ任務を与えた市民を恨みつつ畏敬している。興味より任務として課せられるからだ。「ボルドーワインの関係者はビジネスマンだ」と火曜日のテイスティング仲間のソムリエは言った。「いっぽう、ブルゴーニュの関係者は情熱で仕事をしている」

ワインの名前だけでも威嚇される。もしあなたが〈マレア〉のバーにおずおずと近づいて、ブルゴーニュのグラス売りのリストをちらと見たら、そこはオプションが支配するパズルの世界だ——

シャサーニュ・モンラッシェ　1クリュ、ル・シャン・ガン、フェルナンド&ローラン・ピヨ（ブルゴーニュ、フラン）　2013　34

解読してみよう。まずやさしい部分から——これはブルゴーニュ産のワインである、ブルゴーニュはフランスの中部東地方、マサチューセッツ州よりわずかに広い。34とはグラス一杯の価格、2013はビンテージを表している。いい？　オーケイ。ほかの産地ではこれ以上詳しくは表されないと思う。しかしこれはブルゴーニュの話だ。シャサーニュ・モンラッシェはワインが造られる村の名前である。シャサーニュ町の名前とそのなかにあるモンラッシェ特級ブドウ畑から採ったものだ。プルミエ（一級）クリュとは品質を保証する名称で、ブルゴーニュワイン品質保証による四つのうちの上から二番目を意味する。ル・シャン・ガンは特定のブドウ畑で、二六エーカー、そこでブドウが生育したことを意味する。そしてフェルナンド&ローラン・ピヨとは醸造家ドメーヌ・フェルナンド&ローラン・ピヨを表している。そこで、クイズ——このワインは赤か白か？　そして使われているブドウの品種は何か？　もしあなたがブルゴーニュ通なら、シャサーニュ・モンラッシェは伝説的白ワインで、プルミエ・クリュの認定を受けていて、シャルドネ種で造られていなければならないとわかるだろう。もしあなたがそれを知らないとするなら、うん、降参してジントニックにするほうがいいかもしれない。

公平を期して言うと、ブルゴーニュはいくつかの点で他産地よりシンプルな面ももっている。いくつかの例外はあるが、ブルゴーニュの白ワインはシャルドネ種単一から造られ、赤ワインはガメイかピノ・ノワール種から造られる。ピノ・ノワールは気難しく弱いブドウで、楽天的ないとこのカベルネ・ソーヴィニヨン種よりもはるかに繊細で病気に弱い。

だがブルゴーニュのシンプルな点はここまでだ。かたやボルドーはトップ六十一の生産者を第一級（最上級ベスト中のベスト）から第五級（ベストのなかの最下位）に格付けしている。ブルゴーニュはそのような格付け法は持っていない。質によって四段階に分けて指定している（上質な順にグラン・クリュ、プルミエ・クリュ、村名《ヴィレッジ》ワイン、そしてブルゴーニュ生産地域名ワイン）

——五つの異なるワイン生産地域（ヨンヌ県、コート・ドール県、コート・シャロネーズ、マコネー地区、そしてボージョレー）——それから約百の異なる呼称がある（それらを見つけることはできる）。しかし各呼称の評価を知ってもあまり役にはたたない。というのもその呼称内のブドウ畑も重要だからだ（プルミエ・クリュだけでも約六百ものブドウ畑があるから、それらをわざわざ記憶するには及ばない）。そしてそのブドウ畑内でも場所によって優秀な質のものからまあまあの場所まであり、だれがそのブドウからワインを造っているかによっても質は変わる（多数のワイン生産者が一つの畑をシェアする）。生産者の評判だけに頼ることもできない。一人でワインを造っている生産者が数千もいてそれぞれ二十タイプものワインを造り、それぞれに違ったブドウ畑、呼称と質の格付けをもっている。だからそれらからよいものを拾い上げるのは運任せだ。理由はというと、生産者は自分たちのワインについてよそものと議論することをあまり好まないから。

もっとも高額のワインのいくつかがブルゴーニュ産だ。またもっとも当てにならない、品質の不安定なワインの多くがブルゴーニュ産でもある。「なにしろブルゴーニュ産は気まぐれだからな」モーガンは嘆いた。「いつもはきみを冷たく扱う恋人が、ここぞというときは花とチョコレートを持って颯爽と現れたりする。四本のボトルがあるとするならば、そのうちの二本は『ワオ、これは実にすばらしい、それなりの金を遣った』になるだろう。一本は『なんと、買って損したな、最低だ』みたいになる。そして最後の一本は『最高のワ・イ・ンだ、これまでの・は・何だっ・た・の・か？』ってことになるだろう」ブルゴーニュのすばらしいとされるボトルを開ける時、その人物の顔にはいつも例外なく軽い恐怖がよぎる。ワインは酸化し、変質し、可もなく不可もないビンテージものに変わりやすい、そしてさまざまな局面を通過する若い時代のものはまずい。だからこういうワインが大好きという人間はマゾヒスティックな傾向があり、ブルゴーニュ命という人間に出会うと、この人物はどんなトラウマ――子供のころじゅうぶんにハグしてもらったのだろうか？――でブルゴーニュに肩入れするようになったのかと、当惑させられる。

一日中飲むためには朝から飲んで準備するのがベストだとばかりにラ・ポレのグランドテイスティングはガラ・ディナーの朝に催された。各ワイン生産者にクロス掛けのテーブルが割り当てられ、その前ではグラスをソムリエに突き出して一刻も早く味見をしたいと逸《はや》る参加者の腕がうごめいている。ロゼ色の頰をした年配の男性がグラスについでもらい、乾杯のためにグラスを掲げた。「すべての若い女性に乾杯！」彼はグラスを仲間のグラスと合わせ、鬨《とき》の声を上げた。「美しく若い女性に乾杯！」同様にピンクの頰をした仲間の男が返す。ほぼ全員が、裕福な市民を意味するモーガンの婉曲表現によると「ふくよかな体軀」をして、いっぽう三十代以下でバストも髪も豊かな私は少数派に入った。ワインに魅せられたきっかけを聞くために私は周囲の人々を押しながらフロアをそっと歩いた。

ラ・ポレの脚付きグラスはブルゴーニュのほのかなアロマをじゅうぶん生かせないからと、ロサンゼルスから複数のマイグラスを持参した男性に出会った。彼にとって、熟知している生産者からワインをテイスティングするのは友人たちを吟味するようなものだという。彼はワインといわば精神的絆を結んでいた。「ボトルを見ると、人間のグループのように見える」

ワインは現実の人間と絆を結ぶ手段だという者もいる。財務関係の男性と、インテリアデザイナーの女性の二十代後半のカップルはブルゴーニュで結婚したという。おもしろい、彼らのワインの趣味についてぜひ訊きたい。夫はまさにその朝、ボトルの競《せ》りに参加していた。二人は手をつなぎ、もう片方の手でグラスを回している。「なぜワインなのですか?」という私に、「二人に共通するものだから」と妻は答えた。「そしてぼくの職場の同僚がすごいコレクターでね」と夫。

あるいは、まるまると太ったドイツのレストラン経営者の場合、ワインの知識を得たいと言った。私のセーターのケバをつまみとりながら彼は質問に答えた。二〇一二年のビンテージを味見に来たそうだ。近々ベルリンに開店予定のワインバーのために六万本を集めたいと思っている。ワインのどこに悦びを感じるのですか? 「じゃあ、セックスにどんな悦びを感じる、え?」彼は問い返した。「私にとって、ワインは人生の一部なんだ。だからワインなしには生きられない」でもなぜワイン、たとえばスポーツカーでもいいじゃないですか? 「ああ、そうだな、オーケイ、正直言って速い車も情熱の対象でね。だがもしワインセラーかカー・コレクションのどちらかをあきらめなければならないとしたら、車をあきらめるな」

他にもいろいろな経験をした。イスラエルから来ている女性はラ・ポレの最高にファンシーなイベントのチケットを九枚、一万四五〇〇ドルぶんを買っていて、先日、もう一つのワイン祭りラ・フェスタ・バローロのため、月初めにニューヨークに飛んできていた。ラ・ポレを逃す危険を冒せないから帰宅するよりも三週間この街に滞在して歩き回ろうと決めたのだという。「一つの芸術品だもの」ワインのことをそう評した。「真のアート。マニアはワイン醸造という芸術を味わうために来るの」彼女はグランドテイスティングで安く売られているほぼ百本をほとんど試していたが、スピットはしない主義だ。「スピッティングすると味蕾が焼けるの。理由はどうあれ、飲み過ぎで深刻な問題を抱えているけど飲まなければ真の経験とはならないでしょ」

テーブルやボトルやそしてブレザーを押しのけながら、私はさまざまなコツを教えてくれるラ・ポレ参加者を探した。長身で頭が禿《は》げていて千鳥格子のスポーツジャケット姿の男性を見つけて足をとめる。彼のスピットの技に惹かれた。豪快で美しい。口から三フィート下、右の足元に置かれたバケツに上半身をかがめることなくピノの端正な流れを作ることができた。これほど優雅なパフォーマンスは長年の訓練のたまものとしか考えられない。私は自己紹介した。彼の名前はリチャード、そしてラ・ポレには初回からずっと欠かさずに参加していた。実際、彼と妻イザベラ——黒髪を腰まで伸ばした女性に彼は手を振った——は、今年の主賓であるワインメーカー、ミシェル・ラファルジュをもてなす役を担っていた。リチャードはその場を離れてミシェルのほうによろよろと行き、また飲んだ。私はイザベラとその場に留まった。彼女はリチャードよりかなり若いが、驚くほど若いというわけでもない。防水性のジャケットにデニムを着て、シーズー犬大の指輪をはめ、つまらなそうな表情をしている。すでにテーブルを一巡し、味蕾は酔っぱらっている。すっかり酔ってしまったわ！　と言った。

「毎日、こんなことをやってられないわ」あたかもほかに選択肢があるかのようにためいきをつく。「私たち、すべてのイベントを追っかけてるの。ブルゴーニュには一年に一度行っている。

それから特別なイベントもね。だから去年、四百五十回記念に行ったけど、とにかくすごかった……何の四百五十回記念だったかしら、よく知らないわ。飛行機を降りるやこんな感じ……」顔の前で手を振る。すっかり酩酊して、という意味らしい。「七時間に及ぶランチ・ディナーだったのよ。みんな来ていた。ブルゴーニュのワイン関係者全員。とてつもない数だった。イ、タ、リーからも大勢のワイン関係者が来てたわ」その国名をフランス語の発音で言った。「私たちは文字通り、飛行機から降りると人生に一度きりのハチャメチャ騒ぎに突入したの。奥さん連中は、殿方を見失ってしまった！　でも翌朝、三人の男性がそこのシャトーの畑で眠っているところを見つけたの！　これが完全にノックダウン状態！」思い出してクックッと笑う。夫のリチャードがクロ・ド・ラ・ロッシュ・グラン・クリュをちびちびやりながら来た。イザベラもそれを一口飲み、顔をしかめた。「まあ、見て！」突然、顔を輝かせる。「あらまあ、去年私たちがいたシャトーみたい。たぶんそうだわ！　いったいどういうことかしら。空港に着いて、ブルゴーニュの外だということしかわからなかった。それはすごかった」二人の友人に頰を差し出す。友人は身をかがめてエアキスをする。一人はロックフェラー。もう一人の名前は大規模な建設現場に名前が刻まれている。「私たち、たくさんのワインソサエティを持っているの」イザベラは続けた。「つまりワイン狂のソサエティ、クラブね。クラブでワインディナーをとるのよ。ニューヨークのクラブというクラブでね。ブライアンみたいな人たちがおおぜい」と、部屋の向こう端にいるだれかに指をうねうねさせて挨拶した。「そしてほかの人たちもね、私たち夫婦はすべてのディナーに出ているの。コート・デュ・ローヌ、ボルドー、ブルゴーニュのね。コマンドリー・ド・

ボルドーも。来週末はタキシードパークにある別のクラブのディナーにも出る予定」ニューヨーク州のはるか離れたところにある場所だ。ミシェルと呼ばれるだれかがイザベルをハグする。「ああ、疲れる！　ああ、パリに十日間行きたいわ。眠るためだけに。ただそれだけ。眠るために」彼女は前夜の夫のスタミナに驚いていた。「彼らときたら昨夜午前三時まで外にいたのよ。みんなあの〈ダ――ニエル〉でたっぷりのディナーをとって……伝説のディナーだと思うけど、そのあと朝の三時までアフターパーティー。血管に入れる量には限界があるから、そうたくさんは入れられない！　もし私があのディナーに午前三時までいたら、今日、ここにこうしていられなかったでしょうよ。バイクエクササイズはぜったいやり遂げられなかったわね。なぜって、私はそれをやって、やって、やり続け、ときにはやりすぎるの。だからオーケイ、もう十分やったという頃合いを知っている。そしてすべてやりとげた。すごくハッピー。すごく満足。すくなくとも今夜までは」

そろそろ中座しなければならない。グランドテイスティングの熱気は徐々に鎮まりつつあり、ガラ・ディナーはあと数時間で始まるが、まだ持参するお宝ワインの当てがなかった。とくにモーガンの忠告を聞いてからは買うのをできるだけ遅らせてきた。一〇〇〇ドルとはいわなくても一本が少なくとも五〇〇ドルのものなら適当だろうと彼は忠告した。誇張して言っているのだと思ったが、イスラエルの女性の言葉に不安になった。「着る物は何でも好きなものを着ればいい」彼女は私に告げた。「でも何を持っていくか、それは重大問題よ」

都合のいいことにテイスティング会場からほんの数ブロックのところにブルゴーニュワイン・

カンパニーという店があり、そこに行って、店長にラ・ポレ用のワインが必要だと告げた。予定価格帯を告げる。彼は私をじろりと見た。「絶対的上限はいくら？」持参するワインは基本的に私をアピールする材料だから、と彼は説明した。ディナーのあいだ、参加者は割り当てられた席から立ち上がって互いにワインを注いで味見して回る。もし私がPXと親しくなりたければ、良質のワインを分かち合うべきだ。「あなたの力を見せつける必要がある」そう店長はアドバイスした。ラ・ポレのゴールデンルールは、自分が持っていけるベストを持参すること、だ。あなたがヘッジファンドのCEOか、失業中のジャーナリストかは、あまり関係ない。

店長に訊いたり、モーガンにメールをしたり、それから予算内で買える店のすべてのボトルをネットで調べたりしながら私は汗びっしょりになって九十分間、ワイン選びに費やした。モーガンの勧めもあって、一九九〇年のルイ・ラトゥール・コルトン・シャルルマーニュに決めた。私とほぼ同い年の白だ。それははずれる危険性もある、と警告することをわが師モーガンは忘れなかった。価格は二七五ドル。私からするとお宝だ。

ガラ・ディナーの乱痴気騒ぎ

数時間後、私は貴重な荷物のように胸にボトルをかき抱いてガラ・ディナーの会場に着いた。縁石横に二重駐車している黒いスポーツカーをよけて、メトロポリタン・パビリオンのひどく擦り減った階段を上る。そこはサンプルセールやブライダルショーなどに貸し出される、魅力に欠けるスペースだった。それでも最小限の努力で飾り立てられていた。床から天井まで届くブルゴーニュのブドウ畑の写真が壁を覆っている。背景ではなく、明らかにワインが主役であることを強調するように装飾されている。

スーツ姿の男性が私のワインのチェックを申し出たので、しぶしぶボトルを渡した。

「十一時から今まで、午後いっぱい、あちこちのギャラリーを巡ったよ」コートクロークで私の後ろに並んでいる男性が話している。

「ワインでも飲まなきゃアートなんか観てられない」男性の友人が答える。

「ぼくの場合」最初の男が応じた、「入っていって、こう言うんだ、『おお、この部屋の作品を全部もらうよ』」

四百人のガラ・ディナー参加者はブドウ園にちなんで付けられた名前のテーブルに散らばっていた。グラン・クリュの人間——有名人かビッグコレクターか有名ワイン醸造家——はグラン・クリュのテーブルに座らされる。ジェイ・マキナニーやニール・ドグラースのような有名人はロマネコンティのテーブルが割り当てられている。有名人の名前を見つつ、自分の座席札を探した。

席に着くと私の右側に座っている女性に自己紹介した。ブロンドで四十代の女性は夫と六度目の参加だという。左側はローランというフランスのワイン生産者で、私と同じくラ・ポレには初めて参加するそうだ。

照明が落とされてダニエル・ジョーンズがステージに躍り出ると、私たちにサービスする予定のソムリエを紹介した。セレブソムリエのラジャ・パー、パトリック・カッピエッロ、ラリー・ストーンの名前までくると、人々の口からあえぎともつかない声が漏れた。

「オーーーー」隣席のスザンヌはにやにやしながら夫に言った。

ステージでダニエルは、はしゃぎぎみのワイン生産者にマイクを手渡した。すると彼は「エリート中毒者」に乾杯を呼びかけた。「皆さん、今夜を楽しんで！」そう叫び、グラスを掲げる。私たちも全員が応じて叫びかえす。私たちがいる部屋には窓がないことにその時気づいた。突如、それは良い設定のように思えた。「十一時になると地獄の門が開くわよ」とスザンヌが心得顔にささやく。

午後八時、すでにカオスだった。ソムリエたちは、よちよち歩きの小児ほどもある大きいボトルを抱えて注いで回っている。白い口髭に丸々と太ったフランス人男性の一団が、おそろいのページボーイのハットをかぶり、大振りの赤ワインのグラスを手にして、ステージのダニエルと入れ替わった。そして「バン・ブルギニョン」というブルゴーニュの歌を大声で歌い出した。だらだらしたインチキダンスを付けて。右手を上げてひねる――左手を上げてひねる――右手でグラスを口に運ぶときだけ休みつつそれを繰り返す。

だれ一人、料理のためにそこにいるわけではない。とにかくメニューをちらと見てみる。六人の有名シェフの手になる六コースもの料理は、まずテート・ド・コション（豚の頭）に始まり、最後はゴールデンエッグなるもの（あなたの想像も私同様秀逸）。左隣のワイン生産者ローランが私の腕を叩いたので、振り返るやパン皿を渡された。その夜の記憶はぼんやりとしているが、その時あえいだのははっきりと覚えている。その皿には削りたての黒トリュフが、これもさらなる黒トリュフを敷いた上に山と積まれていたのだ。私が困惑していると見えたのか、ローランがテーブルの端のほうに顎をぐいと動かした。桶のように分厚い胸をし、自身がトリュフのような体格をしているフランス人男性が野球ボール大の黒トリュフをぽっちゃりした拳でつかみ、もういっぽうの手には自宅から持ってきたシルバーのスライサーをつかんで座っている。丸い赤ら顔で、肉付きのよい腕でキノコのサンタクロースよろしく、トリュフの巨大な袋を抱え込んでいる。

私の前には六個のワイングラスが置かれ、ソムリエ軍団によって矢継ぎ早にワインが注がれていく。最初に私が試したのは、自分のノートによると一九八八年のジョゼフ・ドルーアン　クロ・デ・ムーシュ・プルミエ・クリュだった。赤いベリーと湿ったゴミの匂いで酸味は中程度プラス。自分が飲んだワインについて言えるのはそれだけだった。風味は？　やっと飲み込む有様だった。最初、ワインごとにノートをとろうとした。そのあと、せめて名前をメモしようと試みた。結果、数字になった。二〇〇八、一九九三、一九六二。そのあとは各ワインにさっとチェックマークを付けるだけ。二十六あたりでわからなくなった。右隣のスザンヌは〈イレヴン・マディソン・パーク〉で開かれたフェラン・アドリアシェフのプライベート・ディナーに参加した話をワインが注がれるたびに中断させられた。彼女の隣の男性はバハマ諸島に所有している別荘のセラーの話を、さらなるワインのオファーによって何度もさえぎられた。私たちが処理できる以上の速度でボトルがやってきて、みんな急いでグラスを空け続ける。飲み、グラスを下ろし、飲み、グラスを下ろし、飲んではグラスを置く。ワインを味わっては即グラスを置くという経験を初めてした。ソムリエが手にしているものが何であれ、そのワインのための空間をつくる必要がある。その夜の一番お気に入りのワインを味わったものの、どんなワインかまったく見当がつかなかった。

「ワインはセックスよりも良いと思うかい?」ローランの隣にいるヘッジファンドのマネージャーが連れの女性に訊いているのを耳にした。

「ベガ・シシリアワイン」間髪をいれず彼女は答えた。「それは喜びの世界よ」

だれ一人スピットしていない、だから私も吐き捨てずに飲んだ。身体がポカポカしてくる。歌い手はボリュームをあげて足を踏み鳴らしている。「ラ・ラ・ラ・ラ・ララララレレ」単調な繰り返し。ローランはテイスティング・ノートをとり落としたが、拾おうともしない。

「まさにむさぼり飲む!」私たちの背後にいる競売人が叫んだ。乾杯のためにグラスを掲げて「飲めよ歌えよ、それは血のようなナナナナナナナー」歯をむきだしにして叫ぶ。「われわれは一トンものワインを破壊しつつある。なんてすばらしいんだ! そしてなんて悲しいんだ!」

さらなるワイン!

「まさに乱痴気騒ぎだな」ヘッジファンドのマネージャーが叫び返す。「ここにいる人間と恋に落ちることはできない!」

白ワイン、赤ワイン、熟成したオレンジワイン。私はすべてにイエスと言った。私たちは全員そうしていた。もっと。もっと! ラララララレレ!

、、、、、、
顔がほてり、ダンサーたちの姿が前よりぼやけて見える。ダンスはくだらないものだった。でもなんて楽しい! ローランと私はだらだらしたインチキダンスを練習した。と、私たちのテーブルのソムリエが、ついに私のボトルを慎重に抱えながら持ってきた。私が注ぎたいか、それとも自分が注ぎますか？　ボトルを受け取りなさい！　だれかが叫んだ。右隣のスザンヌだと思う。私は注ぎ、みんなで乾杯し、飲んだ。ワインは溶けたバターのような、絹のランジェリーのように感じた。スザンヌは喜びで目をパチパチさせる。ボトルと、グラスを持った手を松明《たいまつ》のようにつきだして私は歩き回った。女性のキラキラした衣服、男性のテカテカ光る髪、ソムリエが持つグラスの輝き。白髪の男性に目を止めた。ふわふわした口髭の卸業者で、あだ名は確か「セイウチ」。男は「ラララ」と耳が痛いほど大声で叫んでいる。彼は私の手にキスし、シャンパンを注いだ。「フランスの鎮痛剤アルカセルツァーだ！　シャンパンは究極の味蕾洗浄剤なんだ！」コネティカット州から来ている日焼けした男がソムリエたちに自撮りをせがんでいる。「ジェーン！　ジェーン！　ワッサーマンとの写真を撮ってくれ！」ヘッジファンドのマネージャーが輸入業者のポール・ワッサーマンを指さして叫ぶ。ワインは次々とグラスに注がれ、そして私たちの胃袋に入る。負けじと男たちも声を張り上げる。歌手はいちだんと声を張り上げる。「セイウチ」と私は右手を上げてひねり、左手を上げてひねり、それから右手を口にもっていって飲んだ。

自分のボトルの評価は耳にしなかったが、ただ私についての有難迷惑な評価を聞かされた。「なんと、きみの作り笑顔と本物の笑顔のギャップときたら信じられないくらいだ。偽の笑顔はいただけないなあ」レニーという男が周囲に言った。ほかのだれかが言った。「きみの髪が目にかかる様が好きだ」前に一度も会ったことのない男は私を人々に「未来の元妻」と紹介した。「彼女を必要とするのは十一分間で、うち十分間は抱き合っている」と初対面の男性グループに吠えた。三人の男性がそれぞれ私に訊く、家でだれかきみを待っているのか？　結婚しているのか？　期間はどれくらい？　え、一年にも満たない？　私の答えは抑止力になるどころか誘い水になったようだ。ワインとセックスはいつの世もワンセットになりがちだと肝に銘じた。古代からの伝統。古代ローマ人とソムリエの愛人。物の本によると、酒の神ディオニュソスはまた「野性的で、謎めいてエキゾチックな——法悦と性のそして豊穣の神でもあった——神秘的で狂喜の、理性を持たない神、情熱、喜劇と悲劇の神：食欲むきだしの饗宴と秘密めいた成人儀礼の神……」

イエス、いま、宴は乱痴気騒ぎと化していた。ハ、チャン、ナ　ラ、ラ、ラ、ラ、ラ。無礼講で、何でも許される。ハチャメチャだった。「二千ポンドのフォアグラがあなたの顔にシャベルですくってかけられるような」モーガンの友人のソムリエが私の耳に叫んだ。全員が貪欲になっている。全員が欲をすべて満たしたがっている。飢えてはいないが旺盛な食欲。それは過剰で、私たちは酩酊していた。

だが同時に率直だった。人々は生々しい経験を受け入れようとしていた。だれもがふつう「べつにどうということはない」という態度で無視するニューヨークでも見たことがない光景だった。だれもが性的刺激を求め、性的刺激を与えたがっていた。ローランと私は私のラトゥールと、削った黒トリュフを合わせたら完璧だとの結論に至り、二人のペアリング創造品をみんなに試してもらおうと、よろよろと歩きまわった。「ほら、こ、れ、も、味、わ、っ、て、み、て……」ピエールとやらの舌にトリュフを一切れ置きながらローランが勧め、いっぽう私はピエールのグラスにラトゥールを注ぐ。「濃、く、て、奥、行、き、が、あ、る……」窓のない部屋にいる全員が「バン・ブルギニョン」のメロディでポッポとあおられ、肉体的興奮でうっとりとなり、一つになっていた。ジョー・カンパナーレが私を見つけ、特別なワインがあると私の背中を押していった――友人で〈イレヴン・マディソン・パーク〉のソムリエが私にぜひ飲んでほしいと一九五九年を持って駆け寄る。だれもがだれかに何かをしていた。だれもがだれかを刺激して快楽を得させようとしている。スーツ姿の男がもう一人の男にチーズを食べさせている。「……バターのようだ」と食べた男はうめいた。「うまい」見知らぬ者が見知らぬ者の口に何か風変わりなものを突っ込んでいる。「立位でオーガズムを感じることができるか？」私のグラスにワインを注ぎつつ、男が訊いた。レニーは異なる年の三つのワインを並べた。「きみにこれから変わったことをしよう」彼は言った。イザベラが自分のグラスを私に渡した。「ちょっと嗅いでみて」「おお、なんと、ジェーン。あれ、すごくデカダンだな」ヘッジファンドのマネージャーが連れの女性に言った。「サイテイ」彼が差し出したグラスを受け取りつつ彼女は一蹴した。「まったくもう。これってクレイジー」

　見捨てられたドメーヌ・ド・ラ・ロマネコンティ・ラ・ターシュのボトルを見つけた。天国のワインとされている伝説のボトルだ。グラスに注ごうとした。空っぽ。どんなにおいしかったことだろうと思いを馳せる。自分のボトルを振り返るとなくなっていた。金箔をあしらったデザートの皿を他人の席から奪っている連中。自分のではない連れをひっつかんでいる連中。「ラララララレレ」はローリング・ストーンズのビッグヒットに替わっていた。勝利を祝して厨房からシェフのダニエル・ハム、ミシェル・トロワグロ、ドミニク・アンセルが飛び出してきた。スーツ姿の者たちは椅子に乗って、こぶしを天に突きあげている。私たちはナプキンを振り回した。男たちはネクタイを振る。「世界でトップのシェフというだけでなく、彼らはクレイジーーーーだ！」シェフのダニエル・ブールーはほかのシェフたちの肩に担ぎあげられる前に歓声をあげた。担ぎ上げられてみんなの頭上を移動する。それからダニエル・ジョーンズも同じくクラウドサーフィンをされる。ナプキンを振っていただれかが同席の者の頭上に腹打ち飛び込みをする。続いて「ニューヨーク・ニューヨーク」が始まる。二、次、会、に、来、い、よ、未来の元夫が私に叫んだ。シナトラも頑張っている。みな頑張っていた。肩を組み、ネクタイを振り、何か叫びながら、だれもがこの眠らない街で起きていようとしていた。

♪そしてわたしがぴかぴかのナンバーワン、リストのトップだ。
丘の王様、まぎれもないナンバーワン♪

ワインを味わうことの本質

二日酔いが収まって、目撃したものの意味を理解しようと努めた。ある意味、すべての意味でそれは度を越した唖然《あぜん》呆然の光景だった。ワインの感覚的経験を提供してくれる鑑定家の一団と会いたいと思って私はラ・ポレに行った。ところが、私たちは、ふつうなら一年で一度飲めるかどうかという最高のワインをぞんざいに扱い、捨てていた。落ち着いてじっくり味わうこともほとんどしないで、さらなるワインを求めてグラスを差し出していた。

にもかかわらず、期待していた感覚の鑑定家を意外な方法で見つけていたのだ。無駄と暴飲暴食は、フレーヴァーの意味と、じっくり味わうという意味を広げるために必要だった。

ラ・ポレに行く人間はかならずしも鼻や舌を使わずに貴重なワインを楽しむ。ラ・ポレは一つの実験場だった。フレーヴァーは私たちが思い込んでいるように鼻腔や口からのみ入ってくるのではないと証明する実験場。人は心でワインを堪能するのだ。

なかでも価格はもっとも強力なスパイスだ。ラ・ポレの一五〇〇ドルのチケットを手に、私たちは提供されるワインを堪能する気満々で、勇躍、あのダイニングルームに入った。ラ・ポレで私が経験したことは科学的に証明されていた。スタンフォード大学とカリフォルニア工科大学の研究者は被験者をｆＭＲＩの装置にかけて、五ドルから九〇ドルのカベルネ・ソーヴィニヨンを五本味わってもらった。安くてまずいという五ドルと一〇ドルのワイン、いっぽうで歓声ものの高い三五ドル、四五ドル、そして九〇ドルのワインだ。すると九〇ドルのワインで被験者たちの脳の快楽中枢はひどく興奮した。しかしこの後、おもしろいことが起きた——二度目に五ドルのボトルを四五ドルのワインと偽り、一〇ドルのワインを二度目は九〇ドルのボトルから注いだ。スーパーマーケットで売られている普段飲みの五ドルのワインはひどい味になり、四五ドルと値札が付いていると、この世のものとは思えない味になる。

科学者たちはこう結論を出した。人の脳はたんに自分が体験することのみで——ワインのアロマの分子が鼻や舌をくすぐる——満足を感じるわけではない。むしろ、これから受け取る快楽への期待によって悦びを得るのだ。言い換えると、やれフレーヴァーだ、熟成度だ、ビンテージだとうるさく御託を並べる一部のテイスターでも、五〇ドルのシャルドネを本当は二ドルだと告げられるだけでまずく感じてしまうのだ。私が持ち込んだラトゥールが二七五ドルもすると知っていることで、オーク樽熟成のもの同様にフレーヴァーが高まるかもしれない。

ラ・ポレは異常に高い価格設定によって参加者の期待を巧みに、そして完璧に高める。ワインエリートのために高尚な環境を用意したガラ・ディナーと、街の最高のワインセラーの「お宝ワイン」とがセットになっていることは、ソムリエがグラスに注ぐ以前から、お宝なるものが偽物か疵ものかにかかわらず、すべて美味だろうと参加者は期待しているのだ。事実、ワイン偽造犯ルディ・クルニアワンはラ・ポレの常連だった。ガラ・ディナーで自分のセラーのワインを気前よく注ぎ、ブルゴーニュワイン鑑定の神聖な場所で偽物を通用させたのだから、彼はおそらくワイン評価の心理学的要素を理解していたのだろう。「それは目を見張るほど美しいワインだった、あのワインが本物かどうか私にはいまもってわからない」とクルニアワンのお宝ワインの一つをがぶ飲みしたワイン通は告白した。「だが正直言って、そんなことは本当はどうでもいいのだ」

値札に加えて、ガラ・ディナーのワインのフレーヴァーはソムリエの姿や、テーブルクロスの色、サウンドトラックからでも影響されうる。もろもろの感覚はそれぞれ独立したものと人は考えるけれども、私たちは生まれつきさまざまな感覚器官を使って情報を受容していて、諸感覚は強く相互作用し合っている。オクスフォード大学の実験心理学者チャールズ・スペンスは数多くの研究で、色が味覚に、音が匂いに、そして視覚が触覚にどれほど影響を与えるかを明らかにした。フレーヴァーはたんに私たちが味わい嗅ぐものだけでなく、見、聞き、感じるものによっても決まるという。感覚は少なからず重複しているのだ。「複数の感覚の相互作用が、考えられるすべての感覚様式の組み合わせのあいだに存在する」リオハワインを赤い色の部屋で、なめらかなメロディーを聞きながら味わうとフルーティな香りを強く感じる。しかし緑色の照明の下でスタッカートのサウンドトラックで味わうと「よりフレッシュ」に感じることを彼の研究は示唆している。ほかにもバターと砂糖で作った菓子トフィーを「甘い」ミュージック、ハイピッチのピアノ曲とともに食べるとより甘く感じられ、いっぽう「ビターな」リズム、ベースとトロンボーンをフィーチャーしたスローピッチの曲で食べると苦く感じるという。ＭＩＴの研究者ココ・クルンムは飲み手がワインのテイスティング・ノートをフルーツの絵が付いた紫がかったカードに書くか、それとも葉っぱの絵の付いた緑がかったインデックスカードに書くかによってワインの香りが果物（ジャムのような）のように感じたり、土臭く感じたりすることを発見した。

私たちが受け取るものに多くの力が影響するとなると、ワインの客観的評価は不可能かもしれない。それがどうした？　とあるワイン通は言う。私たちはかならずしも客観性を求めているのではない、と熱狂的なワイン愛好家で、ラ・ポレに参加歴のあるコロンビア大学の神経科学者ダニエル・サルツマンは反論する。「評価を無視したら、おそらくワインを飲む楽しみがうんと減るだろう」そう私に言った。「いまどんなワインを飲んでいるかを知ることもワインの楽しみの一部だから」

依然として私の一部ではもっと客観的な飲み体験を信じ、求めていた。味覚と嗅覚を軽視する傾向によって私たちは知覚の文脈をふみはずしたまま放置されている。だから私は自分のフレーヴァー体験を、たとえば視覚のようにもっと支配的・優勢的な機能にアウトソーシングしている方法すべてを知りたかった。もっと純粋で、もっと精確な感覚を切望する瞬間に音や色の影響をコントロールできるように、せめて味覚を鈍くする音の影響、あるいは酸味を呼び起こす緑色の影響を理解したいものだ。たとえばこういうことを学んだ。チョコレート業界を揺るがしたあるスキャンダルについて読み、食べ物の形も味に影響することを知った。イギリスで、キャドバリーのデイリーミルクチョコレート・バーのファンが「文化の破壊」行為だとする抗議書を作成する事件があった――社がチョコレートのレシピを変えたことにたいしてだ。「もっと甘く」、「吐き気を催すほど濃く」、「人工的な」、そして「ややナッツ風味の強い」味にしたことで、チョコレートファンは怒りの声をあげたのだった。ところが実は、ただチョコレート・バーの形を変えただけだった。長方形で、角が直角のデイリーミルク・バーには、格子状の線が刻まれ、角を丸くされ、一本線、楕円形のピースに変えられた。するとフレーヴァーが変わったという。私たちは「丸みは甘さ、角張ったものは苦味と関連づけて考える」からだ。透明よりも赤い色に染めるほうがフルーティに感じ、赤い照明の下でワインを飲むと、より甘くフルーティに感じるとスペンスの研究結果にも出ている。そこで私はブラインド・テイスティングをするとき意識するべきものとして色を加えた。これはあらゆるものに言える。科学者はイソ吉草酸と酪酸の混合したものを創った。汚い足やへどの臭いを、その後、被験者たちに嗅がせた。パルメザンチーズの匂いだと告げられた彼らは、何か喜ばしいもの、たとえば新鮮なきゅうりと同じ匂いとして高い点数をつけた。もう一度嗅がされて、へどの臭いだと告げられる。すると彼らは拒否反応を示して、さっきの半分以下の点数を付けた。

だが私はまたダニエル・サルツマンにも一理あると認めた。フレーヴァーは期待と文脈の混合であることを私たちは知っているので、おそらくその事実も認められるし、それらに入っているブランド価格、色、音楽などすべてをフレーヴァー経験の一部として受け入れることができるだろう。ソムリエは詐欺師だ、という記事は枚挙にいとまがない。そのワインが本当は悪質なテーブルワインだと判明する瞬間まで彼らは偽のボトルにほれ込み、あるいはグラン・クリュにまつわる詩的なものに感情を移入するからという理由だ。ポイントを衝《つ》いているかもしれないが、それで？ どんな理由であれ人々が高級ワインから得る快楽は現実のものである。そのことを私は感じた。ラ・ポレの参加者もそれを感じていた。スタンフォード大学の科学者も実感している。値札が、リアルで鮮明な幸福感を被験者の脳内に生じさせる。

　ソムリエとワイン卸業者はワインの一種の「ハネムーン効果」について語る。たとえばあなたが南フランスでハネムーン中、あるワインを飲む、その後同じ稀少なボトルを注文する。例外なく失望するだろう。ワイナリーの二百年も歴史のあるセラーを物腰柔らかい醸造家に案内されて自家製山羊チーズとともに供されるワインほど美味に感じるものはない。ラ・ポレの幻想的イメージであろうと、ヨーロッパの田舎であろうと、たとえそれらがボトルに含まれていなくともこんなにたくさんのものがフレーヴァーの一部なのだ。そしてフレーヴァーがボトルの内容に制約されないのと同様、ビッグボトルハンターがワインから得る快楽も制約されない。ラ・ポレ参加者がブルゴーニュの稀少品を楽しむことと、ピノ・ノワールが供されることとは無関係だ。彼らは赤のバローロでもマティーニでも、なんでも好きに飲んでいることができたのに。彼らを特別だと感じさせるライフスタイルへの導管だからそのワインを高く評価するのだ。

　自分のボトルをこよなく愛するときが、そのボトルを受け取る準備ができたときだ、とモーガンが直観的に知ったのは正しかった。主観的な経験を恐れたりみくびったりするものではないかもしれない。私たちは「ブラインド・リード」で本を読むわけではない。ヘミングウェイを手探りで深く掘り下げるとき、作家名、作品が書かれた年や状況という背景を無視することはないし、真に文学的に分析する。

　ヘミングウェイの人生や彼が執筆した時期を知ることでストーリーの理解が高まる。それはよいことと考えられている。だからワインだって同じではないか？　八百年の歴史を持つ生産者《エステート》のボトルとか、車一台分と同じ価格とか、ルイ十五世の愛人に愛されたなどなどを知ることで、どんな創造物とも同じように、そのワインが評価に応えるものかどうか、飲み手の熱望を満たすかどうかを測る助けになる。もし提供されるすべての状況において経験を受け入れることができるなら、より楽しめるだろう。

　この論法をテストする機会がすぐにやってきた。共通の知人が、あるワインコレクターを紹介してくれた。PPX、出されるものを決して断らないハイレベルのコレクターである彼の名前は、お気に入りのフランス人ワイン生産者と同じ名前で仮にピエールとしよう。金融市場はピエールにごくごくうまく作用し、彼はぜいたくに飲み食いしていた。そして最近、私もそのおこぼれにあずかるようになっていた。

　彼は私の味覚パトロンを名乗り出て、ボルドーでのある長い週末、ワイナリーのプライベートルームで催される一連のフォーマルディナーに合流する機会をくれた。その部屋に掛かった重厚なシルクの錦織のカーテンは重みでたわんでいた。フランスのメイドの制服を着たメイドにサービスされ、足先が床に届かないような大きくてふかふかの椅子に私はちょこんと座っていた。ピエールが提供しようと計画している伝説的なボトルからどんな快楽を得るとしても、その快楽に疑問を呈する文献や快楽の呼び水と受容に関する文献を私は知っていた。期待は徹底的に感覚の経験を変える。ええ、そう、わかっている。ありがとう、フラッシュカードに感謝だ。またピエールが注いでいるワインのどれもがすごいものであることも私はじゅうぶん承知していた。この際、名前を挙げさせてもらおう——一八九三年シャトー・モンローズ、ボルドーの第二級シャトーの一つ。一九六七年そして一九七四年のシャトー・シュヴァル・ブラン。たった四つだけの有名なサン・テミリオンの醸造者の一つで、プルミエ・グラン・クリュ・クラッセAを獲得している。そして三つのビンテージ——一九八九、一九四二、一九二一年——のシャトー・ディケム(イケム)。それらすべてのワインが私にモーガンが唱える「胸のど真ん中にモリをうちこまれたような」感激を与えてくれた。しかしもともとワインを学ぶ過程で、特にシャトー・ディケムは神話的存在として知っていた。ボルドーのソーテルヌ地区で造られるこの「神の飲み物《ネクター》」というニックネームで呼ばれている甘口ワインはとても高い基準を維持している。出来の悪いビンテージだとワイン生産者は一年分の労働を惜しむことなく廃棄し、その年はリリースがゼロになるという(皮肉にも、このネクターを造る秘密は、完全に腐ったブドウにある——ソーヴィニヨン・ブランとセミヨンが灰色かび病に罹ってしまって実が干からび、その結果、糖度が凝縮する)。これまでに売られた白ワインの最高価格はシャトー・ディケムのボトルだ。二番目は？　同じく。トーマス・ジェファーソンが愛し、ジョージ・ワシントンに贈るぶんもイケムを注文したという。イケムをテイスティングする際、私はこれらの事実をすべて心に置いていた。嘘をついてそのボトルに冷淡な評をすることもできるし、あるいは誇大評価することもできた。そうしていれば私の人生ももっとシンプルになっただろう。もう二度と味わえないだろうフレーヴァーのゴーストに悩まされなくてすんだだろう。

真実を言うと、そのワインは信じられないくらいすばらしかった。一口するごとに驚かされた。若いワインはオレンジ、グレープフルーツ、キャラメル、サフラン、そしてバニラの香りがする――熟成を重ねたものはナッツの風味をかもしだし、リッチで、歳月が生むピリッとした香ばしさを持っている。だがこんな言葉による表現では全体の風味をとらえられない。シャトー・ディケムのメーカーでワインコンサルタントをしているデュニ・デュブルデューは私に怒鳴るように言った、「私の祖父なら自分の丹精したボトルを、そのへんの市場に三フランで売っているようなちっぽけな果物にけっしてたとえたりしないだろう。ひどくくだらないと考えたと思う。俗悪だ！」。シャトー・ディケムは太陽のような味わいを持つ。二度とないかもしれない経験にとにかく身をゆだねて、集中してエンジョイするべき味わいだ。いまでもそのグラスの感触が唇から離れない、その結果その夜の詳細な事柄の数々がいまなお心に深く刻み込まれている。使い込まれた粗いリネンのテーブルクロスの感触が指によみがえり、灰色かび病についての同席者の冗談が聞こえる。「マジックマッシュルーム！」イケムの味がどこから始まり、どこで終わるのかを告げるのは不可能だ。味わった瞬間、フレーヴァーと私が浸った衝動的な快楽に比べたらその問いは影が薄くなる。

だがイケムとの出会いは別の問いを喚起した――もし私たちが本当に各ワインの違いを告げることができるとするなら、あるいはもし非本質的な諸要素によっていとも簡単に影響されるとするなら、その違いとは何か？　なぜ私はラ・ポレに街のワインショップで見つかるような二七ドルのボトルを持っていけなかったのか？

グランドテイスティングの日のノートを読み直そうとしていると、忘れていたコメントを見つけた。ひょっとして見えないようにしていたかもしれないが。ブルゴーニュワイン・カンパニーで私が代金を支払っている時に店長が言った言葉だった。ほぼ三〇〇ドルを一本のワインに遣ったあとでは、もっとも聞きたくない言葉だった。

「もちろん」と彼は言った、「このビジネスの汚い秘密は一本一〇〇〇ドルのワインはおそらく五〇ドルのワインより二パーセント程度マシかもしれないということ。ときには、それ以下かもしれない」

7章 クオリティ・コントロール

The Quality Control

レイ・ミカワが運営しているワイン研究所はナパで唯一、訪問者を歓迎しないことで知られている。実際、あなたはその場所を見つけることすらむずかしいだろう。すくなくとも私は絶望的になって何度も車をUターンさせていた。

カリフォルニア・ワインカントリーに来て、ルート218で立ち往生してしまった。場所が見つからずに迷っているのは、あることとの比喩にも思えた。つまり、人生で一度きりかというイケム他のワインに魂を奪われて以来、最初は比較的簡単に思えた問いの答えが得られずに迷い苦闘していることの比喩だ。「良い」ワインとは何かという問い。ブラインド・テイスティングのグループでは上質なシュナン・ブランとピノ・グリの区別を学びつつあったが、質ではなくタイプが異なるこれらのワインの良い点を測る物差しを見つけられずにいた。ボトルをめぐるソムリエの議論を考えれば、ワインを規定することは、そのワインが実際にどれだけ良いかを定義するよりもはるかに合理的だということもわかりかけていた。

レイの研究所を探して、三十分近く砂利道で何度も不毛なUターンを繰り返していた。知覚科学者のレイは、評論家でもソムリエでもない一般人がワインの何を楽しんでいるのかを研究している。世界有数のワイン会社トレジャリー・ワイン・エステーツ社の感覚研究所の所長だ。社は毎年七十を超える銘柄のワインを三千万ケース以上生産している。あなたのおじさんが感謝祭のディナーで振る舞う個性的なシラーから、飛行機で惜しげなく飲めるピノ・グリージョのプラスチック製ミニボトルまでを生産している。私は後者のほうに興味がある。私にとってラ・ポレの数々のお宝ワインは遠い存在だった。

ほとんどのワイン愛好家がトレジャリー社の安価なワインを「まずい」と表現する。トレジャリー社はそれらを一〇ドル以下で売られる「大量販売《コマーシャル》」か、「手頃な値段ながらもそこそこ高級感のあるマスティージ」――大衆の「マス」と高級感の「プレスティージ」の合成語で二〇ドルまでのワイン――と呼んでいる。これが大半のアメリカ人の胃袋に入る〈グレープジュース〉だ。二〇一五年のワールドワインオークションでは、シャトー・ディケムといった高級品が総額三億四六〇〇万ドルもピエールのようなPXに売れた。同じ年、アメリカ人はほぼ二〇億ドルを「まずい」ワインに遣っている――トレジャリー社の最大のライバルであるベアフット、サターホーム、ウッドブリッジ、フランジア、そしてイエローテイルなどからのスマッシュヒットにだ。アメリカ人がボトル一本について払った平均額は二〇一五年に最高の九ドル七三セントに達した。そして総額も最高を記録した。

「コマーシャル」と「マスティージ」というレッテルは広い価格帯をカバーしている。イタリアウンブリア州にあるヴェルデーリョ・ファミリーのブドウ畑ですべて手造りされるバイオダイナミック農法によるヴェルデーリョの一五ドル九九セントのボトルは必然的に「マスティージ」に入る。だが「マスティージ」という言葉はコマーシャルとマスティージワインのごく特別なタイプを生産しているコングロマリットによって、もっと頻繁に使われる。安価なだけでなく味の設計が毎年変わることなく、大衆受けするように造られ、大手スーパーマーケットのウォルマート並みの大量作戦でどしどし生産される。こういった大量生産ワインはどこの酒屋でも目にすることができるし、レストラン・チェーンでラミネート加工されたメニューに載っている。それらのラベルにはふつう動物が描かれているか、オフィスのウォータークーラー周辺で笑いをとるダジャレのようなネーミングがされている。「マリリン・メルロー」、「セヴン・デッドリー・ジンズ」などでワイン好きを喜ばせようという戦略だ。イエローテイル社のワインは「ラズベリー風味のエンジンオイル」だ、とバイオダイナミック農法のワインメーカーでセラーのセレブリティ、ランドール・グラームは彼のニュースレターでこきおろした。エリート層にとり、イエローテイル社のワインは人の手を加えすぎた工場生産のフランケンワインであり、ソフトドリンクのワインバージョンに過ぎないとも批判した。そしてそれこそ私が多かれ少なかれ学びたいと思っている概念だった。

だれかの意見を信じるよりむしろ自分なりに、ワインの何が良し悪しを決めているのかを測る基準を確立させたかった——もし本当に良し悪しがあるとするならばだ。ワインのフレーヴァーがただ何のフレーヴァーであるかだけでなく、それが良いか、すばらしいか、あるいは良くないかを知って、理由を明白にするには、とにかく識別力のある味覚をもつことが基本だと思った。酒店で一五ドルで売られているワインがレストランだとなぜ一五〇ドルもするのか、合理的な者ならだれでも外食時に疑問に思い、その理由と品質の評価を知りたくなるはずだ。いっぽうまともなソムリエなら客に理由を説明できなければならない。

ところが知り合いのソムリエたちは、質を明白に理解しようという段になると、助けにならなかった。すばらしいワイン、と彼らは言う、「顔に冷たい水を浴びせられたような」あるいは「山頂に立った瞬間のような」気分にさせてくれる。それは「鮮烈で」、「表情豊かで」、「これぞワインというもの」を感じさせる、などなど。

普段は私の好奇心にも忍耐強いモーガンですら、さる卸業者のテイスティングの場で私が品質の問いを持ち出したとき動揺を隠さなかった。一二〇〇ドルもするブルゴーニュのアルマン・ルソーの造るクロ・ド・ベーズ　グラン・クリュを一口すすって彼は驚愕した表情になり、いつになく沈黙におちいってしまった。先にテイスティングしたワインより二十倍も高いボトルはどこがちがうのかと私は訊いた。「答えられないからって、答えがないわけじゃない！」突然モーガンはキレた。「つまり、ああ、クソ、黙れ。質問に答える義務はない、だって、世の中に謎があってもいいじゃないか？　……答えはきみの心の中にある。これはスピリチュアルなものなんだ。具体的に数量化する事柄じゃない。すべてが数量化され測られる世界において、幸いにもまだこの惑星で完全に中空にあり神秘のベールにつつまれ、審美的なものに属する何かがあることは、すくなくともぼくにとって感謝しかない」

上質のワインとは？

知識を求める客に「黙れ、われわれにはこの世に神秘性が残されていることが必要なんだ」と教育することは、どこのレストランでも通用しないだろう。私も満足しなかった。そこで答えを求めて情報収集にかかった。

ボトルをジャッジする最古の方法の一つが、いつ、どこで、どのように造られたかを考えることである。古代のエジプト人は生産《ビンテ》をたどった――紀元前一二七二年のブドウ酒は、「良い《ヌフル》」か「たいへん良い《ヌフル・ヌフル》」に分けられた。古代ローマ人は、ある特定の土壌と気候でブドウが健康に育つことを知っていて、ブドウの源に注意を払った。出したい味によって製法も変えていた。私たちはいまも同じことをしている。ソムリエ組合のガイドブックでは最高のシャブリ畑はキンメリッジアン期の泥灰土――化石化したカキ殻が散在する粘土質石灰岩――上にあると明言している。モーガンはビンテージチャートを暗記していて、ドイツのブドウはどの年に干ばつの被害を受けたか（二〇〇三年）、雨にやられたか（二〇一四年）を知っている。両方の条件がフレーヴァーに影響を及ぼしているはずだからだ。そして世界のワインメーカーは品質呼称に頼っている、たとえばイタリアの「ＤＯＣＧ」（原産地呼称統制保証ワイン）の承認は彼らがそのワインを造ったということを証明している、いっぽうで規則は良いボトル――ブドウを間引き摘果して残したブドウにフレーヴァーを凝縮させるため、あるいは若い時は強すぎるフレーヴァーを熟成させるために――を造ることを意味する。スペインではグラン・レゼルバという最高級長期熟成ワインを造るためには、クリアンサの呼称を得るワインよりも一年(かもっと)長く、木樽で寝かせる。クリアンサとは熟成という意味で、タンニンを和らげ、もっと複雑で深いフレーヴァーを加えるプロセスである。ほぼすべての地域にそこ独自の品質の段階がある。フランスではAOC(原産地呼称統制)がふつうのヴァン・ド・フランス(フランス産ワイン)よりも勝る。ドイツでは「クヴァリテーツ」がふつうのドイツワインより上だ。ソムリエも飲み手もそれらの用語を選定の参考にするし、用語は一本のワインの品質とスタイルを明確にするように意図されている。

とても簡単に聞こえる、でしょ? 基本的に、私たちはワインのラベルによって、すばらしいか、良いか、まあまあのワインかを知る。一件落着。ほかに何か問題がある?

そう急がないで。あいにくとことはそう簡単ではない。長い歴史にもかかわらず、この等級分けシステムは頼りにならないこともしばしばある。ラベルのタイトルは質を反映しているとされるが現実ではすべてのグラン・クリュがかならずしもプレミア・クリュに、あるいは村名《ヴィレッジ》ワインに勝るとは限らない(あるメーカーの村名ワインがほかのメーカーのグラン・クリュの数倍もの価値をもつこともあるのだ)。イタリアのベストモダンのワインメーカーのなかにはサッシカイアのような受賞もののワインを造るために規則書を放棄したところもある。フランスのブドウとミックスして造られたそのワインは、数年間、公式にはヴィーノ・ダ・ターボラ(テーブルワイン)として格付けは低かった。あらゆる点で上級のファースト・グロースと等しい傑出したセカンド・グロースを表現するためにボルドーワインのファンは「スーパー・セカンド」とニックネームで呼んでいる。ブドウ畑で進行しているものによって品質を測るほかに、私たちはグラスの中身がどんな味、香りで、そして飲み手にどう感じさせるかによってワインの価値を測るべきではないだろうか？

結論として、等級分けは全面的に信頼することができない。私は次に価格のことを考えた。具体的で、数量化した価格。六〇ドルのワインは六ドルのワインよりずっとおいしい味がする、そして六〇〇ドルのよりもまずい……でしょ？　さもなければ人はなぜわざわざ高額を出してぜいたくしようとする？

この問いをワインエコノミストのカール・ストークマンにぶつけてみた。ニューヨーク大学の教授で、『ジャーナル・オブ・ワイン・エコノミクス』を出版し、彼自身ワイン愛好家で、友人たちと毎週ブラインド・テイスティングをしている。彼は私のシンプルなロジックに同意を示した。価格は品質に対応している——ただしある点までは。価格の敷居がある工場生産されたワインともう一つはたぶん手作りで高い価格のもの、それなのにまださらに三番目に、ステータスシンボルになるさらに高い価格帯すらある。良質のワインはおいしいかもしれない——そして尻込みさせる——、なぜならそれらは質も値段も高い投入物で造られていて、それが価格に反映しているからだ。上質のフランス製オーク樽は一樽で一〇〇〇ドルもする。まさに適切な量の太陽と雨でブドウが育成されるナパヴァレーだと、一エーカーの土地はおおよそ三〇万ドルもする。太陽がすべてを焼きつくすようなセントラル・ヴァレーのような箱入りワインの土地の数十倍だ。熟成のため数年もワインを貯蔵することがまた価格に上乗せされる。それらすべての経費が飲み手に回っていく。

五〇ドルか六〇ドルあたりまでは品質が価格にしっかりと反映している、とカールは算定した。それ以上はブランド、評判、そして稀少性がボトルの価格をそっと押し上げていく。「五〇ドルのワインと一五〇ドルのワイン、ワインの物理的特色はたぶん同じだ」とカール。ブルゴーニュのドメーヌ・ド・ラ・ロマネコンティの一年間の生産量は平均八千ケースであるのに、トレジャリー・ワイン・エステーツが展開するブランドの一つベリンジャー・ヴィンヤーズは毎年約三千五百万ケースを絞り出している。需要と供給の法則によって、そのワイナリーが、発酵したブドウ七五〇ミリリットルを家庭用価格に下げて売ることを許している。一本のワインの価格が三桁かそれ以上になると、投資目的か家のお宝としての価値にもっぱら目が行き、飲み物としてのウマミについて取り沙汰されることは少なくなるかもしれない。「五〇〇ドルするものは何であれ、それはワインではない。あなたはワインを買おうとしているのではない。それはコレクション用だ」プリンストン大学の計量経済学教授で、カールと『ジャーナル・オブ・ワイン・エコノミクス』を共同運営しているオーリー・アッシェンフェルターは言った。推量あるいは感情的価値は脇にどけておき、フレーヴァーを論じる段になると、「五〇〇ドルという価格を妥当とする根拠はない。私はたったの一〇〇ドルであなたにワインを買ってあげて、五〇〇ドルのボトルと区別が付けられないことを誓う」。そう彼は請け合った。「世の中にはでたらめな物を買う人間がごまんといる」

冷徹な科学の重みによって裏打ちされた彼らの非難は説得力を持っていた。しかし裸の王様に行きつくように感じさせられた。違いは存在するという考えにキャリアや人生、そして運命を賭けている人々に私はたくさん出会った。実際の違いを反映している以上に価格によって品質の評価が導かれるのを見てきた。

それが私を科学へと導いた。これは……くだらない抵抗かもしれない、と考えた。高級ワインにはもしかして化学的レベルで何かユニークなものがあったのだろうか？

ソノマをベースにしているワインコンサルタント（ブドウの収穫、醸造、ボトリングの全工程を指揮し、監督するスペシャリスト。エノロジスト）は、ユニークなものがあると主張する。「品質承認ソフトウェア」という武器を使ってエノロジストは、ワインの味と品質を予測するために化学的成分を分析できると公言する。同様に『ワインスペクテーター』誌やロバート・パーカーの『ワイン・アドヴォケイト』誌のような影響力を持つ媒体から受け取る得点も測れるという。エノロジストは高得点を得るために重要なものとして人気を博し、引く手あまただ。エノロジストが認めた百かそこらの地区にたいして依頼人のワインがヒットするように収穫や熟成法を教える。彼らが測る化学物質《ケミカル》は代表的なアルコール、糖、酸から新規のテルペン、アントシアニン、ポリフェノールまである。

ここでもまた「しかし」がある――多くのワインメーカーは、エノロジストの「品質指標」はほんの一部の飲み手しか好まない、重くフルーティなワインという特別なスタイルを生むために調整されていると抗議する。つまりエノロジストの常套句は、特殊な味覚者のための「ベスト」ワインを生むだけかもしれないというのだ。なかでもエキスパートの格付けはかならずしも品質を測るものとして信頼できない。もしあなたが質というものを「人々が飲みたがるもの」という意味に考えるならばだ。ワインをヒットさせる技をメーカーに提供することに特化している市場調査会社トラゴンは、評論家たちが高く位置づけるワインと、消費者が楽しむワインとの関係は……ゼロだと結論づけた。獲得する点数はいかなる層あるいは優位のグループの好みも反映して**いない**、とトラゴンはある報告書で記している。

そしてついに、二〇一五年、醸造学の「ハーヴァード」と言われるカリフォルニア大学デーヴィス校によって出版された研究では、ワインの質とワインの化学成分のあいだの関係は明白ではないという報告がなされた。科学者たちはカリフォルニア・カベルネ・ソーヴィニヨンを二十七本選び、価格（九ドル九九セントから七〇ドルまで）と獲得点数（百点満点で八十二点から九十八点まで）をさまざま取り混ぜて化学的成分を試験した。そしていくつかの傾向を観察した——たとえば、ユーロピウム、バリウム、そしてガリウムの元素が集中しているボトルは評論家から高い点数を獲得しているように思われた。しかし全体として、研究者たちはワインの品質をはっきりと予言できるどんな特定の化学的成分も見つけることができなかった。各ボトルに含まれるのはおそらく千もの成分の混合で、たとえそれらが助けになりえたとしても、たいして助けにはならないだろう。微量のガリウムが入っているから特定のボトルを愛するなどということはありそうもない。ちょうど私たちがヴァン・ゴッホの『星月夜』を称賛するのは、ただたまたまコバルトブルーをキャンパスに叩きつけるように描かれているからというのが疑わしいように。そして、もしあなたがユーロピウムとバリウムをかすかに感じさせるボトルをソムリエに頼んだとしても、ぽかんとした表情以外に何か返ってきたらラッキーというものだ。研究によって品質の化学が解読されたとしても、ディナーの席ではそれほど役に立たない。

科学はまた、フレーヴァーの感じ方は人それぞれだということを明確にした。そのことも忘れてはならない。とすると「良い」ワインの定義は完全に主観的なものになるのだろうか？

もしソムリエに訊いたとして、まずそう答えがかえってくるだろう。相対主義者は品質の基準は人それぞれに異なり、同じ人間でも時間とともに変わると主張する。この主張がすくなくとも部分的に当たっていることは私もわかっていた。なぜなら私自身の味覚が大幅に変わったからだ。味覚トレーニングを始めて以来、以前愛していた一四ドル九九セントのカリフォルニアのシャルドネ（ボトル入りの液化したクール・ホイップ）を袖にして、痛々しいまでに時流に乗ったフランスはジュラ地方のヴァン・ジョーヌにアップグレードした。これはワインの一つのスタイルで、その最高の状態だと、海水と腐りかけて嫌な味のするマルティネリ社のサイダーをブレンドしたような味がする。これは本当においしい。一度は試すべきだろう。

しかしかすかだけど、自分には良いワインと、世間で良いとされるワインとのあいだには重要な違いがある――以上。だれもが自分のお気に入りを決めることができるし、そして決めるべきだ。いっぽうで専門家はそれなりの客観的な基準によって品質の格付けを鋭意試みている。専門家の基準によって、一本のワインはたとえ飲み手の人気がなくとも偉大になりうる。「〝良い〟は個人的好みとは別個に存在する」と『ワインスペクテーター』誌の批評家マット・クレイマーは書いている。『ワインの科学』の著者ジェイミー・グッドはワインの品質は「〝私たち自身の外側にある〟。ワインの正しい評価において、私たちは事実上、私たち自身の生物学的好みの外にある審美的システムあるいは文化に入り込み、利用している」と明言して、クレイマーと意見を一つにしている。

この見解は脈がありそうだ。おそらく「審美的システム」に答えはあるのだろう。ほとんどの批評家は各自、〝システム〟について見解を持っている。そしてワインの格付けをするとき、プロたちは一貫して三つの特性を重視している――バランス、複雑さ、後味《フィニッシュ》。バランスの取れていないワインは、フレーヴァーが突出していて不快に感じさせる。おそらく飲み込んだあとアルコールがヒリヒリと焼け付く感じを与えるか、強い酸味がブドウを圧倒しているのだろう。片やバランスのとれたワインは異種の成分にハーモニーをもたらしている。複雑さとはいくつもの層、深さ、多様性でワインの楽しさを持続させるキャパシティのことだ。後味とはそのワインを吐き出すか飲み込んだあと、フレーヴァーが口の中にとどまる時間の長さを意味する。並みのワインだとフレーヴァーは急速に消え、良いワインはしばらくとどまる。このチェックリストは飲み手がワイン本来の固有性と客観的な「良さ」の審判を助けるとされ、点数にも反映されているとされる。一人の評論家の格付けは本人の好き嫌いとはかかわりなく一本のボトルが優れているか並みかを示す指標だ。百点満点で九十二点という点数は審査委員がどれだけ快楽を得たかという意味ではない。

しかしもし三つの重要な特性が品質にとって本当に客観的物差しを供給するなら、なぜ審査員たちの間で、個人の中でも、格付けの点数や意見が大きく異なることがあるのだろう？　もし品質が一定で、「審美的システム」で良さを理解できるとするなら、同じワインが同じ点数、あるいはごく近い数字を得るとあなたは思うだろう。掛け値なしの裸の状態なら、同じ批評家たちから同じ点数を得るはずだ。

ところが現実世界ではいつも同じということにはならない。『ジャーナル・オブ・ワイン・エコノミクス』に載った、足かけ三年にわたる研究ではメジャーなカリフォルニアワインコンテストにおける審査員たちの信頼性を徹底的に追っている。各コンテストで、約七十名の審査員がそれぞれ三十杯のワインを試飲した。それらのいくつかは同じボトルから三通りに注がれた。そのあと賞が与えられる、金賞、銀賞、銅賞、番外。結果は、最高によく言っても困惑させられるものだった――審査員のほんの一〇パーセントだけが採点において首尾一貫していた。しかし大半は試飲するたびに同じボトルでもまったく矛盾する格付けをしていた。一人の審査員は最初の試飲で九十点を与え（銀賞）、数分後に飲んだときは八十点（賞なし）をつけ、三度目では完璧に近い九十六点（金賞）を付けた。筆者は「メダルは基本的にでたらめに渡されていた」と結んでいる。「以下のことを予告しておいたほうがいいだろう。一つの競技会での受賞結果は、別の競技会での結果とは異なる可能性があり、受賞を逃す可能性すらある」

このことは「良質」を保証するとされる「審美的システム」にささやかな自信を与える。理由はとくにそれはただ、他者は何を感じたかをバックアップするだけだからだ。カリフォルニアのニュースレター『ザ・グレープヴァイン』に載ったレポートでは、四千本のワインが十以上の競技会に出品され、そのうちの一千本以上がいくつかの競技会で金賞を得たものの、別の競技会では何の賞も獲得しなかった。著者で物理学者のレナード・ムロディナウは『ウォールストリート・ジャーナル』で、あるワインメーカーが同じワインを三つの異なるラベルで一つの競技会に出品したことを詳述している。そのうちの二つはまったく無視された（一つは「飲めたものではない」と）。そして三つ目のまったく同じワインが金賞を二つ勝ちとった。

カリフォルニアワインコンテストに関する研究では、審査員たちが厳密な一貫性を持っていた状況を実際に発見している——自分の好みとは離れて審査員はワインの格付けをすること。品質はとらえどころがないということ。しかし質の悪いワインはごまかせないこと。

大量生産される〝質の悪い〟ワイン

これら品質の定義の数々が、サンフランシスコからレイの研究所があるセントヘレナへのドライブ中、私の頭の中をぐるぐると回っていた。「良質の」ワインは、首尾一貫した記述に応えるので、私は「質の悪い」ワイン、もっと正確に言えば、大量生産の震源地で質というものを定義できるかどうかを見るために訪れようと決めたのだった。

高速道路沿いには、トリミングしたプードルさながら手入れされた庭園のなかに十八世紀前期のクイーン・アン様式の大邸宅が並んでいる。邸内にはテイスティング・ルームがあるのだろう。通りすぎるほとんどのワイナリーは『ワインスペクテーター』の点数を心配しているか、『ジャーナル・オブ・ワイン・エコノミクス』が暴いたような競技会での成り行きを気にしている。しかしトレジャリー社のような大量生産のメーカーは当然、「食品市場のシェア率」での勝利のほうに心をくだいているだろう――ゴールはバド・ライトやウォッカソーダから飲み手を奪うこと。レイの入社以来、トレジャリー社はビール好きの兄弟たちをスレッジハンマー――自社の赤ワインのライン（「文字通り、あなたの味蕾にハンマーを打ち下ろす！」）――で獲得しようと狙っていた（社のウェブサイトにあるキャッチフレーズは、火の球が爆発して出てくるジンファンデルの隣に、不満気味にこう書かれている――「肉。ワイン。それもいいけどね」）。

同様にトレジャリー社はスキニーガール・マルガリータを、飲み手になるBe.層にアピールしようと試みる。Be.とはコスモポリタン誌スタイルのクイズ（飲み手が高いピンヒールを好むか、水玉模様のぺったんこシューズ派か）を使ってピンク・モスカート（恋を楽しむタイプか）か、リースリング（自分を輝かせるタイプ）を選ばせる戦略だ。プレスリリースではBe.を「ミレニアム世代の女性にますますアピールするようにデザインされた、トレジャリー社初のワインのライン」として高々と謳っている。

「造られた」ワインではなく「デザインされた」ワインについて、ちょっとでいいから考えてほしい。だれかがBe.スタイルワインを「開発された」ワインと言うとき、それは「クリエイト」と同義語として使っているのだ。クリエイトと同じ意味で開発されたと耳にするのは、テクノロジーの世界を去って以来、初めてだった。

牧場主の家の脇道を入ると、ようやくレイの研究所が見つかった。一連の低いコンクリートの倉庫の背後に、マスタードイエローのオフィスビルがひっそりと建っている。「テイスティングもツアーもお断り」という警告サインが入口に掛かっている。駐車場の複合ビルを想わせる建物は、わざわざ警告しなくても入りたいとは思わない雰囲気をもっていた。

レイは三十代初めで、ワインカントリーのユニフォームであるジーンズとカーハートのジャケットを拒否して、黒いワンピースに黒のストッキング、黒いスエードのブーツという姿だった。カーペット敷きの階段をのぼって研究所へと案内される。そこは明るくだだっ広い部屋で、一人の助手が缶入りのマッシュルームと黒胡椒とクランベリーを混ぜて、メラミン化粧板フォーマイカのカウンターに並べた赤ワインのグラスに入れている。いっぽうの壁際には明るく照らされた狭く白いブースが並んでいた。それぞれが椅子一脚と作り付けのカウンター、人ひとりがやっと入れる広さだ。ここにレイはワインのサンプルを持ち込み、試飲する。無菌のブースは、試飲中の集中を邪魔する可能性のあるもの、たとえば何かの匂いや派手な色などを排除するようにデザインされていた。「パ・ー・ティ・ー・タ・イ・ム」というアルファベットを書いた紙の鎖がドア近くにピンで留められている。

二〇一〇年にトレジャリー社に入る以前、レイはファストフードの会社ジャック・イン・ザ・ボックスで五年間、フレンチフライからチキンナゲットまでの揚げ物すべてを最高の味にするためのトランス脂肪酸フリー食用油の開発にたずさわっていた。ワイン関連での仕事はファストフードの開発と「ほとんど同じこと」と彼女は言う。これを聞いて私は驚いた。評論家はスレッジハンマーのようないわゆるデザインワインを、ドライブスルーでのソーダと変わらないと軽蔑しているのに。つまり、がぶがぶ飲めるが鼻について飽きる、味の一貫性はあるが退屈、工場で大量生産される品に過ぎない、との理由からだ。社の公言どおり、レイの仕事は本当にワインを一種、コカコーラのアルコール版に変えつつあるのだろうか？「そうなりそうよ」彼女は肩をすくめた。「数年前、超人気だったモスカートというワインはほぼソフトドリンクみたいな味だったわ」

一九八九年にオープンした当時のトレジャリー社の感覚研究所は、一ワインメーカーが所有する初めての研究所だった。ワインは、思われているよりももっとスナックフードかソーダに似ているという考えから設立された。そのころポテトチップスやエナジードリンクの新しいフレーヴァーを求めて、どの社も市場調査や官能検査や消費者テストをしたうえで創っていた。どこもデータ、数字、分析を必要とした。ワインだって例外ではない。レイが受け継いだ感覚研究所はベリンジャー・ヴィンヤーズの監督のもとで設立された。ベリンジャー・ヴィンヤーズは禁酒法時代以前、カリスマ的なカリフォルニアのワイナリーだった。のちにネスレの所有になる（トレジャリー社は二〇一一年からベリンジャーを所有している）。ネスレは、ダイエット用冷凍食品のリーンクィジーン、ハーゲンダッツ、そしてコーヒーメイトといったスーパーマーケットの商品開発の経験が豊富なので、消費者のワインの好みを理解するためにベリンジャーのチームが感覚分析によるアイデアをワインに投入したとき、社の幹部は一も二もなく受け入れた。

とはいえワイン造りはこういったアプローチでは決してうまくいかない。伝統的にワイナリーは一人の醸造家に率いられたベテラン職人たちの小さなチーム頼りで、モーガンの言う「宇宙における自分の居場所を再認識させるような良いワイン」のビジョンを満足させるボトル造りにこだわっている。宇宙におけるモーガンの居場所を裏付けるボトルは、ほぼつねにこのアプローチをとり、品質にたいする直感を重んじるワインの芸術家によって丁寧に造られている。だから飲み手にいろいろと相談することなどは、画家モネが次のキャンバスに使う色を決めるためグループに訊くようなものだろう。

実証済みの伝統的ワイン造りから離れて、ベリンジャー（現トレジャリー・ワイン・エステーツ社）は委員会によるワイン造りを採用した。プロだけでなくアマチュアに試飲させ、コマーシャルワインとお値打ちボトルのプロファイルをする。そのアプローチは社にまた一つ成功をもたらすツールとして、ベリンジャーの高級ワインを造る醸造所でも踏襲された。感覚の分析はラディカルで新しい哲学を提示した――ワインメーカーが造るワインを消費者に提供するのではなく、消費者の要望が造るワインをそのままメーカーが売りはじめたのだ。そのやり方はほかの巨人たちにも広まった。たとえばアンドレ、カルロロッシ、そして人気のベアフットなどのブランドを持つE・J・ガロやウッドブリッジ、ロバート・モンダヴィ、そしてラヴェンウッドなど多数のブランドを持つコンステレーション・ブランズなどがそうだ。両社とも最近、自社の感覚研究部門を設けている。トラゴンも、自前の研究所を持てないワイナリーに似たようなサービスを提供している。

レイは私にワイン開発の第一段階を見学させてくれた。業界用語で言う「消費者の反響からクリエイトする」段階を見せてくれた。私が到着してまもなく、すべてトレジャリー社のスタッフからなるボランティアのグループが、レイの最新の研究対象である十四種類のワインを試飲して感想を述べるために会議室に入った。レイは具体的ボトル名を明かそうとしなかったが、それらはトレジャリー社の現製品と、新しい見本と、ライバル社のヒット商品などらしい。レイやほかの研究員たちはそれらのプロファイルを必要とし、コピーしたがっているようだった。私の滞在中、彼女はボランティアに各ワインを表現する言葉について話し合うように要請した。どのサンプルに対しても「フルーティ」とか「アーシー（土臭い）」をグループ全員が同じ意味で使うよう確実にするためだ。そしてだれかが匂いを思い出す必要がある場合に備えて、私がさっき目にしたマッシュルームとクランベリーのグラスを掲げて見せた。レイの「感覚計測道具」、すなわち飲み手はワイン鑑定家である必要はなく、ただ自分が口にしたものの違いに比較的敏感であることだけを要した。むろん、だれもが比較的敏感とはいえないが。トラゴンによると、おおよそどの層においても三〇パーセントが「自分たちが日常的に消費している製品の違いを区別できない」という。

数日後、従業員たちは各ワインの特徴を評価するためにテイスティングブースに向かうだろう。次に、百名を超すアマチュアドリンカー（トレジャリー社のスタッフではない）が十四種類のサンプルに好きな順位を付ける。これら二つのデータセットによって――ワインの感覚プロファイル、そしてどれが消費者に一番気に入られたか――レイはターゲットとする消費者の好みを把握する。おそらくブラックベリーのアロマがあり、酸味の弱い紫がかった色のワインが好評を博すと思われる。それとも新しいトレンドとして樽熟成していない、アルコール度の低い、甘さ控えめの、赤というよりピンクがかったワインになるかもしれない。なんであれ、トレジャリー社傘下のワインメーカーは飲み手の味覚を満足させるために自分たちの調合を微調整することもできる。いろいろあるなかで、熟成過程、酵母菌《イースト》の種類、収穫時期、ブドウの植え付け、台木、オーク樽の使用などなど調整可能だ。「もしワインAの点数がワインBよりうんと高く、糖度も著しく高いならば、ワインBに少々補糖するわけ」レイはそう説明した。試飲者はおうおうにして、不透明で濃い色のもののほうが、透明性があり薄い色のピノ・ノワールタイプよりおいしいと感じる。しろうとの消費者でも有望なトレンドについて専門家に一つか二つ教えられる事柄もある。重くバターのような風味のシャルドネ向きの好況の九〇年代にトラゴンのテイスティング審査員の一人は、当時流行していたオークスタイルを退けた。飲み手は何よりも樽熟成していない四ドルのボトルを好むとの理由からだ。そして樽熟成していない白ワインのラインを考慮するよう、クライアントのワインメーカーに報告すると、メーカー側はその意見を退けた。「『あんたはクレイジーだ。おれのオフィスから出ていけ』って言われた」とトラゴンの「感覚研究主任」のレベッカ・ブライバウムは思い出して言った。最近は、あっさりして樽熟成していないシャルドネが大流行している。

私はレイが試飲者に飲ませたワインを口にした。飲んだ結果、セブン - イレブンで売っているような飲み物が受ける理由がわかった。試飲したワインは、ワンショットのウォッカとハーシーズのシロップを混ぜ込んだブルーベリー・スムージーを思い出させた。だが私は心をオープンにしていようと努めた。「価格はスパイスだ」を思い出した。いや、俗物《スノッブ》になってはいけない。真実はいずれわかる。とにかく探求を続けよう。二度目に口にすると、新たな感想はなかった。レイに出されたワインは芳醇で、甘く、そして濃かった。

この意味で、彼らはコマーシャルワインとお値打ちワインの買い手の味覚や好みをうまく取り込んでいた。コマーシャルワインやお値打ちワインの買い手は、タンニンが弱く、渋みが少なく、複雑さがない甘くフルーティなワインを好む傾向がある。この傾向はまた、鑑定家が「良い」と考えるワインとはまったく相容れない。私はあるブラインド・テイスティングで、〈ジャン＝ジョルジュ〉のソムリエが結婚式に参列したときの恐怖物語を思い出していた。お祝いの席でベリンジャーのワインが出されたという。「友人と私はシャルドネを……うん、思い切って口にしたの。そうしたら『えええーーーー！』となった」同情してうなずくブラインド・テイスティング仲間に彼女は嘆いたものだ。「だからあの夜はもっぱらスコッチアンドソーダを飲んでいたわ」スニッカーズが、焼いたウズラに似ているように、レイのワインは、アーシーな土の香りを持つとモーガンが言う一二〇〇ドルのルソーに似ていた。

モーガンはレイのサンプルをいっさい拒むかもしれないが、「消費者のニーズに応える」ボトルを造ることは、人々がワインに見出す快楽を変えた。二〇〇七年、トラゴンは市場で実行可能な製品として最低限の点数に見合う稀なスレッジハンマー・タイプのボトルを出した。飲み手はそのワインを飲み下し、ホウレンソウや冷凍グリーンピースと同じ低い点数を割り当てた。飲むことはできる、でも全然楽しくない、と。いま、大量消費市場のワインは飲み手を満足させる点で前より高い点数を得ており、審査員たちは定期的に上クラスのハーゲンダッツのようなアイスクリームと同じ高点数を付け、賞も与えている。「ワインをこの種の親しみのある製品にしようとしているの」とレベッカは言った。「感覚や慣れで消費者はそれらを愛し*ている*」酸性が強く、口をすぼめてしまうボルドーワインは意図的に造り出された味だ。強いフルーティな香りと後味の甘さでイエローテイルあるいはスレッジハンマーは飲み手に違和感なく飲まれる。飲み手とは大半の私たちのように、甘ったるいパンプキンスパイスラテやビタミンウォーターなどの飲食物に執着している人間のことだ。レイやレベッカのような人々は一つの主義を持っている。「一度目はマーケティングがあなたにワインを買わせる。二度目は感覚があなたにワインを買わせる」（コンステレーション・ブランズの感覚部門の部長であるジョン・ソーンゲイトは、その論理が高価格のワインには当てはまらないと警告している。高価格ワインの飲み手はまったく非合理的である。「スクリーミング・イーグルスを飲む人々は」――あなたのボトルは一〇〇〇ドルの低価格――「好きではないが気分がいいので飲み続けるんだ」）

これは私が期待した品質の問いにたいする納得できる答えではなかった。直感に反していたし、「ひどい」ワインはすくなくとも飲み手の大部分にとり、実際においしいワインだった。トレジャリー社のようなメーカーはロバート・パーカーやコート・オブ・マスター・ソムリエよりはるかにシンプルな品質の定義を採り入れてきた――もし多くの人々が直感的に好きと思うなら、バランスや後味について何も知らなくともそれは良いワインだ。「ひどい」ボトルは最大数の快楽のために設計されている。だからこそそれらのボトルはむずかしい理屈抜きに、飲み手の自然な意向にアピールして楽しまれるのだ。それにそのどこがそんなに悪いのか？　音楽、ファッション、映画やアートにも同様の傾向があり、ロウブロウとハイブロウがなんとかうまく共存している。フェリックス・メンデルスゾーンの歌曲はしとやかに歌われてこそ人は聴きたいだろうし、マイリー・サイラスの歌「レッキング・ボール」は過激なパフォーマンスとも受けるのだろう。

カリフォルニアにいるあいだ私は遠回りしてティム・ハンニに会いに行った。元ベリンジャーの従業員で、マスター・オブ・ワインになった二人のアメリカ人のうちの一人だ。マスター・オブ・ワインズ協会によって最高の識別人の賞を得ている。だが夢のある称号にもかかわらず、ワイン評価の諸規則を再考するよう仲間に働きかけていることからティムは「ワインのアンティスノブ」とあだ名ももらっている。もっと詳しく言うと――彼は仲間が現在の〈脚本〉を捨て去ることを望んでいる。料理とワインのペアリングの決め事を軽蔑し、ほとんどのワイン愛好家が触れようともしないワインに金賞を与えた（「チョコレートチェリー・トリュフ」なに?）。そして飲み手にスレッジハンマーよりグラン・クリュが美味だと教えるのは間違っていて傲慢だと彼は考える。レイの研究所からほど近いスターバックスで会ったティムは、ワイン愛好家たちの「良質」という定義について、フレーヴァーや造り方とまったく無関係だと批判した。むしろ、それは根本的に仲間のプレッシャーや群集心理と関係している、と添えた。〈大衆〉受けを期待して、スノブになりたい市民はスノブの味覚を真似る、するとその好みが流行する。ワインについてあまり知らないなら人は自分を精神的に無垢の状態で偏見がないと考えるかもしれない。ここで「ボルドー」という言葉を考えてほしい。もしシャトーとか富裕な人々とか伝統などが心に浮かんだら、それはこれまでどこかで、何かの記事で、あるいは友人の何気ない言葉で、あなたは良い味と結びつけるようになったと思われる。

高い評価を受けたボトルから快楽を得るために「人は本当の自分の自然な好みや傾向を捨て、ワインについての集団的妄想を受け入れる」とティムは言った。しかもこれはアルコール依存症と折り合いをつける前に、通常の量以上に上質のワインを味わった者の口から出た言葉だ。私たちは各々、独自のフレーヴァー感覚を持っていて、それによって自然に好みのワインへと導かれる、とティムは力説する。子供は本能的に甘いものを欲しがり、苦味には顔をしかめるとしても（それは有毒な食物を摂取することにたいする一つの進化論的防御だが）、ワイン愛好家はタンニンと苦味のあるバローロを激賞する。もしあなたがバローロを愛することを学んだら、「あなたの味覚は『退化していて』、実際、不自然になりつつあるのだ」とティムは言った。「あなたは甘さに、あるいは何であれ自然な味を捨て、顔をしかめることすら学んだ。ワインに関してのみならず、人間についても同じだ、なぜって批評原理の一部だから。あなたはあなたが好きなはずだとされている物を知る、そしてまた好きでないはずという物も知る、そして好きでないはずの物との付き合いによって、好きではないはずのだれかを知る。挙句の果てに、あなたはくそワインのみならず、そのワインを好きな人々も批判するようになる」

ティムの非難は新しいものではない。フランスの社会学者ピエール・ブルデューが一九八四年に出した『ディスタンクシオン1』の中の趣味判断の社会的批判で提示した一つの論理を私は思い出した。ブルデューは私たちがゴルフ、アームカバー、オペラ、シャンパンといったさまざまなものを称賛するために学ぶことについて検証する。社会的資産と文化的資産はかなりの追求と他の拒絶を受けいれることから引き出される。ブルデューが見たように、どんな好みも純粋ではない。人は社会的サークルで相互作用しあうように、同輩からの承認を得るために歓迎するべきでない、あるいは歓迎するべきことについてのきっかけを頭に入れているのだ。結局私たちは何であれ自分を尊敬に値する人間に見せるものに高評価を与える。「人は味を区別し、味は人を区別する」とブルデューは書いている。このレンズを通すとドメーヌ・ド・ラ・ロマネコンティを切望することに必然性はないように思えるし、少々皮肉っぽくすらある。一本の「良い」ワインは社会のどんな層であれ、ボトルの中身とはまったく関係ないいくつかの理由によって「良い」ワインだとお墨付きをもらう。そしてワインについての判断を次は自分たち自身の判断材料に使う。これは回りまわってソムリエの仕事に一つの率直で新たな解釈を加える。この一種、上から目線での「上質」という概念をとおしてソムリエが客を高級なワインへと導くことは、基本的に上流階層を大衆と区別する一助になっている。

もともと私がワインに魅せられた部分である疑問についてもティムは言及した。世界の味覚を支配しようとする大がかりな陰謀があるとは私は信じていない。しかし支配することは可能に思える。ワインのエキスパートさえそのワインが上質だからではなく、良いと言うように学んだせいで高評価するくらいだからだ。それは有罪である。エキスパートがお気に入りとして選ぶものは自分のアイデンティティを反映している。他の人々はインスタグラムにセルフ写真を投稿するが、ソムリエは自分が飲んだボトルのスナップショットを上げてアイデンティティを主張している。ボトルのブランドを見れば、彼らが何者であるかがわかるという訳だ。多くが自分の試したものを見せびらかすために「ベストボトル・オブ・ザ・ナイト」の写真をアップロードしてシフトを終えている。モーガンは、現在もっとも流行している味に従うプレッシャーに苛立っている。コルクの発明以来、あるトレンディなメーカーのシャンパンが最高のスパークリングワインだという考えに賛同しない人々をソムリエが攻撃することに「連中はまったく偽善的だ」とこぼした。「一本に三五〇ドルを遣ったら、当人は好きでなくともそのことを認めたがらない、そこが問題なんだ」

おそらく「ひどい」ワインでも本当はそれほどひどくなかったのだ。すくなくとも安価なワインは、それまでグラスを手に取ることもなかった人々に門戸を開いた。「たいていはまず甘いワインから入り、徐々に離れて高級ワインへとレベルアップし、コレクターかワイン愛好家かワインスノブになる」レイはそう言っていた。彼女は自分が造ったワインを将来のワイン愛好家のための訓練用補助輪と位置付けていた。いまはスレッジハンマーを愛する飲み手がほんのあと数本で、それらの大衆向けワインを忘れてスノブになるかもしれない。

レイの研究所を去る前、私は彼女のオフィスの棚に置かれている小さなプラスチックのパッケージに目を止めた。中にはワインの風味づけと思われるウッドチップが入っている。ラベルにはバタースコッチ&チョコレート片、と書かれている。

私が学んだことすべてを動員して考えると、純粋に味に基づいて審判するとかならずしも大量生産ワインを「悪い、ひどい」と断定はできない。しかし大量生産ワインが人工的に造られる、あるいはむしろデザインされた飲み物であることに何か問題があるか？

毎年、一万四千ものワイン生産者とブドウ栽培者が、アメリカ・ワイン&グレープシンポジウムが開かれるサクラメントのシンポジウム会議場に押し掛ける。そこは生産者が注ぎ口や樽やボトル、コルク、シール、遠心分離機、カラー・スタビライザー、クラッシュパッド、香料添加剤、酵素、電解透析器、輸液管、タンク、ワイン圧搾機などを買い付ける見本市だ。唯一提供されないワイン関連重要製品は、ロマンだ。

レイとティムは二人とも参加する予定でいた。そして私も。「あの見本市に行かないなら、業界人ではない」トラゴンのスタッフがそう教えた。

ワインはこうやってつくられている

トレジャリー社は消費者の好みに合わせて自社ワインを大幅に変えることもできるという話になって、レイは、ワイン生産の過程で不可能に思えることも、ある程度可能にできると言った。色、苦味、タンニン、ブラックベリーやチェリー、プラムのアロマでさえも、それぞれが飲み手の好みによって強弱を操作できる。まるでワイン生産者が各要素のダイヤルを握っているかのように聞こえる。

実際、握っている。これがどんなにすごい精密さで成し遂げられうるかということを、見本市の会場でフリースのベストとワークブーツ姿の男性群に加わるまで私はじゅうぶん把握していなかった。会場で出遭う添加物製品の名前は、フレーヴァーの操作を想わせるサイエンスフィクションのような未来的響きを持っていた。アキュヴァン、ウーバーヴァイン、ニュートリスター、ザイム・オ・クレア、ザ・トールなど。それらは「ベアフット」や「ネイキッド・グレープ」といった、近所のワインショップにあるような身近なラベルとは遠く隔たっていた。

ふつう、ザイム・オ・クレアやザ・トールはワインの製造法の話には出てこない。上質のワインが造られる過程についての一般的説明は、数々のストーリーやワイナリーツアーでも引用されるように、以下のようなものになるだろう——まず、ワイン生産者はどの種類のブドウであれ特定の計画に基づいて理想の土地に植える。それから実がつきはじめると、農夫の彼が健康なブドウを収穫できるかどうかは天候頼みになる。暑すぎ、寒すぎ、雨が多かったり少なかったりするとブドウが甘過ぎたり、酸っぱすぎたり、白かびが生えたりする。実が干からびると、太陽、雲、雨、天をのろう。やがて彼はブドウを収穫し、選定し、圧搾し、そしてステンレスのタンクか何かの容器に貯蔵する。ブドウの皮に自然に生じた酵母菌か、べつに添加した酵母菌が発酵を促す。菌類は果実の糖分を餌にして、アルコール、炭素、ワインの香りのもととなるアロマの成分他を放出する。いったん果汁が発酵すると、生産者はワインを木樽に入れることを選ぶかもしれない、そうすれば少量の酸素が木の表面を透過してしみいるし、オークの香りがワインに付く。あるいはそのままステンレスタンクに入れておいて、新鮮さと果実のフレーヴァーを保つかもしれない。オークの効果とステンレスの効果の中間を求めて、卵型のコンクリート製のタンクに移す場合もある。そしてついに彼はジュースを瓶詰めし、出荷する。

価格や由来にかかわらず、飲み手はすべてのワインがこの伝統的な農業の手法で造られたものと思いがちだ。だからといって飲み手を責められない。ワイン生産者はまったく農業の手法を適用していないときでもしばしば職人技を強調するからだ。サター・ホーム社はボトルのラベルにヴィクトリア朝の家の脇にブドウの蔓《つる》が這っている牧歌的場面をあしらっている。その下には、一八九〇年以来のナパヴァレーの家族経営ブドウ園という紋章が飾られている。ママとパパの家族経営。わが家族からあなたの家族へ。そのワイナリーが毎年大量生産サイズのボトルを一億二千万本も生産していることなど、消費者は想像だにしない。これは五十州の全家庭に数本ずつ行きわたる数だ。

二十一世紀のワイン生産の現実は『大草原の小さな家』時代的側面が薄くなり、一九九七年のSF映画『ガタカ』的側面が濃くなった。これがとくに大量生産品や手の届くマスティージ商品を続々と、よりプレミアムな四〇ドル前後の価格帯のものと同様に生産する工業的経営の真実である。安いワインのすべてに化学物が添加されているわけではない。しかし価格を低く保ちつつ品質を上げたいと望む生産者にとり、自然はもはやフレーヴァーの最終決定権を持っていない。「ブドウを自然に任せるかわりに、機械で大量に造る……ワイン生産者の好みに合わせてワインを組み立てる」米国酒石酸製品合同シンポジウムのブースで、あるセールスパーソンが説明した。「それはより良い製品を造るからです」まるで私の心を読んだかのように彼は添えた。

一種類の粉かべつの物質で補えない欠陥はない。そのほかにボトル、箱、あるいはバッグでなにかとたくみに演出もできる。タンニンが強すぎる？　オヴォピュア（卵白粉末）か、アイシングラス（魚の嚢由来の粉）か、ゼラチン（牛の骨や豚の皮由来）を使えば大丈夫。あるいは白ワインの場合、濁りの原因となるタンパク質は、火山灰の分解でできた粘土、猫砂の成分プリベントで解決。タンニンが不足？　一〇〇〇ドルもする樽の代わりに一袋のオークチップ（フレーヴァーのために焼いた小さな木片）を使い、「タンクの板」（長いオークの桶板・樽板）、オーク・ダスト（響きが心配）、あるいはオーク・タンニン（〈モカ〉〈バニラ〉の中間をピックアップして）の液体を数摘垂らすといい。それと、樽熟成させたワインのテクスチャーをタンニンの粉で刺激して、価格を倍にすることも可能（「一般に八ドルから一二ドルのボトルなら一五ドルから二〇ドルにもっていける、樽熟成という評価をさらに高めるから……あなたがドレスアップさせるわけだ」セールスパーソンは赤裸々に明かした）。

コクがない？　アラビアゴム（ポスターカラーや水彩絵の具にも入っている成分）で口あたりを重くすればいい。泡が立ちすぎる？　だったら消泡剤（食品添加物とみなされるシリコンオイル）を数滴垂らしなさい。酸味を下げるには炭酸カリウムか、炭酸カルシウム（チョーク）を使う。ボリュームを上げるにはこれもまた一袋の酒石酸（または酒石英）に頼ること。アルコール度を高めるには甘いブドウの凝縮液とブドウの搾汁（マスト）とを混ぜるか、たんに砂糖を加えること。アルコール度を下げたいなら、コンテク社の回収装置か、ヴィノヴェーション社のアルコール度浸透低減機かあるいは水を用いる。熟成したボルドーを偽るにはルサッフルの酵母やイースト誘導剤を用いる。カタログで酵母菌ＣＹ３０７９のデザイナーイーストを注文して「新鮮なバター」や「ハチミツ」のアロマを増す、あるいは「チェリー・コーラ」ならローヌ２２６で。それともただ「イースト・ウィスパラー」に頼むといい。ラルマン社のブースに立っている濃いもみあげの男が、あなたの「スタイリスティックな目的」と合う最高のイーストを紹介してくれる。（柑橘系のアロマを持つソーヴィニヨン・ブランをつくりたいなら、ウヴァファームSVGを使うこと。西洋ナシとメロンのアロマが望みなら、ラルヴァンBA11を。パッションフルーツなら、ヴィティルヴュアエリクシールを）。防腐剤には二炭酸ジメチル（ただし中毒性があるから慎重に）を。そして全体の保存には二酸化硫黄燻蒸をしなさい。

それらすべてをやって、まだそのワインに満足しないなら、言葉では言い表せないものをメガ・パープル（濃いグレープジュースで、「魔法の数滴」と呼ばれている）数滴垂らして補う。それはワインをふくよかにし、フィニッシュを甘くし、色を濃くし、青臭さを覆い隠してくれる。靴下のような臭いあるいは馬小屋の臭いのブレットを消して、果実のフレーヴァーを出してくれる。使っていることをだれも認めないだろうが、それらは毎年、約二千五百万本の中に入っている。「実際、みんな使っている」とモントレーカウンティのワイナリーの社長は『ワインズ&ヴァインズ』誌で明かしている。「いずれにしろ二〇ドル以下のワインはすべてね、ま、たぶんそれ以上の価格のワインだとそれほどでもないだろうが」

合法的にワインに入れることができる添加物は六十以上にのぼる。オーク抽出液を展示しているBSGブースにいたセールスパーソンはワイナリーでの化学的アシスタンスの概念を気軽にしゃべった。「母なる自然は奇妙な味覚を持っているのね」彼女は警告した。「もちろん、神はワインを造るでしょう。ただあなたはそれが気に入らないこともある」

科学的操作もまたワイン造りに応用される。ただあなたはそれが気に入らないこともある。最終的に味は、私がレイと飲んだもののようになる。ボトルに入り、コルク栓をしたルートビア。

ワイン鑑定家は、コントロールされた不自然なワイン製造を非難する。ある種の人工的な、味覚版フォトショップで加工修整され、完璧すぎるほどきれいで、魂のこもらないワインを生むワイン造りに眉をひそめる。では質の悪いワインは手っ取り早くハイテクで造られていて、質のいいワインは操作なしで造られていると言えるか？　そうだ、と自然のワインの擁護者は言うだろう。自然なワイン生産者は機械や清澄剤、デザイナーイースト、そして酵素などが熟成しすぎのワインを造ると拒否する。彼らの拠って立つ義であり聖なるパトロンはジャーナリストのアリス・フェアリングだ。加工処理されたワインは醸造学による加工食品として、もしこれ以上悪辣にならなければ棚上げ状態でいくだろう。工業的に造られたシャンパンを買うしかなかった大晦日の「悲劇」について彼女はブログに書いている。「それは皮肉なことだった。偽物だった。裏切り者だった」そう彼女は嘆いた。自然のワイン、それは表向き、神が意図されたように発酵したブドウ果汁で「何も加えない、何も取り去らない」ものと彼女は定義する。ニュアンスがあり、偽らず、そしてすばらしく不完全なワイン。これらのワインは良質だ。たとえときには、たしかに……質が悪くとも。『フード&ワイン』のワイン編集者レイ・アイルの言葉を借りると、「透明感に欠け、身体を洗っていないフランスの小人によって造られたような、変な藻の臭いがして」

卵白や二酸化硫黄で処理され発酵したブドウとイースト菌の排出物の混合を飲むのが御馳走のように響かないことを認めるのに、あなたはべつにフェアリングの言う「筋金入りのワイン界の菜食主義者」の一人である必要はない。しかしそれがまずそうに響く表現はスーパーマーケットのがぶ飲みワインと、世界でもっとも祝福されるボトルの両方に適用できる。シャトー・マルゴーはトレジャリー社がスレッジハンマーを処理するような技術をもっていないだろう。もっと上質のマテリアルを使い、べつのフレーヴァーを追求するだろう。だがあなたが闘争的で筋金入りの菜食主義者の部類に属さないかぎり、少々の化学的加工はかならずしもワインの良し悪しにはつながらない。ワイン造りは長いあいだ、科学と融合してきた技術である。たとえその話は大半の飲み手には告げられないとしてもだ。数世紀にわたり、ボルドーワインは卵白を使って清澄さを出してきた。彼らはまたすでに古くなったワインがだめになるのを阻止する防腐剤として二酸化硫黄も使ってきた。こんにちでは伝統製法の象徴のように思われる樽ですら、ローマ人がアンフォラという粘土の壺に貯蔵する時代が数百年も続いたあと、かつては新しい技だった。添加物はすべて拒否し「産業革命以前」の方法を使用することに誇りをもつ生産者もいる。古代ローマ人が豚の血や大理石の粉、海水、さらに鉛までも甘さのもととして加えていた事実にはまったく目を向けずにだ。そして化学物をワインに入れるのは危険に思われるけれども、実際、酒石酸は自然にブドウの中に発生するということを心にとどめておいてほしい。ワインが科学的に「手を加え」られたというとき、良いと悪いとの差は程度の問題であり、質の問題ではありえないということを知っておいてほしい。

人工的に制御されたワイン造りは質を語る際に強くねじまげられてきた。以前、悪いワインは簡単に見分けられた。それらは物理的意味で無条件に悪かった。疵、欠陥があり、失敗作だった。それらは厩《うまや》や使用済みのバンドエイドの臭いがした。汚染され、消毒していない樽のなかのブレタノマイセス酵母のせいだ。そのワインは酸素にさらされすぎて酢が悪臭を放ったか、酸素が足りずにザウワークラウトや腐った卵の臭いが付いたかだ。圧縮や粉でこれらの疵は根絶される。「国際的市場で流通できるボトルの一パーセント以下にワイン製造の失敗が見られる」とワイン評論家のジャンシス・ロビンソンは『ワインの味わい方』で書いている。だとするとある意味、私たちは本当に悪いワインとはどんな味かをおそらく忘れてしまっているのだ。「悪い」ワインとすばらしいボトルのギャップは、またワイン生産者が化学的近道をとりだしたときに縮まりつつある。明白なミスを避けるためのみならず、また高級ワインの生産者を真似するために、本物の樽使用とほんの少額の差を埋めるためにオークの効果を複製し、気候に恵まれない年の収穫物を修正し、みすぼらしいビンテージの年における高い質を保つためにさまざまな処理を施す。「それはこんにちのワイン市場の皮肉の一つである」とロビンソンは記す、「最低と最高級ワインの価格の差がかつてなく開いているいっぽうで、これら二極の質はというとその差はかつてなく縮まっている。ワインの産業革命はまともなワインを効果的に民主化した」

「セントラル・コーストの男は」――安い普段飲みワインの中心地――「この化学物を使ってナパヴァレーのカベルネによく似た味のカベルネを造ることができる」とあるセールスパーソンは白、茶、そして黄色い粉を満載したガラスのショーケースにもたれかかりながら自慢した。そして声を潜めるとこう添えた。「トップクラスの醸造家は毛嫌いしているがね」

質を追求する

何がワインを良くするのかと私が最初にソムリエたちに訊いたとき、適切に答えられずにしどろもどろだった彼らにいっそうの同情をおぼえつつ、私はニューヨークにもどった。そう、おそらく質を測る唯一の正しい方法などないのだろう。しかし私は依然として、受容できる一つの基準を探していた。価格、化学物、批評家たちの「審美的システム」などは、明らかな欠点があり、一貫性に欠けていてすべて狭量に思える。それにワインの質を決める基準がまだ納得できない。ビートルズの曲がただビートルズによる曲だから偉大だと受け入れることができる以上にはだ。ワインを良くするものは何かという答えはその液体が私たちの唇に触れる瞬間にあるということを一段と信じるようになった。レイのワインと、私が味わったイケムのワインとはべつの範疇《はんちゅう》にあることを知った。「シラーズ」と「シラー」が同じ名前だということを知らない友人たちでさえ、大量生産品と手造りのワインの区別は簡単にできる。私はオーストラリアのシラーズを二本――一本はイエローテイルの七ドル九九セント、一本は三九ドル九九セントのヤウマのオーガニックワイン――をあるディナーパーティーに持参した。ボトルがだれの目にも触れないようにデキャンタージュした。人々はイエローテイルのワインをひと口含んだだけで捨てた。「ぼくの味蕾に永久にダメージを与えてくれたな」とマットは嘆いた。間違いなく差があることを私は疑わなかった。それをはっきり言葉にする方法を知らないだけだ。

ポール・グレコにメールしたのは気まぐれからだった。ポールは自称ニューヨークの「リースリングの大立者」でワインバー、テロワール・チェーンの共同創立者だ。モーガンが私を初めて飲みにつれていってくれた狭苦しい〈テロワール〉もそのチェーン店の一つだ。マンハッタンの最高級レストランのいくつかにおける長いキャリアと高い評価にもかかわらず、だれもがポールをイカレた人物と思っていた。愛情をこめてだと思うが人々は彼を「マッドマン」とひそかに呼んでいる。彼は自分の諸ルールにしたがってワインを扱う。ワイン界の伝統主義者が品質に関する私の難問にじゅうぶん答えられなかったので、私はたぶん伝統の反逆者に期待したのだろう。

ポールはワインに関して確固たる意見を持っている、そして必要とあらば客を音の攻撃で苦しめることも厭わない。〈テロワール・マレー・ヒル〉でのヘビーメタル月曜日、彼はロックバンドのブラック・サバスやモーターヘッドで客に襲いかかる。金属《メタル》を含んだ土壌でワインが成長することに敬意を表して彼は一週ごとにテーマを設けていた。ワインをテーマにしたタトゥー・シールを印刷して、長く居座っている客には誰彼かまわずシールを貼った。彼が「ザ・ブック」と呼ぶワインリストを大声で読み上げては、複雑な六十一頁を夢中で説明する。それは飲み物の索引《インデックス》というよりマニフェストで、全体としてわざとむずかしくしてあるようなリストだった。客に「中指を突き立てて侮辱するジェスチャーさ」と彼はうそぶいたことがある。不当にのけ者にされたと彼が考えるリースリングを夏のお勧めワインに決め、以後五年間、夏になるとリースリング以外の白ワインを一杯たりと売らなかった。ソーヴィニヨン・ブランを飲みたいって？　クソッ、うちではほらリースリングだ。シャルドネが欲しい？　クソ、このリースリングを試してくれ。客は背を向けて去った。ポールのビジネスパートナーはひどく腹を立てた。しかしポールはリースリングの福音のためには客の二、三人失うことなど平気だった。いたるところにいるワインスノブにとって許せないのは、ポールのリストにはスーパーマーケットのどうということのないブルー・ナンの横に一九〇〇ドルのサッシカイアが書かれていることだった。私は逆にそれを称賛する。さらに紙パック入りのワインもリストに投入されている。そのリストをだれかがたまたま見たら、「良い」ワインの根拠にしているものについて何一つ明確でなく、客観的優先順位がないと思うだろう。ポールが「悪い」ワインを侮っていないことに私は敬意を表する。彼はブルー・ナンを好きではないが、アメリカ人にリースリングを紹介した功績でそのワインの歴史的重要性を尊重していたのだ。その後、アメリカ人から遠ざけられたが。

〈テロワール・トライベッカ〉という、とてもおしゃれで居心地よい地下室に似たバーでポールと会ったとき、彼はちょっと動揺しているように見えた。上唇に沿ってまばらで唇の輪郭をたどれそうな口髭をたくわえている。まばらすぎて一本ずつマジックペンでなぞれそうだった、そしてもじゃもじゃの黒いあごひげがエアプランツのスパニッシュ・モスのように胸元へと這っている。

彼の意見に賛同しているときでも、ポールの口調はあなたを責めているように聞こえがちだ。話し始めて間もなく私たちは意見が一致した。二人のうちのどちらも、サンセールのグラスを食卓にしばしば出している振りをするほど好きではないという点で一致した。だがいずれにしろ、彼はやがて私に叫んだ。

「それはアルコールを含んだクソブドウジュースに過ぎない！　快楽をもたらすが、最後にはそれ以上でも以下でもない！」そう吠えた。「きみはソムリエのワイン産業を解体すべきだし、おれたちはみんなくだらないと告げるべきだ……われわれのトーク、われわれの注目、われわれの学び、この大げさな上辺だけの駆け引きに関するかぎり、人々に飲ませることができない！

もっと！　ワインを！」メタルの高いストゥールに二人して腰かけていて、ポールは言葉を口にするたびに両手でテーブルを叩いた――飲め！　ピシャリ。もっと！　ピシャリ。ワインを！　ピシャリ。「八千五百年前ノアの方舟がマウント・エヴェレストに到達したとき、最初にノアは何をしたか？　ブドウを植え、実を成らせ、ワインを造り、酔っ払い、そして裸になって正体をなくした！　そう、もしその時点まで文明をさかのぼったら、そしていいじゃないか！　最初からワインはわれわれとともにあったんだ！　そうだ」私に指を突きつける。「人々にもっとワインを飲ませて快適にさせるために、なぜこむずかしいことをしなきゃならないんだ？」

世界を変えたい。彼にとり、それは人々がもっとワインを飲んで快適になることを意味する。「われわれのワイン世界は、経済学者のトーマス・フリードマンなら、フラット化するはず、と言うだろう。フラットですごく大きい」声が大きくなる。ポールはワインを「輸送機関」と思っている。しかし彼は「このささやかなワインの世界の貴重さを押し上げ続ける人々」を嫌っている。「オクラホマシティに行ってみるといい、ま、どこでもいいが地方の食料品店に行ったらシックスパックのバドワイザーがあるから、いくらするか？　そうだな、七ドルかな。そしてその横にはシックスパックの銘柄ワイン〝テロワール・ピノ・グリージョ〟があるだろう。そしてそれは八ドルか九ドル。ちょっと高い、だが買うのを思いとどまるほどじゃない。〝ふむ、どっちにしようか……うーん、家族もいるから……よし！〟」――ぴ、い、い、しゃり！――「ピノ・グリージョにしよう」

ポールの話はある卸業者によってさえぎられた。卸業者はギリシャワインのサンプルをグラスについでいた手をとめた。ポールが少量を試飲しているとき、彼はわざと会話をボトルからギリシャの一般的状況にもっていった。〈ラピーチオ〉のソムリエ、ジョーやララと異なり、ポールはワイナリーや醸造業者の話を聞きたがらない。ただ、どんなワインかを味わうために先入観なしに飲むことを好んだ。ブドウ畑からの夢心地にさせる眺めを想像するためではなく。ただそのワインからどんな衝撃を受けるかだけを知るためにだ。難民かと思わせる格好で試飲会に行くことで彼は有名だった。めがねをかけ、帽子を目深にかぶり、ワインから気を散らせる挨拶や雑談を避けるために目と目を合わせないようにして。

卸業者が去ったとき、一本のボトルに彼は何を期待しているのかと訊いた。

「ワインはうまく《ヤミー》なきゃならない」

あいまいな言い方だ。「特に何か……うまいとする基準があるの?」さらに迫った。

「ひと口飲んで、二口目を飲みたくなること」彼は答えた。「一杯のグラスから二杯目に進ませること。ボトル一本から二本目に行かせること」

ちょうどそのとき、脚のすらっとしたドイツ人がアペリティフを飲みに入ってきた。ポールが彼女にシェリーを勧めているあいだ、私はさっきの彼の言葉を考えてみた。〈ひと口がもうひと口に進ませる〉。それが質の定義、「良い」ワインの明白な定義だと思われた。とてもシンプルで。だからこそ……真実?

悪いワインでも、しかるべき瞬間《とき》に良いワインになる余地があるところが気に入った。独立記念日にマサチューセッツの海岸で過ごしたときのことを思い出した。その夜は楽しさから、一本のボトルで夢見心地になり、幸せな気分になった。どこから持ってきたかも不明な、カタログに載っているたくさんのデザイナー酵母菌と添加物からピックアップしたもので造られているのは疑いようもないところの安いそのロゼに感謝した。そしてモーガンの高貴なルソーのほうがもっと美味だったと私に確信させるものは何もなかった。ルソーだったら焼いたマシュマロや、友人や、砂をかぶった紙皿にロブスターを割って開けることの楽しさも味わえなかったかもしれない。そうなった場合、高級なワインもなんの意味もなくなる。ルソーやどんな「すばらしい」ワインでもたんにお呼びでない、ふさわしくない場があるのだ。それら高級品の偉大さは、どんなに良いとしても過剰と言える。いろいろ加工された安いロゼのひと口が、さらにもうひと口を誘い、そしてもう一瓶となる。その瞬間、それは完璧なワインなのだ。

しかしポールの良いワインの定義はもう少し広く、ワインはそこにとどまらないことを示唆している。ひと口がもうひと口を誘うのは、そのワインが喜びを与えてくれるからだ。それはワインがかもしだす多くのフィーリングのなかのたった一つの反映に過ぎない。すばらしいワインは最初のひと口が不思議な感動と興味を引きだす。次のグラスへと口をつけさせるのは喉が渇いているからではなく、一杯目ではじゅうぶんわからない何かがあるからだ。それが魅力であり、謎だ。

「ひと口飲んで、二口目を飲みたくなること」は同時に、ワインは一つのプロセスであることの証《あか》しだ。良いワインはあなたを何かほかのものへの旅に誘う。一つのワインの最初のグラスは他の何かの二杯目に誘うこともある。たぶんもっと良いもの、もっと悪いものかもしれないが、すくなくとも新しい次元の新しい経験に連れていく。

「で」彼がもどってきたとき、私は切り出した。「ギリシャワインはおいしいと思った？」

彼はめがねを持ち上げてフレームをスパイクヘアの下にバランスをとって載せた。そして目をすがめてひとしきり私を見つめていた。「すでにそのことは言ったと思うがね、ぼくの場合、ひと口飲んで、二口目を飲みたくなることの意味を。ぼくが二口目を飲むのを見ただろ」

私はグラスを見た。グラスは空になっていた。

「ええ。そうね、あなたは飲み干した。おいしいから」

それがすばらしいワインだということかもしれない。それがうまいという、なによりの表明だ。うまさの定義にはまだ不明な点があるとモーガンは言った。美しい旋律が絶えず心に浮かぶようになるピアノのリフを高めるための一つのコードがないのと同様に、絵画を見ていてその場で私たちの足をとめさせる一つの色などない。もし偉大さが一つの型によって与えられうるとすれば、それはつまらないものになるだろう。そうではなく、私たちはワインを味わうとき偉大さを知るのだ。そしてそれは記憶として生き続ける。

8章 十戒
The Ten Commandments

学習、テイスティング、そしてレストランのフロアの時間をとおして、私の語彙は、ソムリエの言い方をすると、古いワインの「アロマ」が「ブーケ」になったような、予想外の「進化」を遂げつつあった。

「フライト」は飛行機の搭乗券ではなく、複数のグラスが並んでいる意味になった。「ぴたっと張り付いた皮膚と皮膚との接触」とは誘い文句ではなく、ブドウの果皮を果汁に浸して個性的なテクスチャーと色を加えるという意味になった。「プールド・ハウス」はスタッフがチップをプールして集めるレストランのことで、ロングアイランドの高級別荘地ハンプトンズにある豪華な別荘のことではない。

「シングル」は一シフト、「ダブル」は二シフトの意味、「レストラン・ウィーク」は「永久にブランチのような」という意味で、地獄だ。それは「SOEs」——sense of entitlement権利意識のある人々——が定価を払いたくなくて、すばらしいものの分け前にあずかろうと来店する週のこと。

「フルターン」は一つのテーブルが一組の客にサービスする時間のことで、着席から、次の客のためのテーブルセッティング「ミ、ー、ズ、ィ、ン、グ、」をするまでの長さを言う。ダイニングルームは週末の夜だと三回転が可能で、十月と十一月のニューヨークがまるで明日はないかのように思い切り騒ぐ「繁忙期」には三回転半することも珍しくない。各回のスタート時、ソムリエはテーブルにグラスで「印をつける」、それから高価なワインを引き出せる期待とともに「客とプレイする」。「死体嗜好症」の客は年代物で酸味が強い（死に近い）ワインを好む。高価なワインを若飲みするのは「幼児殺し」として犯罪的だ。「スイスワイン」は中立のボトルとしてどんな料理とも合う。「初売り」ワインはソムリエにとって品質の保証を要する当てにならない代物で、そしてもし客のほうからそのボトルを選んだら、それは「きっかけのワイン」にできる。つまりソムリエは、そのテーブルが、アンフォラ型容器で熟成されたスロヴェニアのオーガニックオレンジワインをご所望なのですね、とひたすら客に確信させようと即興でフレーヴァーを説明にかかるわけだ。「コール・ワイン」とはおどおどしたワイン初心者が自動的に注文するつまらないワインのこと、サンセール、プロセッコ、カリフォルニア・カベルネなど。それはしばしば「クーガー・ジュース」または「クーガー・クラック」またはビッグで甘いアルゼンチンのマルベック、樽熟成のシャルドネ、そしてウルトラグリーンのニュージーランド・ソーヴィニヨン・ブランなどとオーバーラップする。クーガー族の元夫たちは「ＢＳＤ」ワインを求める（ビ、ッ、グラベル、ビ、ッ、グ・プライスタグ、ビ、ッ、グ・パーカースコア、そしてビ、ッ、グフレーヴァーをもつビッグなイチモツ的ワイン）。真のコルクドークはこの類を安っぽいと考えている。彼らは稀少な、小規模の生産者による宝石〝ユニコーンワイン〟を好む。それらはソムリエのステータス・シンボルでもあり、味わった客やボトルを目にした者によってただちにインスタグラムにアップされるような逸品である。

　ソムリエたちと交流しはじめたころの私は、彼らがしゃべっている内容の半分も理解できなかった。私のノートは？マークだらけだった。「このワインは料理されている、とモーガンが言っている？？？」（訳すと、熱でダメージを受けている）あるいは「フロアの下で熟成している？？？」（意味、フロアはフロールのことでワインの表面の白い酵母）。私は帰宅後に調べるか、訊ねるために言葉をメモした。モーガンに質問するのはいつも一か八かの運任せだった。というのも質問したが最後、さらに言葉を並べられて結局はググることになったからだ。

　でも過去数カ月にわたり、ワイン関連の言葉は第二の天性となった。私のテイスティング・ノートの備蓄ほどドラマチックに変わったものはないだろう。言葉で表すワインのアロマとフィーリングの定義（テイスティング・ノートという名前にだまされないように、テイスティング・ノートには味よりも匂いとフレーヴァーを書いてある）。私の語彙は広がり、濃く《フルボディ》、豊かに《リッチ》、奥深く《チューイー》、そして正直、ときには少々うんざりするようになっていた。「うまい《ヤミー》」はポール・グレコに任せる。私には不要。

　ソムリエ、ドレスデンの科学者、調香師のジャン・クロード・デルヴィルらはこぞって、匂いをすみやかに言葉に落とすには知的な感知能力が必要だと力説した。匂いをカテゴライズする際、言葉は私たちを助け、過去の経験を思い出させてくれる（小さいころは言葉を形成することができないから、私たちは幼少時の出来事を忘れているのだ、と言うエキスパートもいる）。一つの匂いに名前を付与することはそのアロマをより強く、他と区別し、心に深く刻みこむ。「言葉は記憶を杭で打ち込む」とある研究者は私に言った。もし一つの経験を言葉にする力を持たなかったら、出会いを言葉で伝達するのに困難をおぼえたら、将来も依然として困難で、その経験の印象は薄くなる。「言語隠蔽」として知られる一つの現象である。グラス一杯のワインについて語るように言われた場合、あとでふたたび同じワインを理解する際用語不足の者は、言葉を持っている者よりもはるかに成績が悪くなる。頼みとする特殊用語を持っている人々は言語隠蔽に影響されない。

この論理にしたがって私はアロマチックエッセンスのブラインド・スメリングをし、料理をするときは食材を嗅ぎ、街を歩くときは漂っている匂いを嗅ぐことを習慣にして、貪欲に匂いのボキャブラリーを収集した。豊かな用語集はコート・オブ・マスター・ソムリエ試験にとって重要だった。ぼんやりとだが試験が地平線上に見えてきて、会社経理のように避けられないものとして威嚇的に迫っていた。言葉の〈厩〉はブラインド・テイストしたワインの心理的概念の形成を助けてくれるだろう。そして混乱することなく確実に言葉にできるようにしてくれるだろう。

コート・オブ・マスター・ソムリエのオフィシャル・テイスティング・ワークシートは比較的ありふれた日常的表現の範囲でワインを表現するようにソムリエを指導している。たとえば「フルーツ」と「ノンフルーツ」、「アース／ミネラル」などだ。実力以上の成果を出そうとする、つまりソムリエのような人は単なる「リンゴ」や「マッシュルーム」を超える用語を考え出す。土臭い《アーシー》？　「腐りかけて湿ったトリュフ、コンポストの臭気を持った甘く石鹸のような匂いのジュース」を試してみては。ユニオンスクエアにある〈イレヴン・マディソン・パーク〉のオフィスでのブラインド・テイスティングや、クイーンズの旧友たちとのブラインド・テイスティングで、私は人々がグラスに鼻を突っ込んだあとに思いつく難解な言葉をメモ帳に加えていった。それらの表現は魔術崇拝の愛の呪文を唱えているかのように響く。「ワイルドストロベリー・ウォーター」、「ドライ・アンド・水でもどしたブラックフルーツ」、「アップルブロッサム」、「サフラン・ロブスター・ストック」、「焦げた髪」、「朽ちた木」、「ハラペーニョの皮」、「古いアスピリン」、「赤ん坊の息」、「汗」、「チョコレート掛けミント」、「コーヒーのかす」、「砂糖漬けのスミレ」、「ストロベリーのフルーツレザー」、「合成皮革」、「新しいプラスチック製のペニス」、「馬具」、「埃っぽい道」、「レモンの皮」、「除光液」、「気の抜けたビール」、「赤い林床」、「ナシの滴」、「牛革」、「ドライストロベリー」、それから鎮咳薬の「ロビタシン」。

テイスティングで私の番になったときは、同様の曖昧な言葉をひねり出そうといつも緊張した。一つのワインについて一度も言ったことがないと誓えるものが口から出てくる。やや乾燥したザクロの種？　いただき。もしイチゴのような匂いがしたら、ストロベリーウォーターのボトルとでも言おうかしら。バジルの匂いに感じたら、それがハーブかげっ歯類か一〇〇パーセントの自信はないけれどパセリとも言うだろう。現実世界でなるだけ地に足を着けていようと努めた。でも一人でしゃべっていて、自分は進歩していると見せたいとき、四分間は永遠のように感じられる。だから私はテイスティング仲間を感心させるべく言葉を探り続けた。なんといっても私は物書きだ。奇妙な言葉を考えつくことも仕事のうちと言える。もし私がソムリエに接近できる唯一の隙間があるとするなら、それは異国風の語彙を編み出すことだ。

言葉の武器のレースに加わったとき、私はテイスティング・ノート——ワインのフレーヴァーを説明し、試飲者の心の中で印象を固定する助けになるとされている——が、実際はある意味、逆にその経験の印象を薄くし、少々、不正直にすらさせるのではないかと疑いはじめた。もし私が語彙をでっち上げているとすれば、ほかの者だってそうではないと確信をもって言えるだろうか？　経験を正確に分析するためには、正しい言葉を付与したという確信が必要だ。しかしその確信はなかった。何が「正しい」言葉かを判断する術さえ定かではなかった。

あやふやな形容詞を与えない人々がいるとするなら、それはエコノミストだ。『ジャーナル・オブ・ワイン・エコノミクス』が長年にわたり、つねにワイン界の事実をチェックするファクトチェッカーであったことを知り、テイスティング・ノートについての記事があればとバックナンバーを当たった。その結果、ワインを語ることは危機に瀕していることがわかった。

テイスティング・ノートは飲み手をボトルに導き、コルクを抜いたあと期待できるものに導く一方法として始まった。ところがいま、それらが助けようとした相手をひどく失望させている。二〇〇七年の研究で、研究者はプロの批評家によるそれぞれの評価とともに一般の飲み手に二種のワインを与え、どちらのグラスがテイスティング・ノートの評価と合致するかを示すように頼んだ。ボランティアたちはドイツのリースリング二種を口にし、そして専門家が「リッチなミネラル成分を少量」もっていて「生き生きとした」ワインと評価したのはどちらかを決めなければならなかった。そしてすでに激しくなっている土壌／果実の闘いをさらに増す粘板岩を印象づける上質のワインはどっちかを決めなければならなかった。理屈ではたやすいはずだった、というのもそれらの特徴は各ワインの基礎をなすフレーヴァーだったからだ。とはいうものの被験者は悩んだ。そしてテイスティング・ノートとワインを無作為に結びつけるよう言われた場合とたいして変わらない答えを出した。

だれが彼らを責めることができる？　「すべてそれらの味とアロマを見極められると見せかけるのは、くだらないアーティストだけができる」とプリンストン大学の経済学者リチャード・クヴァントは、『ジャーナル・オブ・ワイン・エコノミクス』の別の論文で言明している。批評家のテイスティング・ノートは首尾一貫してもいないし、情報源としての有益性ももっていない、そう彼は締めくくった。しかし私たちにとり「批評家の格付けを読むことは楽しい、なぜならわれわれはワインの質についてほとんど知らないからだ」。

専門家ですら混乱している理由の一部には、テイスティング・ノートが「ミネラリティ」といった抽象的概念に言及しがちな面をもっているせいもある。九〇年代に出現したこけおどしの用語は、いま『ワイン・エンシュージアスト』で毎号さかんに使われている。ワインの中にある柑橘類の匂いを理解するためにグレープフルーツを手に取ってみると、ワインが「グレープフルーツとミネラリティの層」を持っていると言っているのがわかる。どこで「ミネラリティ」のかすかな匂いになるかをつかむのはそう簡単ではない。石をつかんでみるべきか？　濡れた金属片を？　結局、ミネラリティの意味について全員の意見が一致することはない。アメリカワイン経済学者協会主催の会議で取り上げられた別の研究で、フランス人の研究者たちはシャブリ（ソムリエの大半が「ミネラリティ」と表現する、フルーティさがなく上品なシャルドネで有名な地区）のワイン生産者とファンを対象に世論調査をした。世界有数のミネラリティの専門家がその語をどう定義するかを見るためだ。全地区にわたる調査の結果は「火打ち石のようにかたい」から「ミネラルウォーター」にまで及んでいた。

　私たちが使っている言葉に共通の理解があるかどうかについての私の自信は、ある土曜朝、最大の危機に瀕した。ブラインド・テイスティング・グループでキャプテンの番がまわってきたときのことだ。各ソムリエのためのボトルとともに、私はブラインド・スメリングの練習用の道具を持参していた。プラスチックカップ六個にさまざまなハーブを詰め、アルミホイルで蓋をし、突ついて穴を空けた。あるカップにはみんなのテイスティング・ノートに頻繁に出てくるパセリに似たチャービルを入れていた。もしソムリエがワインにチャービルを嗅ぎとれるとしたら、かならずや本物のチャービルを嗅ぎ分けられる。そのカップを嗅いだ一人は草の一種？　と想像した。マッシュルーム？　セロリ？　「まったくわからない」と、ついにだれかが敗北を認めた。私のガイドでさえわからないのだと私は失望とともに悟った。ニューヨークの最高のソムリエが、必ずしも自分が言っていることをわかっていないのだ。

　テイスティング・ノートを廃棄するというのは選択肢にない。ソムリエはワイン販売のためにノートを頼りにしている。飲み手はボトルにフレーヴァーを期待してソムリエに相談する。そして私は言葉なしにはブラインド・テイスティング――あるいは明敏な感知――をマスターできなかった。だが「ガソリン」と「ミネラリティ」の区別がせいぜい私たちにできることなのだろうか。もし自分の言葉がいい加減だとしたら、味覚においても記憶においても不正確ということになる。私が不正確と呼ぶもの、他者がでたらめと呼ぶものはたくさんある。私が受け取るものの正確さと効力は、自分が明瞭にしなければならない言葉にかかっている。何かよい方法があるだろうか?

嗅覚の辞典をつくる「鼻の幼稚園」

すがすがしい水曜の朝、まだカリフォルニアにいるとき、私はレンタカーにカリフォルニアでもっともひどいディナーパーティーに必要な食料品や材料を詰めたバッグを積みこんだ。キャラメル、青ピーマン、ドライドアプリコット、ローズのライムジュース、アスパラガスの缶詰ひと缶、カシスシロップ、イチゴジャム、それから大衆的な紙パック入りフランジアワイン。サンフランシスコの丘を昇り降りして車が傾くたび、ボトルが後部座席に音をたててぶつかっている。コンクリートのスロープは、オフィス用品のチェーン、ステープルズやデニーズ、トランクルームの建物へとしだいに変わっていく。デーヴィスにある目的地に近づくと、郊外の細長い商業モール通りは平らな灰褐色の農場へと入っていった。「動物クリニック、手術見積もり無料、頭部のかゆみ? 当クリニックのシラミサロンにお越しください」という広告板を処々に見かける。キャトルメンズ・ステーキハウスとミルクファーム・レストラン(元飲み放題のミルク競技会の家）のネオンの名残を通り過ぎ、ユーレカ・ストリートの角にある平屋で茶色の外壁のアン・ノーブルの家に着いた。ユーレカ（見つけた！）という意味の通りは、アンの革新の足跡を考えると、ふさわしかった。テイスティング・ノートの起源を探してここに行きついた。家は鶏の彫刻と仏教の祈禱旗に囲まれている。

スパイスと植物と果実とその他独特の匂いの混合としてワインを語ることは、深く根付いた習慣であり、歴史的にもつねにそうだったと想像される。ワイン愛好者だったかのツタンカーメン王、ルイ十四世、ベンジャミン・フランクリンはまた、グラスの中に黒い、酸っぱい、あるいはマラスキーノチェリーが入っているかを見極めようと口の中でブクブクところがしていただろう。実際、自然主義的で食べ物に基礎を置いた語彙集はディスコ音楽同様、伝統的なものである。それは一九七〇年代に定着し、アンが創ったものだ。

ブドウの文化と栽培について広範囲に記録した古代ギリシャ人やローマ人は、フレーヴァーの微妙なニュアンスまで掘り下げる理由が見つからないままにワインを簡潔に「良い」と「ダメ」とに評価した。『博士の饗宴』でギリシャの修辞学者アテナイオスはサチンブドウで造ったワインを「第一級の」ともちあげ、カエクブムワインを「高貴な」としてしきりに褒めている。かたや古代ローマの詩人ホラチウスは『頌歌』の中でサビーナワインを「有益なのに安い」と讃えている。彼らは味うんぬんではなく、そのワインが肉体の健康にどう貢献するかという観点で評価した。サチンは「それほど酔わせない」とアテナイオスは書いている。ポンペイのワインは「頭痛をおこし、しばしば翌日も六時間続く」と古代ローマの博物学者大プリニウスは泣き言を言っている。かたやおおぜいの皇帝たちのお気に入りセンティヌムを「これを飲んでも消化不良や腸内にガスが溜まる危険性はないと実体験から学んだ」として認めている。もしワインの評価がこの観点で伝統的に後世まで続いていたら、どれほど有益でありえたかを想像してほしい。

千年以上のち、ワインのスノブはいまだに味と香りの段になるとほとんど黙していた。英国海軍の高官サミュエル・ピープスは一六六三年、初めて飲んだシャトー・オー・ブリオンについてほんの短い感想ですませている。それは、と彼は書いている、「これまでに一度も出会ったことのない上質で特別な味」（三百年を早送りして、一九八三年にロバート・パーカーによるオー・ブリオンの評は六センテンスも切れ目なく続いている）。

十八世紀と十九世紀に、いくつかのワイン製法が編み出され、ワインの質が向上した。そしてレストランとソムリエの影響力も増して、ワインがふつうの飲み物から社会的威信を伴う文化的存在へと変身する。高級なブルゴーニュあるいはボルドーの賞味がステータス・シンボルになって以来、この洗練された嗜好品を楽しんでいることを人々は自然と会話に持ちだすようになり、ピノ・ノワールやメルローについて練り上げた詩的表現の新しい言語を発展させた。初期の批評家たちはまずフレーヴァーについてではなく各ボトルの特徴についての幅広い意見でもってあたかも友人の噂をするように語った。一九二〇年、ジャーナリストでのちに英文学教授になったジョージ・セントバリーは『Notes on a Cellar-Book』でエルミタージュ赤ワインに、熟成を経て「若い時代の荒々しい男らしさすべてが和らぎ、磨かれている」、「私がこれまで飲んだなかで最高に男らしいフランスワイン」と拍手を送った。次の四十有余年、批評家たちはこの調子で続けた。たとえばワイン輸入業者にして著述業のフランク・スクーンメイカーはフレンチマスカットの「卓越した逸品」と称賛している。品質重視の飲み手は、人間のなかの正直さ、優美さ、魅力、洗練度を高評価するようにワインも評価した。

一九七〇年代に、カリフォルニア大学デーヴィス校の科学者グループは、多義にとれる言葉を、現代化しつつある分野から削除しようと決めた。彼らはワイン醸造所に科学的厳密さを持ち込みつつあった。となると製品を議論するために科学的用語が必要になる。当時、発行された用語辞典でデーヴィス校の醸造学教授たちは「架空の、空想にふける言葉遣いが……一般の出版物に頻繁に見られる」と非難した。そして同僚に「エレガント」というような言葉を放棄するように懇願した。

しかし一九七四年、アンがワインの官能評価コースを教えるためにデーヴィス校に着任したとき、彼女はテイスティングの語彙がほとんど進歩していないことに愕然とした。野心的な醸造業者（グラスに入ったワインを交代で嗅いで感知したものをリストアップするらしい）たちの教室に彼女は座った。彼らは嗅ぐのではなく、「つかむ」ことになっていた。「それは空から藁をつかみとろうとするようなもの」とアンは回想した。

その講座の教授になったあと、アンは自宅の日用品が入っている戸棚を徹底的に調べて、イチゴジャム、バニラエッセンス、犬の毛などをグラスに入れた。学生に目隠しをして嗅がせ、それらの「スタンダード」な匂い――のちに約百五十の匂いに首尾一貫したレッテルを貼るという短期集中コースになった――を記憶させた（そのコースの修了試験は、色がわからないように黒いグラスにそそがれているワインを匂いだけで学生に一つずつ識別させるという内容だった。簡単に聞こえるがむずかしく、四十年間で、だれ一人、満点を取った者はいない）。嗅覚の辞典をつくる過程は「鼻の幼稚園」とあだ名が付けられ、そしてアンは語彙を、ワイン・アロマ・ホイールと彼女が呼ぶ七十あまりの記述語の円グラフへと徐々に体系化していった。学生たちが嗅ぎ分けたものをプロがざっと見渡して目録にした用語のショートリストを彼女は開発した。その後彼女は「漠然とした語」（「フレグラント」などさようなら）あるいは「快楽的」（「エレガント」もだめ）といった言葉を禁じた。そこで残ったのは「特別な、そして分析的な」言葉だった。アロマは「スパイシー」（「リコリス」、「黒胡椒」そして「クローブ」から成る）か、「木の実のような」（「クルミ」、「ヘーゼルナッツ」、「アーモンド」）といった大きいカテゴリーに落ち着いた。ワイン生産者、飲み手、そしてワイン評論家は会話をするためのスタンダードな共通語を初めて持ったのだ。やがてアロマ・ホイールは私たちが今日使っている自然主義的引用を成文化しつつ、ワイン世界の国際共通語になった。「影響力のあるワイン著述家やブロガーがいま使っているこれらの用語は今日ワインについて読む少数の人々に実質的にじゅうぶん理解できる」と醸造学の教授ロジャー・ボールトンはアンの貢献についてのレポートで書いている。ブルゴーニュ・スクール・オブ・ビジネスのある研究者はアンを現代のモーゼにたとえている――アロマ・ホイールは「十戒のようなものである」と彼は書いた。

自分の鼻に耳を傾けよ

二〇〇二年にデーヴィス校を退任したアンは紫色のスウェットパンツ姿で自宅のドアを開けた。ピンク色の頬と、ひよこのふわふわした毛のようにとび出ている白髪のショートヘア。屋内に足を踏み入れるとき、アンが飼っているジャーマンシェパードのミックス犬と対面する以前、嬉しいことに私は犬の匂いを嗅ぎ取った。モーゼルという名前の犬は、ドイツのワイン生産地にちなんでつけられ、そしてピノ・ノワール、リースリング、ジンファンデルなどの先住犬たちに続く名前だった。「モーゼル、今日のあんたの息は臭いわよ」アンは大声で言った。その臭跡をピックアップしようと私は数回嗅いだ。

私のブラインド・テイスティング・グループのソムリエはアンが創った語彙の世界に住んでいる。でも彼らのなかにはアンのことや彼女の業績を知らない者もいる。「だれを訪ねるって？」あるマスター・オブ・ソムリエは、私がアンに会うと自慢したとき当惑げに訊いた。これは一つの危険信号だ。プロは自分たちのテイスティング・ノートについてあらためて真剣に考えたりしないのだな、と私は危機感を抱いた。それはまた、他者がすることを聞いて、同じ悪癖を繰り返しているというまぎれもない証拠だった。ワインの世界が巨大な伝言ゲームに入り込んで立ち往生させられているようで、解析不能の混乱になりそうだった。

ワインのなかにブラックベリーの香りがすると私たちが言うとき、本物のブラックベリーを嗅いでいるわけではない。私たちが味わうワインにはどんな本物のブラックベリー、あるいはラズベリー、パイナップル、あるいはガソリンなども含まれない（オーストリアでは一九八三年、ワインに不凍液を混入するという事件があったが、それは違法で、人々がそのワインのアロマを称賛しなかったのは事実だ）。「ブラックベリー」と言うことは、過去に他の人々がブラックベリーと呼んだ匂いを嗅ぎ取ったという意味で基本的にコミュニケーション法の一つだ。テイスティング・ノートには一つのコードと一貫性がある。シラーのなかには本当にベーコンとオリーブの匂いをもつものもあるが、そしてテンプラニーリョのなかにはなめし革の匂いが嗅ぎ取れるものもあるが、またこれらブドウの種類に当てるスタンダードな言葉群がある。コートの試験、あるいは競技会で審査員はあなたがシラーについて、シラーだと思うものをプレゼンしたと思うし、あなたは自分が理解していることを示すためにそれらのキーワードを繰り返そうとする。モーガンはシラーに黒胡椒の匂いを与える化学物質ロタンドンの匂いに一種の嗅覚障害をもっている。しかしもし他の兆候がすべてシラーだと示していたら、障害はあっても彼はロタンドンの香りがあると言うだろう。もし違ったら数点を失うことになる。テイスティング・ノートをほかの言葉に翻訳しようとすると、いかにその用語が比喩的表現であるかが明白になる。モーガンなら赤ワインについて、調理した肉、ベーコン、ブラックベリージャム、プラム、そしてバニラの匂いがすると言うかもしれない。中国のソムリエなら同じワインのアロマを自国の物になぞらえて腸詰、塩漬け豚肉、乾燥サンザシ、柿、そして松の実と表現するかもしれない。

　アンは私を「鼻の幼稚園」に連れていってくれると約束していた。ワイン用語の改善に尽力した人間ほど私のワイン用語を磨き改善してくれる者はいないだろう。自分のテイスティング・ノートの用語を確かなものにしたい、ワインの中に見つけると宣言したアロマを本当にとらえているかどうか確認したい。加えて、アンがプロのワイン商に教えた嗅覚のトレーニング法をぜひ経験したかった。

部屋に入ってきた新しい人々を紹介するようにアンが周囲の匂いに名を付けるところを、あなたはほんのちょっと彼女といっしょにいただけで目にするだろう。「これは……段ボール箱に付いたバニラの匂い」ワイングラスの箱を空けながら彼女は言った。そして数十個のグラスを台所のカウンターに並べ、その隙間に私が持参した食べものを置いた。紙パック入りの赤と白ワインを数オンスずつ各グラスにそそぎ、それからアスパラガスジュース、醤油、刻んだオレンジピールなどを一種類ずつ加えた。彼女はグラスの中身についてコメントをしていく。「この手作りのキャラメルはバニラとバターの風味……オーーーーー！　一つのアロマが強く主張しているのをとらえたわ……硫黄以外の匂いで、ふつうよりうんとすばらしいアプリコット……このグラスをキープするわ、だってすごくクールな匂いだもの」

「私は、匂いに支配された世界の一部なの」アンは説明した。「〈自分の鼻に耳を傾けよ〉が私の呪文」

アンの友人で二十八歳のカリフォルニア大学デーヴィス校化学科の学生ホビー・ウェドラーがランチ後しばらくして、異様な匂いの土産を持って到着した。ギニアショウガという胡椒のように辛くピリッとするショウガ科の実で、シカゴのスパイス店から買ったという。「ちょっとした旅行だったよ」彼は勢いよく言った。ホビーはアンの夫と同じく視覚障害者で、アンのように匂いに情熱をもっている。

「ぼくの好きなことの一つがナパヴァレーかソノマヴァレーのすばらしい道をドライブすることなんだ。車の窓を何時間も開けたままにし、その土地のアロマの探検をする」ホビーは言った。「匂いに圧倒されるから」と101号線を彼は推薦した。I－5線は「嗅覚的にはつまらない」。

「ノー、ノー、ノー！　あなたは飼育場群を忘れてるわ！」アンは反論した。「あの飼育場群に気づかないわけがない」

「まあね」しぶしぶホビーは認めた。

「ディクソン地域でアルファアルファを乾燥するときなんか、南から吹き付ける風に乗って、マリファナのガサ入れがあったのかと思うような匂いがしたものよ」

子供のころのアンはふつうの子ならめったにしないことをしていた。自分が嗅いだ匂いに名前を付けるのが得意だった。近所を自転車で走り回るとき、目に見えるものではなく匂いをランドマークにして当てていた。クリーニング店。バラの茂み。煙たい匂いがしたら右折してと、いまでも人々に教えて道案内をしている。アンの「鼻の幼稚園」は一部には、私たちがパック入りジュースをすすり昼寝をしている時期にすべき教育の欠損を補う目的もある。親たちはもっぱら子供を視覚的そして聴覚的対象に名前をつけるよう奨励する。例えば青い色とか犬の吠え声に。逆に匂いの対象に注意をはらうことはめったにない。結果として、私たちの大半は標準化したアロマの語彙（匂いについて話をさせたり区別させるところの）を学ぶことはない（例外としてフランス人は有名だ。鋭敏な味覚は文法や算数とともに人生の重要なスキルと認められている。一九九〇年、フランス政府は全国の小学校に「味覚教育クラス」を設けた。これらには匂いを言葉で表現する練習、鼻後方の嗅覚神経をとおして嗅ぐこと、それからフランスのチーズの分類的特質を味わうことなども含まれる)。

「子供に色を教えるときに似ているの。あなたは子供に赤色を見せて〝これは赤〟と言うでしょ」アンは言った。彼女は私に缶詰のアスパラガスジュースを混ぜた白ワインのグラスを渡して、嗅ぐように言った。「これはアスパラガス」そう教えた。私は匂いを吸い込んだ。たんに吸うのではなく、本当に嗅いでみなさいという指示に従おうとした。「私流の変わった言い方だけど、自分の鼻に耳を傾けることによって、あなたの脳をひたすら匂いに集中させるの」彼女は説明した。「一種の禅的なものなの、それはすべての注意をいま現在に払うようにすることだから……もっとも重要なことは集中すること、そして集中はそこにいることに回帰する」集中。私は目を閉じた。アンの部屋にある、小鳥の鳴き声で時報を告げる時計の音を遮断する。飼い犬モーゼルの呼吸音や臭い息を無視するのよ、と自分に告げる。ふたたび息を吸い込んだ。ジャン・クロードが教えてくれたように深く、一瞬、肺に空気をとどめ、そして鼻から出す。匂いに言葉を付与しなさいというアンの助言を私の脳により深くとどめるために考えた。「もし回収できる特別な方法でその情報を蓄えないなら」と彼女は続ける、「それはただこの無定形の物を無定形にもどすにすぎない」アスパラガスは樹木の香りがした。少しかび臭さをともなった野菜。かび臭さはニンニクを想わせた。

　私たちは一度に一つずつスタンダードな匂い、アニスやバニラからバターやスライスしたパイナップルまですべてを自分なりのやりかたで突きとめた。ホビーは缶詰のアスパラガスと缶詰のサヤインゲンの区別がつけられなかった。

「このサヤインゲンみたいに残酷な仕打ちをしないこと」アスパラガスを持ち上げながらアンは説明した。「このアスパラガス缶は緑で、硫黄処理していない」

ライチ、と彼女は移動しながら注意を促した。それは柑橘類、野菜、花の香り《フローラル》を持っている。しかし「花の《フローラル》」という言葉すらあいまいである。バラやラベンダーのようにいわゆる生の花はドライでクリーンな匂いを持っていて、長くは続かない。それに比べて、ジャスミンやくちなしのような「白い」花は重たく、強烈な、動物的で腐った何かをミックスしたかすかに甘いフレグランスを持っている。究極の香水製造者である自然は、うっとりさせる匂いのなかにインドールの痕跡も盛り込んでいる。インドールとは化学物質で、人の便や陰毛にもあることは前に記した。腐ったものと神聖な匂いの複雑な混合から時を超越した美が発生するのだから、これは詩的とすら言える。

匂いに名を付ける段になると、人の能力はとても貧弱だ。科学者たちはこの技は人類の能力――脳の神経経路がそれを不可能にする――を超えていると推測してきた。一ダースの見知らぬ人間に草の写真を見せ、何色かと訊いてみる。すると、ぜったい彼らはみんな同じ言葉、緑と答えるだろう。さて彼らに刈ったばかりの草の匂いを嗅がせ、なんの匂いかと問う。百万回も嗅いできたにもかかわらず、彼らはたぶんあらゆる異なる、あいまいな名前を挙げるだろう。「レモンの香り」から「五年生の休み時間の匂い」まで。雑誌『認知』で、神経科学者ジェイ・ゴットフリーは以下のように書いている。もし人々が匂いと同様に見たものに名前を付与できないなら

「医療機関へと送られるだろう」。「同様に、匂いを特定することに困難を感じるなら、神経学的に欠損していると言えそうだ」

　最近の研究によると、私たちは実際、匂いに言葉を当てるための構造が右脳にあるという。さらに、アンの子供時代と匂いのセオリーを踏まえると、私たちの社会的条件付けが間違っていることになる。嗅覚にたいする無頓着と無能の責任は先天的なものか後天的かを調べるために、オランダの言語学者たちは、英語をしゃべる人々と、匂いを表現する語彙が豊富なマレーシアの狩猟採集の民ジャハイの人々を対象にして研究を行った。被験者たちは、こすると香りのするカードの匂いの名前を挙げるように言われる。マレーシアの狩猟の民は、大半のアメリカ人が色について小さいころから学ぶように、匂いについてあれこれ考えることを学んで育った。狩猟の民はたちどころに、そして一貫性をもってその匂いの名前を挙げた。いっぽう、英語を話す人々は手間取り、平均で十三秒かかり、たとえ答えてもけっして本当の意味での答えを出せなかった。たとえばだれにも馴染みのシナモンを嗅がせられると、一人はもごもごと「どう言ったらいいか……、甘い、うんそうだな──チューインガムのビッグレッドのような味だ、それともなんかの味、ええとなんだっけ？　言葉が出てこない。まったくもう、とにかくビッグレッドガムみたいな匂いだ。合ってるかな？　オーケイ。ビッグレッド。ビッグレッドガムだ」と答えた。

「人間は匂いのネーミングが下手だという長年、前提とされてきたことには例外もある」とその研究者たちは結論を出した。「適切な言語であるかぎり、匂いは言葉で表現できる」

　ジャハイ族に有利な点はあった。彼らの言語には匂いのための特別で理由の明確なカテゴリーに入れる十以上の用語が含まれるからだ。「プレン」という言葉があるが、これは「虎をひきつける血なまぐさい匂い」で、それはシラミの頭をつぶした匂い、あるいはリスの血の匂いも表す。「ピッ」は生肉の匂いだ。「シンッ」は「人間の尿」、「村の地面」の匂いで、さらにひどい「ハッエ」は「便、腐った肉、エビのペースト」の悪臭を表している。いっぽう、英語族はたぶんほんの一握りの用語、たとえば「かびのような」や「花のように芳しい」のように独特な匂いの用語をあれこれブレインストーミングするだけだろう。「不快な臭い」は私たちの場合、包括的にいっしょくたにする傾向があるが、ジャハイの民だと「プレン、ピッ、シンッ、ハッエ」やほかの言葉に分けている。

だからといって、私たち英語圏の人間が匂いの言葉をもっていないということではない。アンは語彙集の基礎を定め、そして私はそれを実際目にした。三十一個のグラス、それぞれに赤か白ワインと、フルーツ、野菜、ハーブ、あるいはスパイスとミックスしたものが入っている。シナモン、ブラックオリーブ、クローブ、ペア、ドライアプリコット、ブラックベリージャム、カシス、バニラ、そしてアニスがあり、これらすべてはまた、いまは私の言葉の武器庫に入っている「不快な臭い」のように特別なものではない。だがそれらはすくなくともしばらくのあいだは役目を果たしていた。

テイスティング・ノートの進化をたどっていくと、なんと月並みで退屈な言葉であったかと知って驚かされた。アンはアロマ・ホイールの項目を、スーパーマーケットで手に入るものに大幅に限定している。「鼻の幼稚園」は名前にふさわしく、幼稚園児が知っている材料で構成されている。もっとも深遠でしろうとには難解な引用は何か？　リースリング、ミュスカ、ゲヴュルツトラミネールのブドウのアロマをもじった「フルーツループス」（ケロッグ社のシリアル名でフルーツの味がする）だろう。

もしあなたが最近ワインを買っていたら、「パングリエ」（ワインの香りを表現する用語。フランスパンを火であぶったような香ばしい香り）といったなにやらお洒落な響きの用語が、かつては率直で直接的だったボキャブラリーの世界に最近じわじわと侵入してきているのを知るだろう。こうなるとル・コルドン・ブルーの卒業証書が今年のワインの解読に役立つかもしれない。『ワインスペクテーター』誌による今年の一本の解析には「パート・ド・フリュイ、ホイシンソース、温かいガナッシュ、リンゴの木で燻製にした」フレーヴァー、といった言葉が見られる。なかにはなにやら苦しげに聞こえるものも出てきた。たとえば「ドライアニスをちりばめ、焼いたビャクシンの香りがあるプロバンスの赤」は「初めは突出している鉄分が……余韻では深く沈静している」。そしてあろうことかロバート・パーカーはカリフォルニア・カベルネを「とがったところがなく」と褒めたとき対照被験者ではなかった。それにもかかわらずそのワインを「高層ビルのような舌触り」をもち、そして「パリのオートクチュールで仕立てた完璧なドレスに出会ったような」と評している。

客をもてなして、そのワインの特色を示すように強いられるプロは、不明瞭で豪勢に響く用語のためにエスニック料理や植物園、建築物、そして薬棚まで漁《あさ》って言葉を収集してきた。言語学者で『ワインと会話』の著書があるアドリエンヌ・レーラーは彼女の著者サイン会のあとで近づいてきたあるワイン批評家の話をしてくれた。その男性はこう告白したという。ワインの批評で彼はしばしばマルメロのほのかなアロマを持っているとボトルを褒めていた。マルメロとリンゴとナシの香りを嗅いだからではなく、マルメロという言葉の響きが素敵だからという理由からだ。「だれも私に異を唱える者はいないと思ってね、だってマルメロがどんなものかだれも知らないだろ」そう彼は認めた。「だが当の私もマルメロを嗅いだことはない」あまりにも技巧に走りすぎる味の表現は、将来のワインファンを遠ざける危険をはらんでいる。彼らは「焦げたビャクシン」を期待させる感想を読んで信じ、その後、自分がその豊穣さを嗅ぎとれないと、そのワインは壊れているか自分の鼻が悪いのかもしれないと不安に思ってしまう。

また偏見と心理的傾向も入り込む。アメリカワインエコノミスト協会の会合で発表された研究によると、批評家連中は高価なワインのイメージを喚起する用語を特別に用意しているという。たとえば「エレガント」、「スモーキー」なボトルは「タバコのような」、「チョコレート」の香りを想起させる。いっぽう、安いワインにはシンプルで平凡な言葉をあてがう。たとえば「良質な」、「さわやかな」そして「ジューシーな」グラスワインをお望みですか？　これは戦略だ。花のように華麗な表現は、その一本のために客をしてしぶしぶ大金を遣わせるように仕向ける。どのこのだれが「フルーツループス」や「缶詰のアスパラガス」といった表現に数百ドルを落とすだろう？　「スタイリッシュなプラム」、「スモーキーなカシス」そして「フランボワーズ」の香りをもつワインといった言葉だとうんと豪華な経験ができるように響くのだ。

テイスティング・ノートを従来のワイン評価に特化した定義にもどすために学者、ソムリエ、批評家、ワイン生産者はさまざまな提案をしている。マット・クラマーは著書『真実の味』で、ワインの品質の鍵になる要素はほんの六つの言葉にまとめられると批判した――「ハーモニー」、「テクスチャー」、「層」、「ファインネス」、「サプライズ」それから「ニュアンス」だ。ニューヨーク・タイムズ紙のワイン批評家エリック・アシモフはクラマーよりさらに上を行き、たった二語に絞った。「ピリッとして風味がいい」と「甘さ」。これであなたは「どんなボトルにしろ、かつてなされたもっとも華やかで微細な類推よりもエッセンスについてもっと説明」できると唱えた。コーネル大学のホテル学科の教授キャシー・ラトゥールは、テイスティング・ノートをテイスティング・スケッチに替えることを思いついた。彼女の研究によると、言葉を捨て、かわりに、ワインのフレーヴァーを色、渦巻き、線、絵で描写することは初心者にとって新しいワインを覚え、脳を異なるスタイルで包み、言葉で印象を薄くしない最上の方法かもしれないという。

だが、ワイン好きは言葉に頼りがちになり、自分たちの豊かな語彙をたんに一握りの言葉か一つのデッサンのために放棄する用意はまったくない。そのかわり、テイスティング・ノートを救済する最新の治療法がこれもまた科学者のラボから現れた。

テイスティング・ノートの真実

私はアンとの時間を切り上げてアレクサンドル・シュミットと会う予定にしていた。彼は毎年ボルドーからカリフォルニアへの巡礼を果たしている。アレクサンドルはだれに対しても会うやいなや間違いなく言うだろうから前もって告げておくと、彼は、シャトー・ペトリュス（有名なボルドーのエステートで、限られた畑から造られる限られた量のボトルを売っている）の醸造家と密接な子弟関係を結んでワイン修業を始めた元調香師だ。二人の男性は取引をした。アレクサンドル（ヴェルサイユにある名門の香水の高等専門学校の卒業生）はペトリュスのジャン・クロード・ベルニエに自分の知る嗅覚の知識をすべて教え、代わりにジャン・クロードの知るワインの知識をすべて学ぶという取り決めだ。これは『ＶＯＧＵＥ』誌の編集長アナ・ウィンターが将来有望なファッションデザイナーに個人的に助言するのと似ている。そしてアレクサンドルのパートナーシップは彼のキャリアに同様の影響を与えた。やがてワイン界のオートクチュールハウス――ペトリュス、シャトー・マルゴー、シャトー・シュヴァル・ブラン、シャトー・ディケム、オーパスワン、ハーラン、スクリーミング・イーグル――などは嗅ぎ方や嗅いだ香りの解析をワイン造りのチームにコーチしてもらうためにアレクサンドルを雇うようになった。「私がいるあいだ、連中に活を入れてやった」とアレクサンドルは自慢した。自分は千五百ものアロマを嗅ぎ分けられると豪語する。広く世間に目を向けて、もっとも修業を積んだテイスターで、八十から百の匂いを区別できる程度だろうと彼は読む。仮に一連の匂いを嗅がせるとして、平均的人間は二十だろう。

アレクサンドルは二十名以下のグループのために二日間の「嗅覚セミナー」を開いている。本人によると、受講料は一人八〇〇ドルで、いつも完売するという。彼はその週、セントヘレナにあるワインセンターでもセミナーを開き、私が彼と会ったのもそこだ。

「ワインを試飲するとき、フレーヴァーをいろいろ挙げるのは簡単だ」ほとんどが地元の醸造家という生徒に彼はレクチャーした。「だが、もし実際のフレーヴァーを知らないなら、それはたんに抒情的で詩的な表現でしかない。それは真の意味で客観的でも合理的でもない」

アンが私のために用意した缶詰の豆の代わりに、アレクサンドルの机には、工業的に作られたアロマエッセンス入りのガラス瓶が数十本も所狭しと置かれていた。細く白い紙片を各瓶に浸し、それらを生徒たちに順に回す。朝のための匂いのメニューにはインドールとβカリオフィリン（クローブオイルに含まれる化合物）も入っていた。

アレクサンドルのような人々はプロが料理の詩と科学的正確さを交換するのを期待している。アレクサンドルは私たちが使う用語を規格化し、私たちが「ストロベリー」のコンセプトを同じ正確なエッセンスに固定するように実験室レベルのアロマと結びつけることを要求した。彼の見るところ、アンのように実物のストロベリーに頼ることは、あいまいで不正確ということになる。そのストロベリーが新鮮か、冷凍物かあるいはジャムかで異なるし、オーガニックか通常の栽培で育ったものか、あるいは品種で異なってくるからだ。

これはより大きな視野で、飲み手がグラスの中身の匂いのもとである特有の成分名を挙げることによってテイスティング・ノートとワインの化学的成分とをつなぐ模索の第一歩だ。何々みたいな匂いというのと何々の匂いというのは違う――グリューナー・ヴェルトリーナーで造られたワインはグレープフルーツのような香りがする、しかしそれはチオールの匂い、チオールとはグレープフルーツのアロマのもとになる化合物だ。この化学的なシステムによると、飲み手は「バニラ」や「ヘーゼルナッツ」を「ラクトン」に、「ストロベリー」と「ラズベリー」のアロマは「エステル」に、それから「ビート」と「泥」は「ゲオスミン」の匂いとして述べる。実際、多くの場合において化学用語はワインの匂いとある種の食物の比較の評価に役立っている。アンの注釈を借りると、ゲヴュルツラミネールはライチとバラのような匂いがすると言ったり、新しいアプローチで「テルペンが大量に入っている」と言うこともできる。テルペンとはライチとバラに存在し、両者のトレードマークの香りになっている化合物質である。

個人の見解や気まぐれでテイスティング・ノートを混乱させたくないとの趣旨で、ソムリエ組合は、少なくともほかの専門家とワインについて議論するときは化学用語を受け入れるようソムリエに指示した(これが黒胡椒とロタンドンの区別がつかないモーガンの「ロタンドン」問題の理由ではないだろうか)。テイスティング・ノートは「役立たずで、せいぜいよく言って自由気まま」と考えるマスター・ソムリエで組合の執行委員長のジェフ・クルースは、新しい用語は「本質的かつ客観的要素の理解と、それらを述べる諸方法との懸け橋になる」と述べた。

技術的アプローチはどの化学物質がワインに特徴的なアロマを与えているかという分析を要する。ワインの化学に光を当てるテクノロジーはこの新しいワインの表現を可能にした。それらの技術はアレクサンドルが講義をした部屋の真下の実験室で実行中だった。

アレクサンドルはその日の講義を「オーケイ。きみらに伝えるのは以上だ。このへんで切り上げよう」と言って終えた。私たちは数人で一階のワインの成分分析サービスを行うＥＴＳ研究所を訪ねた。ある科学者の後ろからついていき、ブクブク音を立てているビーカーや天秤スケールが並んだデスク群を通りすぎる。ビーという音や、ファンや、モーターの出すホワイトノイズが集中治療室棟を連想させる。実際に機械類の多くは、数万ドルもする病院の設備を思い出させた。カベルネを分析する機械同様、血液サンプルを分析する機械だ。カリフォルニア、オレゴンそしてワシントン州のワインメーカーは、生育中のワインのサンプルをETS研究所に送って、醸造学的な点検、つまりブドウジュースが適切に発酵しているかという確認や、疵の原因になるバクテリアの有無を調べてもらう。ETSは一社のワインをコピーするために手を貸すこともあるだろう。依頼主のワインに入っているタンニン、オークラクトン他の成分のレベルを測って、依頼主のライバルワイナリーに発酵法や熟成法の情報を与えることもできる。「ワインメーカーのなかには実際、必死で真似したがっている者もいる」私たちの案内人は苦笑しつつ明かした。

自分を信頼に足る嗅覚器具にしたいとの思いから便臭のインドールを深く吸い込んでいる私を尻目に、私よりETSの機械がずっと先に行っていることを、このとき初めて知らされた。私たちはガスクロマトグラフ質量分析計（GCMS）の横で足をとめた。その機械は複雑な混合から化学物質を分離し、各分子量を使って確認する。それはゼロックスコピー機とエアコンを合わせたような外観をしている。八〇年代後半以来、研究者はそれらの機器を使って、ワインのなかのおそらく数百あり、それらがいっしょになってブーケとなる匂いの構成分子を分析していた。どの成分がそのワイン固有のアロマに貢献しているかを確認することによってその機械は新しい化学的語彙の開発を助けてきたのだ。

たとえば案内役が自慢するところによると、最近、彼の研究チームは神話性を排除してわかりやすくするために機械を使って、特定のカリフォルニアワインに心地よいハーブの匂いを与えているものを見つけたという。以前ならワインを嗅いだ人は「何かフレッシュなもの」とか「ちょっとミントの特徴が」あると言っていた。ガスクロマトグラフ質量分析計（ＧＣＭＳ）に感謝だ、機器類はけっしてあいまいな答えを出さない。匂いを創っている正確な化学物質を特定できる。

この化学入門用語はテイスティング・ノートをより客観的にすると考えられている。しかしワインを語る長い歴史の文脈からこの新しい語彙集を見ると、捨て去るべき「でたらめ」な過去の言語に思えたものが、それほどお門違いではないように見え始めた――テイスティング・ノートは人々がワインを飲むことについてと同じくらい、グラスの中身についていつも表現してきたのだ。しかも最新の用語となんら遜色ない。ワインについて述べる言葉はそのときの自分自身の状態を反映している。嗅いだと言明するものはその日の価値と気分を投影しているのだ。階級制度がゆるんできた二十世紀の初期から中期にかけて、甘美なソーテルヌはその「偉大なる特質と高貴な品種」でもてはやされた。いっぽうでブルゴーニュはボルドーワインの味に似てきて、「ブルゴーニュの個性をじゅうぶん発揮していない」とファンを失望させた。科学的精密さとアンの親しみやすい素朴な用語と言葉の出現は、アメリカが健康的な生活に過剰なまでにとりつかれていた時期とシンクロしている。そしてアロマ・ホイールのなかの言葉すなわち自然からの気前のいい贈り物はワインをサラダとして栄養分があるように思わせた。「四季の自然の贈り物から成るワインは、高齢化しつつある健康志向のベビーブーマーに抵抗できないほどアピールし、楽しまれている」と、ショーン・シェスグリーンは『高等教育クロニクル』に一文を寄せている。一九八〇年代の『バンズ・オブ・スティール（鋼のお尻）』時代、健康オタクの心理が、ちょうど私たちが自分自身の肉体に大いなる関心を抱きつつあったようにワインのボディについて新しい言葉の流行をもたらした。ボトルは「肉感的」、「がっしりとして」、「力強く」、あるいは「すらりとして」いる。もっと最近では、瓶に入った〝ファーマーズマーケット〟が人気を博した。職人技巧にたいする夢や、基本にもどれというライフスタイルの幻想におもねるたくさんのエキゾチックなフルーツや野菜の瓶詰が流行《はや》った。「黄色インゲン」や「野イチゴ」は、少量生産やオーガニック生産にこだわる傾向を映している。そして「ロタンドン」を嗅ぎ分けようと努める？　そういうこだわりは質を定量化しないかぎり何一つ信じられないというごく最近の動きさえ満足させたようだ。私たちは自分の健康や愛する人や楽しみを与えるものに関するデータをひたすら望んでいる。

科学的言語の正確さを採り入れたいと私は思っていた。ついにここにきてワイン界はあいまいな表現というそれまでの悪習に批判的視点をおき、現実を直視しようと努めだした。だがサンフランシスコにもどる車中で、アンとアレクサンドルを訪問したことを熟考してみて、ワイン界の転換ははたして改善になるのかどうか疑問がわいた。「ピラジン」はソーヴィニヨン・ブランの特徴を表すもっとも正確な言葉かもしれないが、それはまた全体的経験に近い何かをとらえていない。パプリカとブラックカシス、耕したばかりの土、黒胡椒といった多層の匂いをもつカベルネ・ソーヴィニヨンは新しいテイスティング・ノートの形態だとピラジン、チオール、ジェオスミン、ロッツンドンを含むワインと表現されるだろう。正確？　確かに。心惹かれる？　あまり……。おまけに、私たちはかならずしも、これらすべてのアロマがいっしょになってどういう匂いを創るかなど知らない。グラスにピラジン、チオール、ジェオスミン、ロツンドンを混合してもオー・ブリオンには程遠い。公平を期して賽の目切りにしたパプリカをブラックカシス、黒胡椒と一つかみの土と混ぜてもオー・ブリオンの香りにはならない。だがすくなくともアンのシステムはそこまで正確なレベルを有しているとは主張していない。

モーガン独特のテイスティングの表現は、つねに私を一つの物語へと誘ってくれた。それらは比喩というよりも場面を想起させる。現実にはあり得ない、想像のファンタジー、主観的で並はずれているにもかかわらず彼の表現は「バニラ」あるいは「ラクトン」よりはるかに想像力を掻き立てる。それらは、あなたが客相手や試験で述べることはできないような感想だが、ソムリエたちの実際の記憶を反映していた。モーガンは最高の言葉を思いつく。

「原子炉から歩み出てきたばかりの〝超人ハルク〟的ワイン」――オーストラリアのシラー。

「男性バレエダンサー」――ネッビオーロ。

「〝セントラルパークの南〟、馬車が並んでいる通り、馬の糞の臭いで知られている」――ボルドー。

「都会のゴミ」――出来が悪い、暑い気候のシャルドネ（これについてモーガンは四百語のメールを送ってきた。あなたがたは詳細を知る必要はない、しかしそれは「生理的に熟しすぎた衰退期の果物」を表していた）。

「ピンヒールで舌を蹴られたような快感、また、カシミアのブランケットをふわっと投げられたような甘さ」――半辛口《オフドライ》のドイツのリースリング。

「切れ味鋭いかみそりの刃」――オーストリアのリースリング。

そして、なかでも最高に記憶に残る激越なものは、あるソムリエがブラインド・テイスティングでピノタージュを述べた言葉だった。「ここだけの話だけど、これは公の場では言えないが、ハイチ人のネックレスに似ている。タイヤをガソリンに浸し、それをだれかの首にかけ、そして火をつけた感じ」

テイスティング・ノートがあいまいになっていく前に、ゆるぎない事実を押さえるための動きがあると知って私は安心もした。とはいえワインのアロマの表現に挑む客観的な方法が存在するのを見ることは、過激な言い回しと折り合っていくうえで助けになった。最善のアプローチは……過激な表現も含めてあらゆる角度から検討することだ。事実も過激な表現もすべてを含むアプローチでアロマを表現する。そのうえでなによりも分析的で客観的な言語を引き出したい。それはグラスの中の実際の化学ともつながる。正直でもいられる。それは、客観的表現としての花のような業界用語を批評家連中が徐々に排除するのを阻止することができる。花のような華麗な言葉を作った歴史と努力へとワインを引き戻してくれる。華麗な言葉は記憶に説得力を与える。嵐の直後のある夜、モーガンと通りに出たときのことだ。「春みたいな匂いがする」と私は言った。彼は大気を嗅いで、すぐには答えなかった。「ペトリコールのような匂いだ」やっと答えた。ペトリコールとは雨が降ったあとに地面から立ち上る匂いで、ギリシャ語の石を意味するペトロスと、神々の体内を流れていると信じられた霊液を意味するイコルから来ている。あの特別な感覚は私の心にその瞬間を、そして匂いをも閉じ込めた。

私はまた、もっとクリエイティブな表現を創るためのお墨付きが欲しかった。科学用語も、そしてアンの用語さえも、各グラスのワインが同じように響いた。赤い果実、青い果実、黒い果実、とろ火で煮た果実。だがモーガンの大胆な表現は私のワインにたいする意欲を研ぎ澄ました。心に響くテイスティング・ノートは正確な評価という面では劣るが、ある意味、より精密でもありうる。つまり、味と匂いは主観的な経験だから、比喩や詩的表現になるのは当然と言えば当然だ。専門的に言うと、シャノン・ブランはしばしば焼きリンゴ、蜂蜜、ジンジャー、そして湿った藁の匂いがする。個人的に私はいつも理解できた。ひと嗅ぎで、パイナップルをくわえた濡れた羊を想像させられたからだ。空港にいた汗っかきのフランス人男性の匂いは、一本のボルドーワインを想起させた。祖父のコロンのシャープでほのかなミントの香りはカベルネ・フランを想わせる。子供時代の休暇で嗅いだ秋の湿った落ち葉と土の匂いはピノ・ノワールを告げている。

言葉は重要だが、アンとホビーが私に言ったことを考えてみた。もっとも重要なことは注意を向けること。私は車の窓を開け、顔に冷たい風が打ち付けるにまかせていた。髪があらゆる方向から顔に打ち付ける。

ワインカントリーをあとにしてサンフランシスコにもどる途中、ヒマラヤスギのウッディな匂いを嗅いだ。その匂いは、クラスメイトと私が強いられた（ひどく不愉快で、じめじめした）オレゴンのスクールキャンピングでのキャンプファイヤーを思い出させた。そのあと干し草の匂い。インディアン・ヴァレー周辺の地域は煙がくすぶる匂いがした。農地が見えなくなると、食べ物を調理する匂いがしだした。サンラファエルは酢豚のような匂い、ローズマリーとジャガイモを調理する匂いに似た千鳥草の匂い。ミューア・ウッズの覆いかぶさるような影は大自然の驚異的変動の眺めを想わせる松脂と樹皮、苔、靴クリームのかすかな匂いがした。サンフランシスコの道標を見る前は、強く、洗濯用洗剤のような匂いとガーリックが混じった、塩を含んだ海の気を嗅いだ。全行程、カーラジオをつけずに運転していたことにその時、気づいた。ほかの事柄に集中していたのだ。

9章 パフォーマンス The Performance

ワインを語るための適切な言葉を得て、次は他者にボトルを勧めてみたくてたまらなくなった。だがもしニューヨークの一流店で予約をするのがむずかしいとするなら、そこで働くことも容易ではない。最高級のレストラン——たいていソムリエがいる——の雇用は、かの不条理を扱った映画『キャッチ22』に似た矛盾をはらんでいる——ニューヨーク市のレストランに雇われるためにはニューヨーク市のレストランで働いた経験がなければならない。「で、きみ、〝市〟でフロア経験はあるの?」以前のフロア経験を話す人々に当然この質問が投げられる。すると、何が何でも職を得たいサービスのプロはこの袋小路的状況を嘘によって切り抜ける。モーガンも〝市〟で最初のソムリエの仕事をそうやって得た。「これは言うなら、やるかやられるかだ」そう彼は正当化した。私の場合、履歴書に尾ひれをつけることに良心の呵責は覚えない。ただ、盛るべきものが何もないというだけだ。

私にとり、ソムリエとしてフロアで働くベストチャンス、正直言って唯一のチャンスは結局、ソムリエの資格試験に合格することしかない。最初のうちは試験をソムリエのトレーニング法の一つとして、それから彼らのサークルに入り込みたくて信頼を得る便法として考えていた。そして実際に試験を受ければ、トレーニングでワインに対する無知の状態から脱したかどうかを測る助けになるだろう。そう思っていたが、しだいにコートの認定を得たいという希望を、合格が目的というよりももっとレベルの高い理解への欠かせないステップ、目的達成の一手段として考えるようになった。モーガンと彼の友人連中が舌の乳頭突起の健康など意に介さないのは、そしてシミルカミーン・リヴァー・ヴァレー一帯を必死に記憶するのは自分たちの啓発のためではなかった。そういった犠牲と訓練で自分たちの顧客の味覚を高めようと考えているからだ。私がワインについて学んできた知識と感覚はつまるところ、私がその知識を実際に応用できるかどうか、そして他者に私が発見した一種の経験をもたらせるかどうかということに変わった。数週間後、私はコートの入門試験を受ける予定だ。ソムリエ試験を受けるにはまずこの筆記試験に通らなければならない。仮に第一段階を突破できたら、それからほんの数週間後に認定試験を受けることになる（応募の枠はすぐに埋まってしまうので、楽観的に考えて私は同時に両方の試験を申し込んだ）。

本番の認定試験で、さしあたっての不安はサービス技術だった。トップソム・コンクールと〈マレア〉での見習い修業の時間と、教育ビデオでの学習に費やした時間と、ソムリエ協会のホームページに載っているワインをグラスに注ぐ手順やサービス時のステップのこなし方を見てきて、じゅうぶん飲みこんだと思っていた。それでもやはり、実際に認定試験で人々の視線を浴びながら初めてシャンパンボトルの栓を抜くなど論外だった。仮に数件のレストランがどこかの物書きを信用して店の最上客にサービスさせるとして、現実の場面で生身の客にきちんとしたサービスの練習をするもう一つの方法が必要だった。そこで私はソムリエがしている方法で試験の準備をすることにした。

ソムリエの資格試験に挑戦

モーガンのマスター・ソムリエ試験は二カ月後なので、その前にヤング・ソムリエ・コンクールに参加して、さらなる練習を積む方法を彼はとった。米国でもっとも長時間を要するソムリエ・コンクールだ。毎年、シェーヌ・デ・ロティスール協会によって主催される。協会はもともと十三世紀フランスのロティ調理人同業者組合に起源をもつ。このことがたぶん、いまもメンバーが花綱飾りと布製の記章——階位に応じて色が異なる——それからメダルをいっぱい着けて出席することや、コンフレール（会員）、バジ（会長）といったフランスでの肩書を名乗ることの理由かもしれない（華麗で時代がかったその傾向は、ソムリエがシェーヌ協会——「高齢で、金持ちで、白人男性の友愛クラブ」——に倣って自分のニックネームに固執することにも見られる）。極上の料理とサービスを貪欲に求めるシェーヌの会員にとり、ヤング・ソムリエ・コンクールは彼らがひいきにする高級レストランの高い水準を維持する一手段である。モーガンにとってコンクールはアドレナリンが奔流する時間制限のある定型フォーマットでサービス技術をひととおりやってみる一つの機会だった。それはコートのもっともフォーマルなサービス基準へと到達する中継点だろう。まさに私にも必要なことのように聞こえた。

　トップソム・コンクールでのオンライン試験に通過していたことでモーガンはシェーヌ主催のヤング・ソムリエ・コンクールの受験資格を得ていた。その出題された問題とはほとんどが私のレベルからすると答えられない難問だった。「ミュズレとは？」（小型のイガイかと推測した）から「シャンパーニュ・チャーリーとは何者？」（そのパーティーの中心人物？）などなど。公式応募の締切りは過ぎていたが、私はシェーヌのワイン活動部門のお偉方に取り入って、サービスの特訓のためにセミファイナルの特別参加を許してもらった。セミファイナルにはブラインド・テイスティングと理論、そしてサービスの三科目が含まれている。

　試験会場はユニヴァーシティ・クラブだ。百五十年の歴史あるミッドタウン・マンハッタンの私的な社交クラブで、威嚇するような壮麗なイタリア風パラッツォ邸館のなかにあった。ロビーから先は携帯電話の使用禁止。女性はやっと一九八七年に入会を許されたが、クラブの唯一のスイミングプールで泳ぐことはできない（男どもは裸で泳ぐのが好きらしい）。コンクールの当日、私は〈マレア〉でヴィクトリアのお墨付きをもらったブレザーとパールを着けて行った。どんな危ない橋も渡るつもりはない――審査はまず服装と爪の点検から始まると理事から警告を受けていた。「セイウチと大工の前に立ったカキの状況に似ている」と彼はeメールで書いてきた。これが私を少なからず不安にした。というのもルイス・キャロルの詩で、セイウチと大工は最後にカキを残らず平らげてしまうからだ。

　審査員たちは個室で私を待っていた。正餐後の葉巻の臭いがまだたちこめている。四人がテイラーメイドの見事なスーツにネクタイ姿だ。もし彼らが私の服装を一考していたら、不合格だったろう。サービス部門の試験で客役を演じる会員が円卓を囲んで着席していた。始めていいと審査員長が告げる。

　たとえ私がシャンパンのコルクを静かに抜く方法を学んでいないとしても、間違った方向にテーブルを回ってぎごちなく止まったりすることなく、必要最小限のことはこなせるとあなたがたは信じているかもしれない。ところがこれが間違い。審査員たちから数フィートのところまで行ったとき、私はテーブルを反時計回りに歩こうとしていることに気づいた。向きを変えようとした拍子に右側によろめき、それから左へよたよたと歩いたが、もともと時計回りに歩いていたことにそこで気が付いた。一人の審査員の横でちょっと止まった——ノー！　違う！　彼は招待者《ホスト》ではない——それから審査員長のほうに急いで横に移動する——あっ、反時計回りをしてしまった——全員の視線が私の足取りを追い、そして前菜のベビーシイタケとウイキョウとからし菜を添えたイチョウガニのロブスターソースあえに合うワインは何かねと質問した。

「もちろん」私はすっかりあがっていた。スペインのスパークリングワインのカヴァを熱心に勧めた。生産者は……ええと……、彼の名前は何だったか？「ちょっとワインリストをチェックしてみます」謝罪口調になる。シェーヌはワインの販売に熱心なソムリエを好むとモーガンから聞いていた。何かデリケートな軽い発泡性の飲み物を挙げて、ワイン生産者はいま三代目で、かくかくしかじかと告げるべきだった。その代わり私はこう言った、「それは少々ピリピリしてクリスピーですが、お客様がロブスターと召し上がるブリオッシュから得るような自己溶解《オートリティック》するフレーヴァーがあります」

「オートリティック――とは車の修理に関係しているのかな？」審査員の一人が訊ねた。

はい、左様です、まったくアホみたいに響いてしまいましたね、そう言いたかった。客の前では技術用語をひけらかさない、という完璧な失敗例がこれだ。「死んだイースト菌から出るフレーヴァーです」私は説明した。

テーブルの全員が顔をしかめた。私も。死んだイースト菌？　本当に、ビアンカ？

「ええっ」男性の一人が言った。

ええっ、私も思った。

矢継ぎ早に質問を浴びせられる。作り話をするな、とモーガンから注意されていた。「証拠などもってない」を意味する優雅なソムリエ流言い方で、順に言葉を選んで答えた。「確証はありませんが、モンテ・ベロはボルドータイプのブレンドだと思います」それから、「うちのベバレッジ・マネージャーに確認してまいります」あるいは「あの、それはむずかしい質問ですね。資料をチェックする時間をいただければ、喜んでお答えいたします」。彼らが注文したワインについて知識が不足すると、説明に困ったときいつでもやるように、モーガンのおはこである「ウマミ」を持ち出して、その場をしのいだ。「そのブルゴーニュのピノ・ノワールは肉のような風味に深いウマミを補足するものをもっていると思います。でも松の実入りのリゾットに合わせると、リゾットのウマミをいっそう引き立てます。え、シャルドネですか？」あまり勧めないがという口調で訊き返す。グラスを磨くのを忘れ、コルクをプレゼントするのを忘れた。シャンパンをテーブルにこぼした。乾杯している彼らに理屈っぽく話しかけた。「一九八二年はボルドーの当たり年だったか?」という基本的質問に対して、ただぽかんとしていた。「二〇〇八年はだれが大統領に選ばれたか?」と同レベルの質問だったにもかかわらず。

「彼女ときたら、『なんということだ、なんてひどい相手にぶつかったんだ?』だな」私が背を向けたとき一人の審査員の声が耳に入った。全員が私の振る舞いにたいして同じ感想を持っているのは明らかだった。

サービス部門の最後のテストは年代ものの赤ワインのデキャンタージュだった。モーガンのアドバイスで、私はワインリストを想定して頭に入れていた。そうすれば、頭の中にある生産者の知識に沿ってボトルを推薦できる。でもとにかく時間不足で、作ったリストにフランスの生産者はたった一つしかなかった。シャトー・グリュオ・ラローズ。ボルドーで六十一ある格付けワインの一つだ。

客役の紳士連中は最後のボトルに何を所望するだろう?　審査員長は一九八六年のシャトー・グリュオ・ラローズをリクエストした。

なんという幸運、信じられなかった。やっと運が向いてきた。

デキャンタージュに必要な道具を並べた小型の丸いワゴンを審査員長の脇へと押していく。火をつけるロウソク、デキャンタ、テーブルナプキン二枚、コースター三枚、それからもちろん、ワイン。白いナプキンとともに慎重に並べて銀のバスケットに寝かせてある。チェック、チェック、チェック。

「グリュオ・ラローズの生産地は？」知りたがり役の審査員が質問する。

「サン・ジュリアンです」私は答えた。簡単。彼はびっくりしたようだった。

私はワインを開ける準備をしながら、小さい話を紡ぎはじめた。セカンド・グロウスとされる理由、ボルドーで最高の生産者の一つであることなどを披露する。美しいワイナリー、シャトー・オーバージュ・リベラルと同じオーナーであること。雹《ひょう》害を受ける地域にある畑の一つであること！　全員が安堵したようだ。

私はコルクスクリューを出して、横にしたボトルの前に立った。ぱっとナイフの刃を振り、一度、二度、ボトルの口の周りに素早く切れ目を入れる。手際よく。〈ラピーチオ〉のベバレッジ・ディレクターのジョー・カンパナーレなら誇りに思うだろう。コルクスクリューをコルクに刺す。ど真ん中に。見事。自信が湧いてくる。口もなめらかになる。初めて審査員たちは実際に楽しんでいるように思えた。すばらしい。

コルクスクリューの支点になる金属の端をボトルの口に固定させ、コルクを出していく、シャルドネとソーヴィニヨンのブレンドのタンニンの力強さについて陽気におしゃべりをする。コルクから出てくる湿り気にあまり注意を払わなかった。と、くぐもったパチッという音がした。

最初、私は撃たれたと思った。次に、撃たれて死にたいと思った。

ワインがボトルから吹き出し、カベルネが審査員たちに降り注ぐ。テーブルからポタポタと垂れ、私の顔、そしてグラスのサイドをしたたり落ちる。白いテーブルクロスが赤に染まる。足元のカーペットも赤。私は審査員長の盾となり、濡れネズミになっていた。胸から血が噴き出しているかのように見える。

事実を糊塗しても無駄だ。そして審査員のほうは助け舟を出そうという気はさらさらない。四人のうちの一人で、マスター・オブ・ワインの審査員が、批評家のワイン格付けシステムなら、私のパフォーマンスにたいしてもっとも有益な点数を与えるだろうとほのめかした。

「ワインコンクールの世界で、われわれはパフォーマンスについてたくさんの定義を持っている」彼は言った。「われわれは金、銀、銅賞を与える。そしてわずかに及ばない者にはなんの賞もない。すべてのワインコンクール審査員に知られた一つのカテゴリーがあり、DNPIMと呼ばれている。その意味を知っているかね？」私は首を横に振った。「それは〝うっかり口に入れるな〟という意味だ」

私のことだ、と悟った。「うっかり口に入れるな」の人間版だ、私は。


私の振る舞いは客の食欲をなくさせたらしいが、ブラインド・テイスティングでは好成績をあげていた。だからシェーヌの審査員は私のパフォーマンスも相当進歩していると予想していた。「実際はそれほどよくもなく、スキルを磨いていないことにびっくりした、なぜならブラインド・テイスティングでは好印象をもったから」すべて終了後、一人の審査員が明かした。

私のほうは結果にさほど驚いていなかった。もともとソムリエの味覚・嗅覚といった感覚的側面のスキルに魅せられていて、サービス面のスキルは二の次だったからだ。ソムリエが唯一この目的のために存在するように思える一連の練り上げた儀式《パフォーマンス》をマスターしたいというモチベーションが不足していた。

通過すべきテストはほかにもある。そこでソムリエのサービス時の立居振舞の練習を二倍にしなさいという助言にしたがい、家で忠実に実行した。大人のティーパーティーで頭に血が上ったホストのように、まな板（家にあるなかでトレーに一番近いもの）を持ち、安いプロセッコを注ぎながら、カクテルの中身やシャンパンのビンテージについて質問する無人の椅子に答える振りをしてキッチンテーブルのまわりをおぼつかない足取りで歩きまわった。何度も何度も繰り返す。グラスを磨き、説明して勧め、グラスを満たし、こぼし、テーブルにはね散らし、そして床をべとべとにしつつ。「大変失礼いたしました」椅子に謝る。「お召し物のドライクリーニング代を出させていただきますので」夫のマットが帰宅すると客の振りをして加わった。椅子のほうがましだと、すぐに理解した。椅子なら私に偉そうにしないし、私が答えられる質問しかしない。「このワインはすごくナッツの風味があります」私はボトルを示してマットに言った。彼は目を丸くした。「きみ自身、すごく頭が変《ナッティ》だよね」

だがこれでは不十分に思えた。サービス面で筋肉の記憶はいくらか増えつつあった。トップソムの審査員をしたことと——そこで私は最高のサービスパフォーマンスを目にし——、〈マレア〉で見習いをして現実のフロアのプレッシャーを目の当たりにしたことが、サービスのなんたるかを明らかにしてくれた。「なぜ?」の答えはまだよくわからない。もし客の左側からではなく右側からワインを注いだら、だれか本当に気にするだろうか、グラスにワインを注げる限りいいではないか?　公式のレストランサービスの論理的根拠を知りたい。俳優がよく言うように、私のモチベーションは何か？　なぜこれらの儀式が重要なのか？

〈オリオール〉での教え

シェーヌでの私の大失敗を聞くや、モーガンは私を〈オリオール〉の舞台《ステージ》に同行させた。彼自身、マスター・ソムリエ試験のサービス部門の追い込み中だった――だから私の準備を手伝うことで、自分もプラスアルファの見直しができると考えたらしい。ともかく感謝した。彼のランチとディナーのシフト中、フロアで一週間彼を見習い《トレイリング》することになった。実際にボトルの開栓とグラスに注ぐことに関して、〈オリオール〉のステージは〈マレア〉での時間よりも体験実習になるのは確実だ。それプラス、ヴィクトリアはすべてビジネスライクに処理していたが、モーガンは一つの哲学をもっている。もしだれかサービスの伝統について説明できるとしたら、それは彼をおいてほかにいない。最初に交わしたeメールで彼は「実際にぼくが文化的そして社会的に重要性をもつサービスをやっている理由を突き止めようと、ぼく自身さんざん考え、書いてきた」

私の〈オリオール〉での初日、モーガンは慌てていた。「ウォーターステーションを任されたんだ」彼はそう伝えた。「ところが水がない緊急事態で」

だれかがペレグリノの発注をし忘れたらしく、ディナーまでに八十六本のミネラルウォーターが必要という見通しにもモーガンは青くなっていた。私は彼のあとについて急な階段をのぼり、〈オリオール〉の三部屋あるワインセラーに行った。約12℃に保たれたひんやりした空間で、ワイン班のオフィスも兼ねている。とある机の脇に男の顔を写した粒子の粗いプリントアウトが掛かっていた。一瞬、指名手配の写真かと思った。当たりだった。「ニューヨーク・タイムズ、レストラン批評家ピート・ウェルズ」と添え書きがある。店のスタッフによる批評家連中への厳戒態勢の一つだ。十人以上もの顔写真が二階下の厨房の入り口に貼ってあった。各人物の料理に関する注意事項まで書いて完全な警告としている。『『VOGUE』誌のジェフリー・スタインガーテン。好み――フレンチフライ。嫌いなもの――アンチョビ、インド料理店のデザート、ブルー・フード（ブルーベリーを除いて）、キムチ」私は〈オリオール〉という場所、つまり、キジ、ステーキ、そしてメイン州のロブスターを出す「進歩的革新的アメリカ料理」の厨房が、スタインガーテン氏にインド料理店のデザートを出して怒らせるというシナリオを想像してみた。警戒を怠らないことが最高の防御だ、そう思った。

三十周年の〈オリオール〉は三十歳の人間と同様に、クールさやトレンドよりは安定と手堅い売り上げに心を配りはじめていた。七年前、店はアッパー・イースト・サイドのタウンハウスからタイムズスクエアの広く奥行きのある場所に移ってきた。いま、劇場街の大黒柱として、店は、上階のオフィスタワーにある法律事務所の法人クレジットカードを持った弁護士や、ビッグ・アップルで豪勢な夜を満喫しようとやってくる市街のカップルにも人気だ。メニューと椅子は革張り、テイスティング・メニューは一二五ドルからスタートし、耳に心地よいジャズがほどよいボリュームで流れている。カリフォルニア、ブルゴーニュ、そしてボルドーがワインリストの相当な範囲を占め、フォアグラは一年を通じてオーダー可能だ。店の移転直後に出た、ニューヨーク・タイムズでの最新の評では、〈オリオール〉を「ラスヴェガスのイベントレストランがマンハッタンに空輸された」と明言していた。

モーガンと私は階段をよじ登って、バーにストックするためのボトルをセラーに取りに行った。私がボトルの首の部分をつかむと、モーガンは顔をしかめたように見えた。「フロアでは敬意をこめて商品を扱うこと」と諭した。彼は私の肘の湾曲部に、赤ん坊を抱くような感じにボトルを置いた。

ランチタイムは個室のビジネスランチで始まった。モーガンは、料理が出されはじめたばかりの客の一団の様子を見につかつかと歩んでいった。私は、ワインを飲んでいない客を数えようとした。

「指差すな」モーガンが小声で叱る。

私は腕組みをした。

「腕を組むな！」

私は両てのひらを背後のウォーターステーションの台に置いて、寄りかかった。

「寄りかかるな」

セラーから取ってきたボトルを私に運ばせ、栓を開けさせ、グラスに注がせるときモーガンはソムリエのプロトコールを口にしはじめた。儀式のいくつかは依然として根拠のないものに思えた。たとえば、けっして客に「バックハンド」を向けてはいけない――グラスに注ぐあいだ、手の甲を客の顔に向けるのはタブー――つねに客の顔にてのひらが向くようにしてサービスすること。理由？「聖書に由来する」モーガンはぶれない。「信頼の行為なんだ。手の甲を向けないことは、すなわち手の中に何も隠し持っていないという意味になる」

ほかのサービスは完全に理にかなっていた。シャンパンのボトルを開けるとき、モーガンはどのワインも同じく手際よくフォイルをカットして剝ぎ取り、たたんだナプキンを瓶の口にかぶせる。彼は私に左の手をナプキンとボトルのネックに巻きつけさせた、そうすればてのひらでボトルをつかみ、親指でコルクの上部を押さえることができる。そして右の手でコルクにかぶせた針金をひねるよう指示した――これがミュズレか！――正確に六回ひねると針金ははずれた。それ以後、左の親指を決してけっしてそのミュズレから離してはいけない、と彼は警告した。コートの試験で、それは即失格となる。現実では、ミュズレから指を離すことは周囲にいる全員の生命と四肢を危険にさらす。シャンパンのコルクは社会に危険なものとなった。コルクは時速百キロのスピードでボトルから飛び出し、見ている者に傷を負わせ、打撃を与え、視力を失わせることすらある。「ボトルコルクによる外傷性網膜剝離」に関するある研究論文では、「この手の事故は年末から年始にかけて頻繁に起きるようだ」と皮肉ではなく憂慮している。コート認定のこの正式な作業手順は、和牛のカルパッチョに当たればだれも重傷を負わないことを確実にするために考案された。ロジカルだ。安全にコルクを抜くために私は右手でボトルの底を持った。傾いたボトルの底を前後に回すと、左手親指で押さえたコルクが出てくる。

それからはすべてが腑に落ちた。だれもが時計回りに歩くのはスタッフどうしがぶつかるのを避けるため。コースターをテーブルに置いておくのは、ワインは注文済みというしるし。ボトルをコースターに乗せておくのは滴でリネン類を汚さないため。抜いたコルクをコースターに乗せておくのは湿ったコルクでテーブルに染みをつけないため、そしてそのボトルの熟成度合いを見るのが好きな客のためだ（もろく崩れやすいコルク、あるいは全体が湿ったコルクは酸素が染み入り、ワインにダメージを与えていることを示す場合もある）。たいていの人間は右利きだからグラスは皿の右側に置くこと。グラスの脚以外に触れてはいけない。理由は触れると指紋が付くし、ワインを容れるボウル部分が温かくなるから。ボトルの外側にワインを汚すものがないようにソムリエはコルクを抜く前と後にボトルの口を拭う。氷に浸けてあったボトルの底を拭い、水滴が客につかないようにする。年代もののワインはデキャンティング・バスケットに保つ。保管されていた時と同じ水平にボトルを保ち、だれかのグラスに入りかねない澱が巻き上がるのを防ぐためだ。デキャンタージュ後、ソムリエはロウソク消しで炎を消す——吹き消さない——煙がワインのフレーヴァーを損なうのを避けるためだ。

だがこういう実践的な配慮はモーガンの努力のほんの一部分でしかない。そして私は新しいサービスの儀式、その目的についてまだ説明できない手順に注目した。モーガンはプロトコールの些事にこだわり、私たちの夜のシフトは、「サービスの基準に反する」と彼が絶え間なくあげつらうあいだに展開していった。三十番テーブルの紳士のデート相手にワインが出される前に、彼にハイネッケンが出されたこと。シラーに使用するグラスがまちまちで不統一なこと。ウェイターが「お皿を下げてよろしいですか？」と訊く代わりに「お済みですか？」と訊いたこと、あるいは「追加メニューのアイテム」の代わりに「スペシャル」を見せたこと。客がカクテルを注文したあともワイングラスをテーブルにそのまま置いておく〈オリオール〉の習慣にも彼は苛立った——客にボトルを注文するよう思い出させる戦略だ。一つのテーブルで前菜が同時に出されないことにもモーガンはたじろいだ。ダイニングルームの広さにたいしてテーブルを詰め込み過ぎていること。ダイニングルームの全体の配置のせいで、客に背中を向けざるをえなくなる。初めてではないが、彼は〈ジャン＝ジョルジュ〉ではこの種のことは絶対起こらないとかなんとか、ぶつぶつ言っていた。

モーガンにとり、これらは永遠の魂を地獄と交換するのに似て、質の妥協に他ならなかった。「ファウスト的状況だな」と隅のブースにいる六人の客のうち二人に、皿を下げるあいだバックハンドでサービスを強いられたあと彼は不満をぶちまけた。「彼にはオープンハンドでサービスしたかったが、そのためには腕を伸ばさなきゃならない。もう一つの皿を自分の左手に移すことができない、とにかくテーブルなどの配置をまず直さなきゃ」

彼の背後に目をやると、彼の上司キャリーが常連客のテーブルでしゃべっている。バンケットシートに片方の膝をのせ、片方の腕をベンチの上に掛けて、そしてシートのレザーの背にもたれかかっていた。どうかモーガンが気づきませんようにと私は祈った。

各テーブルでモーガンは上半身と四肢を意識し、姿勢に細心の注意を払っていた。動きに迷いがない。だれかを支えようと腕を伸ばす仕草はつねに優雅で、自信を感じさせる芸術の域に達していた。顎を上げ、背筋を伸ばして歩く。〈ジャン＝ジョルジュ〉からの遺物だ。あそこでは毎晩、仕事の前にモーガンの上司がスタッフの姿勢をチェックしていた。肩をこごめず、猫背にならないことがオーラを放ち、客の潜在意識にうったえて、もっと金を遣わせることにつながる。

マネージャー連中が考える一つのテクニックだ。もじもじとして立ち、むやみに手を動かし、髪に触り、身体を揺らしたりしていたことに私は突然、気づかされた。一つひとつの動作を機敏にして肉体的意識を高めてくれるヨガをモーガンから勧められたことを思い出した。ヨガは「だれかと現在を共有し、きみがボディを自分のものとする助けになる」と彼は請け合った。

サービス面のいくつかの間違いにモーガンはうんざりしていた。彼の基準は〈オリオール〉の基準と相容れなかった。大半がモーガンの個人的行動規範の冒瀆に他ならなかった。行動規範はコートのガイドラインに深く基づいていたが、彼の基準はコートの教えに輪をかけてさらに厳格なものとなっていた。たとえば客の丁寧な「元気ですか？」という問いかけにたいして「ありがとうございます、今夜もすばらしく元気で働いております」とフルセンテンスで仰々しいまでに答えること。録音したみたいに聞こえないよう応答に更なる注意を払うことは、食事客をして互いの人間性を尊重させ、食事のひとときを心から楽しむように仕向けられると彼は考えていた。「それによってきみはロボットなんかではなく現実の真の人間になるんだ」彼は言った。「人生で〝おお、われわれはただ成り行きで出会って人生のひとときを遣りすごそうとしているんじゃない〟と感じたのはいつだ？」

モーガンはワインを人間関係の絆として使うことに高邁な理想を抱いていた。夜のシフトに就く前のミーティングで、彼の考えはほかの〈オリオール〉のスタッフの優先事項とは違っていたが。

ワイン部長のキャリーは夜の叱咤激励演説を基本的サービスのプロトコール確認から始めた。それらはモーガンが死んでもしたくないことだった。彼女はスタッフにつねに客を「ハグ」し、バックハンドをしないようしつこく注意した。「私たちは客の腕として行動するの、そうすれば客は腕を使わないで済む」

お願いだから料理を正しい席に運ぶようにと念を押したあと、残りの三十分は売り上げに焦点を絞って檄《げき》を飛ばした。キャリーはグラスワインのサービス係に簡単なテストをした。一人の客に向かってしゃべるようにワインの特徴を暗唱させる。一言か二言「ドライフラワーのような」とか「酸味はミディアムで」といったシンプルなコメントで彼女は満足した。しかしモーガンはワインごとに口を挟み、詳しいニュアンスを解説した。マッソリーノは「初めは一種の香ばしいフローラルな香りが楽しめる」、ジャン・マルク・ボワイヨは「高温のキャンプファイヤーで焼いたヘーゼルナッツやクリのような香ばしさがある。有名ブドウ園の所有者によって輸入され、そのことはつねに留意する価値があると思う」

「この特別な二つのワインについて私が訊いた理由がだれかわかる?」自分が意図する会話に全員の注意をもどそうとしてキャリーが言った。「理由は、この二銘柄の売れ行きが悪いから」そう叱った。

モーガンが割り込んだ。彼もこのことを考えていた。「いいかい、グラスワイン一杯三〇ドルか五〇ドルは実際高い、だから高額をつける理由を問うべきだと思う」彼は言った。「これは十一年もののグラスワインだ、リストにあるほかのどんなワインにもない豊かでぜいたく、強烈さをもっている。でもみんながみんな豊かで、ぜいたくで、強烈な経験をしようとは思わないって？　ぼくは望む。いつも払えるわけじゃない……。だけど自分におごるときは、そういう金の遣い方をする」

まるでモーガンの発言を聞かなかったかのようにキャリーは尻切れトンボになった自分の話にもどった。「それで、デザートワインだけど、たとえ客はデザートをオーダーしないとしても、〝デザートの代わりにグラスワインはいかがですか？〟と勧めること」

全スタッフ参加のコンクールをする、とキャリーは告げた。だれが完璧な勘定書きのすごい数字を積み上げることができるか？　完璧なテーブルとはまずカクテルをオーダーする（「アペリティフ」モーガンが言った）、次にボトルワイン、次にデザートワインをオーダーするという意味だ。一位の者には褒美としてシャンパンのマグナムボトル。「あなたの売り上げは、あなたの収入。売り上げるほど、収入も増える」とキャリー。どうやら映画『摩天楼を夢みて』からの台詞に突入しそうだと私は半ば予想した。「二位はステーキナイフのセット。三位は解雇」

食事客は以前から、レストランのまさにこの種の謀略を疑っていた。つまりソムリエは目を付けた客から金を搾り取ろうとするというステレオタイプの疑念は、すくなくとも民家に電気が通じて以来、モーガンのような人間の恐怖と不信に餌を与えつつ存在している。一八八七年のレストラン評で、ニューヨーク・タイムズの批評家が憤慨している。とりわけ評価の高いパリの飲食店について「批判すべき点は多々あるが」、なかでも「ソムリエが特定のワインを客に勧めて楽しむ特権には限度が必要だ。おそらくコミッションを得ているのだろう」。一九二一年の禁酒法時代ですらあるジャーナリストが、タイムズで、アメリカ合衆国にソムリエが増える可能性とこの危険な種族にたいする攻撃的キャンペーンを張っている。

この記事は……ある賃金労働者階級を廃業に追い込む意図と今後の展望のもとに書かれている。彼らが現在の職業から追い出され、ほかの生計手段をさがすよう強制されないかぎり、彼らの有害な例はヨーロッパからアメリカにひろがり、そして、収入の範囲内でやりくりしようと努めるアメリカ人の大半の公明正大な生き方に、新たなそして恐るべき障害となる。そういう固い信念で書いている。問題になっている賃金労働者とは、パリの高級レストランに出没して、「ソムリエ」と呼ばれている奇妙な連中のことだ。

その記者は新たな脅威をとめることはできなかった。しかしモーガンが毎夜〈オリオール〉で働くとき、二人のボス〈オリオール〉とその客に仕えるという意味で記者は間違っていなかった。両者は客がご機嫌で帰宅することを期待する。しかし私は〈マレア〉で見たように、〈オリオール〉は客から可能なかぎり現金をもぎ取ることに良心の呵責を感じていなかった。人が外食するとき、ふつう、お金をぼられたくて行くわけではない。人々が宇宙における場所を再発見できるワインを見つけるというモーガンの意図はともかく、彼はまた、店への義務を考えなければならない。料理より飲み物で高額を売り上げることと、スタッフのチップは勘定書きの合計から計算されるということをだ。〈オリオール〉のボーイ長の年収は六万二〇〇〇ドルから六万六〇〇〇ドル、ウェイターは五万二〇〇〇ドルから五万八〇〇〇ドル、そしてバックウェイターは三万二〇〇〇ドルから三万六〇〇〇ドル――時給で払われる最低賃金の組み合わせにプラスしてチップ。そしてそれは他のレストランより高い。理由は〈オリオール〉の料金が高いからだ。チップのプールから高額を得ているモーガンの年収は約七万ドルで、彼が〈ジャン＝ジョルジュ〉で稼いでいた六桁初めの額よりはかなり低い。

モーガンはこれら二つの主人、店と客の間のギャップを橋渡しするサービスを頼みにしていた。彼はけっして客の予算を上回るような勧め方はしない。また、〈オリオール〉からの釣銭をごまかして少なく渡すこともできなかった。特別な飲み物を求めるムードに飲み手をさせるため、そして彼らをあたかもそれは本当に何か特別なものと感じさせるため彼は例外的方法で各テーブルをもてなした。つまり彼が洗練された物腰で夜を演出《ドレスアップ》すれば、彼がもてなす市民もまた特別な気分になるかもしれないからだ。たぶんグラスワインではなくボトルを注文するかもしれない。あるいはふつうのキャンティではなく、キャンティ・クラシコ・グラン・セレツィオーネを奮発するかもしれない。

私たちの諸感覚器官に感謝だ。モーガンの特別な配慮はワインのフレーヴァーをいっそう増すこともできる。これが真実であることを私たちは本能的に知っているが、研究でもその効果は認められている。オクスフォード大学とチャールズ・スペンス共同執筆の研究報告によると、人々に皿の中央に盛られたトスサラダ（ボウルに野菜とドレッシングを入れて和えたサラダ）か、芸術的にあしらった同じサラダ――刻んだニンジンとマッシュルームを直角に並べ、オレンジドレッシングを点々と散らしたカンディンスキーのキャンバスを想わせるあしらい――を与えた。彼らは後者をはるかにおいしいと評価し、進んで高額を払う気になったという。モーガンは一本のボトルの味を高めるパワーを持っている。たぶんワイン生産者よりも強力で、自分で考えているよりも強い力を。

フロアでの初日の夜のことを私はじゅうぶん心に留めていなかったが、モーガンは客の言動を自分自身やほかのスタッフと同じくらい詳細に観察していて、彼らにも同様に高い基準を求めていた。高級な店の気品を、彼が認めるレベルまで受け入れない客に彼は苦痛を感じていた。「あの男はガムを噛んでいる。食事を始めるのになんとすばらしい態度だ」そう皮肉った。「あっちの百十四番テーブル」小声で言った。「大皿をパン皿として使うという典型的な間違いを犯している」コースターを大皿として使っている客になり、食事の間じゅうカクテルを飲んでいる客の「間違った取り合わせ！」に首をひねった。手を振って合図してソムリエを呼ぶ客や、ダイニングルームにコートを持ち込んだままでいる者にも苛立った。ニューヨークのカリスマシェフ、ダニエル・ブールーの名を持ち出して彼はコートチェックの重要さをくだいて説いた。「コートを預かるのは客のコートを盗みたいからじゃなく、たぶんダイニングルームにコートを置いておくべきじゃないからだろう」ジャケットを脱ぐ男たちにもモーガンは腹を立てた。「〈ジャン＝ジョルジュ〉なら、ジャケットをまた着るように頼むだろうな」六人の客が「躍動感があり、濃く、樽の香りがし、すばらしいワイン」の重いシラーを生の魚に合わせて飲んでいる光景に彼はぞっとしていた。

「あれはモーガンの地獄だ」自分でそう言った。「ビーフジャーキーを突っ込んだ黒いミルクシェークを味わっているようなものだ。ぞっとさせられるよ、それにマグロといっしょに飲んでいるんだから」

モーガンにとり、行動には一つの正しいやり方があった。ソムリエにはサービスコードが、客には客の振る舞いのコードがある。原則が個人的な気まぐれに優先する。同様に快適さは慣習化の経費ととらえるべきでない。とくにテーブルでは、店のダイニングルームの特別な気品にしたがって、すべてが適切なマナーでなされるべきだ。一軒のレストランは店特有の文化的組織だ。それはたんに人々が食べにくる飼葉桶の場所ではない。だから当然、振る舞いかたも異なる。

「ぼくはレストランにはロマンチックな考えを抱いてるんだ」モーガンは明かした。「そこで体験することのすべてが好きだ、すべてオールドファッションで、少々窮屈さを感じる類のぜいたくな場所がね」スニーカーが革靴に取って代わるカジュアルなカリフォルニアスタイルを彼は嘆く（「頼むからいつもぼくがわざわざスーツでドレスアップしても、ランニングシューズを履かなくてもぼくの流儀を貫かせてほしい」と、のちに彼がツイートしているのを見た）。モーガンは私的グループでのブラインド・テイスティングにはパーカーをひっかけてくるかもしれないが、フロアではことのほか外観に気を遣っている。その夜の彼はピカピカに磨いた茶色の革靴に、身体にフィットしたスーツ、上着の胸元にはネクタイとソックスと同柄の水玉模様のポケットチーフという出で立ちだった。

究極のダイニング経験はこうだ、あるいはこうあるべきというビジョンを彼は持っている。そしてそれが達成できないと、客の期待に応えられなかったように感じる。客が彼の領域に侵入して自分の皿を片づけようとしたり、ウェイターに大皿を渡そうとしているのを見て彼はかぶりを振った。食事客はウェイターにサービスさせてほしい、そう彼は望んだ。「サービスは客に仕えるようにデザインされているのだから」

また、客が自分のやり方で行動することもある。「自動販売機のロボットになった気分にさせられる」彼の助言を頼まないでリストの一頁の銘柄を指さしてワインをさっと頼む客に、彼は不平をもらした。こうする食事客のなかには自分が飲みたいワインを正確に知っている者もいるだろう。しかしだれかを待たせていることについて罪の意識を覚えたり、落ち着かなくなる客もいるらしい。皮肉なことに、モーガンを頼らず、質問をしない客が、彼をもっとも悩ませる客なのだ。「きみらの食事代にぼくのサービスも組み込まれているんだ！」若いカップルの耳にかろうじて届かないところで彼は不満をもらした。カップルは彼に相談せずにワインを選んでいた。ソーヴィニヨン・ブランのひどいボトルと彼が考えているワインだ。それよりうんと安くてうまいワインを彼は提供できたというのに。

ソムリエたちと外食して気づいたのは、どんなに百科事典的知識を持っていても、彼らはワインの選定はその店にいるソムリエにゆだねる。死ぬほど飲みたいと思っていたボトルを目にしないかぎり、彼らはほんの二つほど情報を与えるにとどめる――（1）予算、それから（2）どんなスタイルのワインを飲みたいか（それは「旧世界のもの、樽熟成でないもの、風味がいい」という広い意味でありうる。あるいは細かい点までこだわって「先週シュロス・ゴベルスブルクのグリューナーを飲んで、すごく気に入った。それに似たようなのがあるかな？」）。自分の店のリストなら客のソムリエたちより詳しく知っている店のソムリエにあとは任せていた。

いま、モーガンと私はミシュランの星付きレストランのダイニングルームに立っている。そこはディナーがワインも税金もチップも抜きにして二人で最低二〇〇ドルもする。〈ウォール街を占拠せよ〉団体ならこの場にいる人々を一目見て、こう思うだろう、ク、ソ、税制。しかしモーガンが見たように、レストランは世界でもっとも民主的な社会的場だ。勘定を払える限り最高のサービス、気配り、世話がだれでも利用できる。だからサービスが最高でない場合、モーガンは自分の客をごまかしたように感じるのだ。客は正当に享受できる最高のもてなしを受けられなかった。彼のほうは、客のワイン観すらも変える経験の機会を与えられなかった、というふうにだ。

「レストランには平等主義のようなものがある。そこにあるのはただ、勘定を払えるかどうかだけだ。だれもが同じ優れたサービスを受けられる。チップの必要はない」モーガンは言った。「だれかがその経験をゆだねてくれれば、ぼくには聖なる、そしてパワフルな何かがあるからね。ここで今夜食事をするには二〇〇ドルかかるが、客は四〇〇〇ドル分の価値のサービスを受けるだろう」

レストランの精神

これは少々、理想的に聞こえる。そして私が〈マレア〉で見たものを考えると、真実とかけ離れて聞こえる。すべての客は平等だ。しかしワインPXやPPXのシステムでは一部の客がほかより優遇される。ある晩、これから大物になりそうな投資家が〈オリオール〉に来たとき、コース料理ごとにシェフのチャーリー・パーマー自らが料理を出していたのを私は目撃した。

しかしレストランの歴史資料を読み漁った結果、モーガンが、ミシュラン星付きの金のかかる、そして手の届かないディナーでの平等主義的性格に固執するのは、ある意味正しかったと知って驚いた。

私たちがいま知っている形態のレストランは比較的最近の現象だ。最初に出現したのはフランスで、貴族が断頭台へと送られはじめる二十年前だ。それ以前、レストラン（もちろんもともとはフランス語）とは牛の骨髄、タマネギ、そしてたぶんハムの皮かパースニップ（サトウニンジン）でつくられたコンソメの一種のことを言い、「虚弱者に力をつけ疲労回復をはかる食事か滋養物」だったと一七〇八年の『百科事典』に書かれている。パリっ子はレストランに行って、店名にちなんだスペシャリティやほかにスープを注文した。フランスの調理済み製品販売者はその後、二十五もの組合をつくり、組合ごとに一種類に限った製品を作っていた。数百年間、美味い食べ物を求める者はスープならレストランに、焼いた獣肉は焼き肉店に、ポーク製品はポーク専門店に、チキンは鶏専門店に、そしてなんであれ調理人がその日急いで材料をかき集めて作った、大食いの労働者の食事は仕出し屋に行かなければならなかった（これらすべての御馳走——そしてもっと――がいっしょに出され、楽しむのはどういうものかを垣間見るために、民衆は切符を手に入れて、王家の人々がヴェルサイユ宮殿で見物人を前に食事する様を見に行った。大宴会と言われる数世紀にわたる伝統の一部だ）庶民のスープの専門店やチキンの専門店と、貴族御用達のコース料理のあいだの厳しい分離は、バスチーユを革命の嵐が吹き荒れる以前でも緩くなっていた。そして旧体制の崩壊によって組合も崩壊し、貴族の館で料理をしていたシェフたちは解き放たれて市中に出てきた。十九世紀の夜明けごろには、かつては最上流階級の特権であった料理は数フラン出せばだれでも食べられるようになった。レストランは「文化的民主主義化」の一形態の象徴、とポール・ルカーチは『ワインの発明』で詳述している。このことは特にワインについて言える。もともとは貴族のためにとって置かれたワインが、レストランのセラーにあふれるようになったからだ。いよいよすべての人がいっしょに食べることができるようになった。一八二五年の『美味礼讃』でフランスの情熱的快楽主義者の一人ジャン・アンテルム・ブリア゠サヴァランは、レストランの発明者について、控えめに評価しても「天才」にほかならないともちあげた。「だれでも一五ピストールから二〇ピストールを遣う余裕があれば高級レストランに行き、あるいは王族が食べた料理と同じものさえ食べられる」と彼は驚嘆している。これこそぼくがきみたちにずっと告げようとしていたことだ、と言うモーガンが想像できた。ブリア゠サヴァランはモーガンの平等主義精神に間違いなく拍手を送るだろう。こんにち、あなたがレストランに行ってお金を払うことができるとすれば、納税額の多寡に関係なく同じレベルの気配りでもってモーガンはサービスする。彼は百十四番テーブルの男がだれであれ、もし彼がプリンスのテーブルに着いたとして同じように、いやそれ以上によい経験をするように心を砕く。

モーガンの完璧で潔癖な言葉遣いとマナーへのこだわりは時代錯誤の人間に思わせかねない。英国貴族を扱った連続テレビドラマ『ダウントン・アビー』の執事カールソンのそばで訓練を受けたのかと思わせる。ほとんどの二十九歳は「この国じゃ〈フォアグラ〉が驚くほどいろんな読み方で間違って発音される」と悲しんだり、大皿の不適切な使い方を嘆いたりしない。しかし彼は礼儀正しい振る舞いにこだわることを納得している――テーブルクロスに何もこぼさないよう確実にすることだけでなくサービス作法は本当に大事だ。テーブル作法の革命を研究している歴史家と人類学者は、一度の食事にとどまらない、はるかに文化的影響をもったサービススタイルの変化をつづっている。

十九世紀半ばのフランス式サービスからロシア式サービスへの移行ほど劇的なものはない。ここにおいて、ふたたびフランス人が先んじる。フランス、英国、そしてアメリカでの高級な饗宴は伝統的に「フランス式」でサービスされてきた。客はテーブルに着くと、共有の皿が山積みになっているのを目にする。それらを給仕人は入れ替えるのだが、次のコースで客どうしが皿を渡すままにさせて、最少の介入しかしない（もしあなたが最近、外食していたら知っているだろうが、この方式は新しい呼び名「シェア・プレート」と呼ばれている）。初期のディナー・シアターの一種で、食事は息をのむような絵画的大皿に盛って供される。チュリーンに入ったスープ、スフレ、数層ものジュレ、カットフルーツ、聖杯、燭台、そして花瓶。しかし食べ物はふつう、客が食べ始めるころは冷めている。あるフランス人シェフが一八五六年に不平を漏らしているように、料理はしばしば「基本的質感を失っている」。とにかくフランス人は、焼いたラムの生ぬるい料理についに我慢できなくなった。一八八〇年代までにフランス式サービスはすたれ、ロシア式スタイルが採り入れられる。その切り替えでフレーヴァーが優先されるようになった。給仕人はコースの各料理を、前もって個々人用に切り分けられて皿に盛られたかたちで、シェフが決めた順番で次々とテーブルに運んだ。ほかの国々もすぐに真似た。〈オリオール〉で厨房から飛ぶように出される料理の背後で、ロシア式サービスは道理にかなっていた。

ロシア式サービスではシェフがメニューに支配権をもち、給仕はダイニングルームで大きい権限をもつものとされる。いっぽう客は、サラダをこっちに回してくださいといった気軽な態度を取れなくなった。これは一見したところ食事の組み立てと社会的機能のサービスの見直しにおける小さい変化に思えるが、それは社会的交流としてのダイニングルームから料理のショーケースへの大転換だと歴史家は主張する。新たにオーダー、タイミング、そして料理の組み立てを支配するパワーを持ったのは客ではなくシェフで、食事のスターになった。

〈オリオール〉で最後にモーガンと働いたシフトのとき、このサービススタイルを目撃していると感じた。そう、ロシア式サービスだ。しかしまた精神のサービスのようなものも感じた。〈マレア〉のヴィクトリアのようにモーガンは物質的面と精神的満足両方を届けることを強く意識していた。この考え方は、ポール・グレコと〈テロワール〉の粗雑な客扱いについてあれこれしゃべっているときに出てきた。サービスはたんに平等主義の一部ではないとポールは主張した。ニューヨーク在住の人気レストランオーナー、ダニエル・マイヤーと働いていた期間、ポールはサービスとホスピタリティ両方の必要を重んじるにいたった。二つは別のものだ。そしてフロアでは重要で不可欠な要素だ。「サービスは料理を運ぶ技術上のことだ。ホスピタリティはその料理を出すことで受け手をどんな気持ちにさせるか、ということである」マイヤーは自著『おもてなしの天才――ニューヨークの風雲児が実践する成功のレシピ』で書いている。「相手のためになにかをするとき、それがホスピタリティになる。相手にただ何かをするだけではホスピタリティはない」

　ホスピタリティという言葉はモーガンが行動に吹き込む心遣いを正確に言い表している。〈オリオール〉での給仕長、バスボーイ、フードランナー、そしてウェイターは料理を運ぶことに集中しているように見える。モーガンは精神状態、雰囲気を創ることを探求しているように思えた。元役者としての生活、あるいは観劇前に〈オリオール〉に押し掛ける芝居好きの常連客のせいかもしれない。なんであれ、モーガンは自分の客に一つのショーを披露しているように見える。良いサービス、そしてもてなしは一つの演技《パフォーマンス》、その経験の気風を決める一種の劇場である。シェフは厨房に籠り、ウェイターは時間に追われている状態で、ソムリエは料理を高める人情味を提供するぜいたくを持っているのだ。

　テーブルサービスに厳格な基準を持っていることは、客への尊敬を示すモーガンの一手段だ。さまざまな面でそれは日本の茶道の儀式における高度に振り付けられた手順を想起させる。亭主が自分の生活を完璧に過ごす芸術的形式だ。要は、たんにだれかに一服のお茶を出すことではなく、形式は客に敬意を表する手段である点。ワインのサービスについても、各動作が意味をもっている——お茶を点てた後、亭主は茶碗を二度時計回りにまわして、茶碗の正面、いちばん魅力的な側を客に向ける。たとえその動作の意味を知らないとしても、あるいはモーガンの言うオープンハンドで注ぐことのルーツとされる聖書の話を知らないとしても、一人の人間が呼吸をはかり、手首を曲げることにかける意図的な努力の価値は認めてしかるべきだ。モーガンのサービスがかもしだすフィーリングは、一つの曲のように、だれかに喜びを与えるサービス作法の理解をも超える。客は彼が言葉の選択、ボディランゲージ、グラスを置く正確さなどをとおして快楽を得させようとする配慮を感じることができる。

「レストランは劇場に似て、人々を癒し、本来の自分をとりもどさせ、宇宙での自分の場所に気づかせ、そして人間であることを気付かせる場になりうる。そして人間であるということは特別で、特異で、一人ひとりがかけがえのない存在なんだ」彼は言った。

「ぼくらは気遣ってほしい、面倒をみてもらいたいと思うからレストランに行く」彼は添えた。「みんな気遣ってもらうことが必要なんだ。みんな自分で思うよりもずっともろくデリケートだから」パリっ子に向けたレストランの最初の広告にはキャッチフレーズが記されていた。「私はあなたを本来のあなたにもどします」モーガンがテーブルに約束したこととそれほど違わない。

モーガンは詩的な資質をもっている。自分の母親を「アポロン的」、父親を「ディオニュソス的」と呼ぶ男だ。ソムリエ全員が彼と同じ厳粛さを自分たちの役目に吹き込んでいるかとなると、私は疑わしく思う。しかしもしあなたが来る日も来る日も十四時間ぶっ続けにフロアで働いているなら、厳粛さが大事である理由と、重要にしているものについて考えるべきだ。百十二番テーブルの客たちは今夜、ギンダラを食べつつ、「ふたたび自分をとりもどせる」と考えなかったかもしれない。とはいえモーガンがそれは可能だと信じないなら、けっしてそれは起こらないだろう。

今度は私が客の感覚と精神の管理人になりうるかどうかを見る番だ。あるいはむしろ、私にもできることをコートに確信させうるかどうかを見る番だ。

10章 トライアル
The Trial

ソムリエ試験を受けるんだって？　と友人から訊かれるたびに、私はさも合格不合格は二の次だと思っているふうを装い、ソムリエ資格試験の準備をしただけで多くのことを得たわと力説してその場をかわしていた。「あのね、要するに結果じゃなく、その過程が重要なの」実際の心境よりも穏やかな口調でいつも応じていた。

だが内心、ぜったい合格すると誓っていた。ソムリエという職業とそのライフスタイルすべてにのめりこんで以来、ほぼ一年になる。ただし実務経験は欠いていた。ここまで来たらやめることはできない。そのうえ、ソムリエの熱中ぶりは伝染するということがわかった。彼らがとりつかれている意味を知りたいという私の執念は、やがて彼らがとりつかれている対象へと変わっていった。高酸のリースリング、ヨガ式鼻洗浄、チャービルという香草、優雅にコースターを置くこと、バイオダイナミック農法で育て適切に冷やしたボージョレーなど、一つずつ検証していった。とくにモーガンのサービスぶりを見てからは、そして私自身がサービスの哲学をつかんでかららというもの、実際に自分もフロアでサービスしようと決意していた。

〈オリオール〉でのステージからほどなく、七十問の筆記試験が課される入門試験を受けて、通った。次の段階のソムリエ資格試験に挑めるわけだ。これは励みになるはずだった。ところが違った。

　ワイン業界かサービス業界で最低三年の経験があってプロへと一歩前進させる試験に合格することは、とくに準備を始めてまだ一年足らずで、覚えも悪いしろうとから出発した私にとり、容易ではない闘いになると当初からわかっていた。資格試験の日が近づくにつれて自信がなくなっていく。ヤング・ソムリエ・コンクールの大失態に加えて、試験前の数週間は気落ちすることばかりだった。話をした全員がすくなくとも試験を二回受けていた。数人は最近落ちたばかりで、そのうちの一人は従業員向けのワイン講習クラスがあるダニエル・マイヤーのレストランでみっちりと訓練を受けたにもかかわらず、通らなかった。資格試験準備の講座などないとすると、講習クラスはすばらしい恩典なのにだ。その人物が私には見込みがないようにほのめかした。「きみの現実面での弱点はフロアの経験がないことに尽きる」試験はどんな感じだったかを訊くために彼の店に立ち寄ったとき、彼はこう言い切った。「ぼくは実務サービスに長年従事してきたから身体がしっかりおぼえている。きみにはそれがないからかなりむずかしいだろうな」パニックになった私はモーガンに泣きついた。彼は、ソムリエ組合の学習ガイドの八割を記憶していれば大丈夫だと安心させた。オーケイ、すごく簡単ね。学習ガイドにはフランスだけでも六つの異なる項目が載っていて、それらの大部分は合衆国憲法より長い道のりだということを除けば、たしかに簡単だろう。覚えるべきさらに「明白な」事柄はというと、RMとはレコルタン・マニピュランのことで、九五パーセント以上を自社畑のブドウでシャンパンを造る生産者のこと（おお、そしてSRはソシエテ・ド・レコルタン、CMはコーペラチヴ・マニピュラン、NDはネゴシアン・ディストリビュトゥール、MAはマルク・ダシュテュール、そしてNMはネゴシアン・マニピュランを表す。ああ、すべて知りたくて死にそうだ……）。

試験の理論部門はワインそのものに関する内容になるだろう。私はすでに千枚ものフラッシュカードを作ってスマホに入れ、どこででも見られるようにしていた。基本的なしかし独断的に選んだワインの豆知識を記憶するために、寸暇を惜しんで見た。たとえばブルネッロ・ディ・モンタルチーノの標準的なボトリングは収穫後五年目の最初の一月まで出荷することはできない、リゼルヴァ・ブルネッロは六年目まで。もちろんんだ。機会があるたびにそういう知識を披露して実践に備えた。たとえばディナーの席で「実際、そのリースリングは完全にトロッケン、ドライなんです」と義母を正した。「理由は、遅摘みのブドウで造られたシュペートレーゼともいうワインだからです。最高残糖分が一リットル当たり九グラム以下で、酸度はすくなくとも七グラム以下」夫のマットはギョッとして私を見つめた。私は危険なまでにモーガンの口調になりつつあった。

サービス部門の準備としては、カクテルについての質問を次々と受けながらワインを開栓し注ぐ必要があった。カクテルの質問とは、サイドカーには何が入っているか？　食前酒（リレは何と何で造られているか？）について、そして食後酒（スコッチとアイリッシュウィスキーの違いが話題に出ていた）についてなどだ。それからむろん、どういう料理にどういうワインを合わせるかを、審査員役の家族は食事中にふざけながら訊いた。銘柄、価格、生産者、ブドウの種類、ビンテージ、そしてスタイルを含む広い範囲から特定のワインを推薦する知識が必要だった。そのため基本的に五十から七十のセレクションのワインリストを記憶しなければならない。食卓はまるで、八〇年代に世界中でヒットしたボードゲームの雑学クイズゲーム「トリビアル・パスート」に似た怪しいゲームか、ダンスコンクールかブラインドデートのようだった。自分の人間性まで審判される。シェフと異なりソムリエは個人的に直接食事客と交流する。だから私はコートに対して自分には高い能力があることと、それから未知の人々の信頼を得られる感じのいい人間だということを示す必要がある。「プロフェッショナルなソムリエの嗜み」と正確につづられたお達しは「落ち着いて自信をもち、傲慢にならない」という指南の数々で始まっていた。私は落ち着いて自信をもっているか、それとも傲慢か？　考えるととても不安になる。疑問は山ほどある。たくさんの不安材料があった。演技のレッスンが必要かもしれない。

　最強の実力と思っていたブラインド・テイスティングですら、いまや不確定要素になった。テストの二、三週間前、コートはブラインド・テイスティングの新しいフォーマットを発表した。受験者がワインの印象を記し、採点に使われるワークシートのことだ（マスター・ソムリエ試験の場合、受験者は六本のワインを試飲して印象を口頭で伝える。いっぽう、資格試験のほうは二種類のワインを分析して文章で答える）。ワークシートは私たちが分析するために必要なワインの各要素——アロマ、ストラクチャー、ブドウの種類、その他いろいろ——に分かれている。そして受験者は飲み比べながら各項目を埋めていく。その後、全員がマスター・ソムリエの資格をもつ審査員にシートを提出する。すべて順調で上出来。ただし新フォーマットでは評価基準が改変され、あらたなブドウの種類が加わり、そしてあらゆる種類の格付けのための新しい要素が編み出されていて、それらを除けばの話だが……。ソムリエたちはネットの書き込みを見ては焦り、不安を募らせていった。「完全に改変されたワークシートを目にしてぼくがパニックになる瞬間をきみらも想像がつくと思う」レストランで十六年間働いてきたボルティモアのある男性は書いていた。「テイスティングに対する自信は砕けた」もしそもそも最初に自信をもっていたら私にも同じことが言えるだろう。

マスター・ソムリエ試験の挑戦的フォーマットに向けて試飲の修業を続けてきたモーガンやほかのソムリエたちといっしょに試飲をしてきた私は、資格試験に必要な範囲よりもはるかに広範囲のワインをテイスティングし、そして深く分析していた。しかし試験当日は緊張のせいで味蕾の繊細なハーモニーが壊れるという恐ろしい話をいくつか聞いた。当然だとは思いたくない。いま、朝の訓練はルネデュヴァンの香りキットにある五十数種のエッセンスの復習だけではなく、朝食前に台所でブラインド・テイスティングもしていた。精度を上げるために、一つのワインのストラクチャーを見極めるポイントであるアルコール度、酸味、それから糖度の微妙な変動まで確実に感知できるようになりたかった。そこでプロのワイン審査員を訓練するためにカリフォルニア大学デーヴィス校の感覚科学者たちが考案した味覚洗練法にも挑んだ。味覚洗練法の指示にしたがい、ＦＢＩの要注意人物リストにも載るほどのビーカー、ピペット、粉末の化学物質などを注文した。次はクエン酸、酢酸、スクロース、ウィスキーなどの正確な希釈度をマットの前でブラインドテストし、いっぽうで各溶液――一つの化学物質につき約四つの異なる濃度をつくり、その三十の液の濃度を当てる試みをした。ミディアム・プラスの酸度からミディアムまで、一四から一三、一二パーセントまでのアルコール度を区別できるように味覚クイズを数十回繰り返した（ゴメン、マット）。いつも間違えるシャブリのフレーヴァーを体得するための絶望的試みとして、ドレスデンで会った神経科学者ヨハン・ルンドストロムが提案した連想的学習でもマットを説得して手伝ってもらった。ヨハンのアドバイスによると「最高の組み合わせの一つは、セックスをしながら何かをすることだ」。傾聴すべき一言だ。一を聞いて十を知る――咳きこんで鼻からシャブリを噴き出しでもしたら、ムード台無しになる。

すくなくともレストラン〈イレヴン・マディソン・パーク〉のテイスティンググループにいるソムリエたちは私の絶望的あがきに同情してくれた。マスター・ソムリエの試験直前とあって、みんなピリピリしている。喧嘩も勃発した。九回目で最後の試験を前にしているヤニック・ベンジャミンは試験前の最後のテイスティングの一つでしくじったあと、パートナーに爆発した。「クソったれ！　ほんとに苛々させるな、お前は！　何か感想を言ってくれよ！　ぼくはもうこれを一週間もやってるんだ！」ヤニックは怒鳴った。同じ日、モーガンはいたって落ち着いていたが、自分の番を時間切れで完遂できなかった。それは新人がやらかすエラーで、初めてそういうモーガンを目撃した。不安はまた彼の内なる哲学者を引き出した。彼のツイッターにはモチベーションに関する一連の警告が並ぶようになった。たとえば「結果は敗者のもの。よいプロセスは王者と神々のもの」

コートで一ランク昇るのはモーガンやほかのソムリエにとって大きくて重く高い目標だった。ソムリエ組合の概算によると、マスター・ソムリエの平均年収は一五万ドルで、ふつうのソムリエ（六万ドル）の倍以上、駆け出しソムリエ（五万五〇〇〇ドル）の三倍だ。ニューヨーク市のベテランソムリエはどの店でも年収六万ドルから、超のつくトップクラスなら一四万ドルを稼げる。そのほとんどがチップからで、彼らの顧客の寛大さと店の人気のおかげだ。フロアで働くマスター・ソムリエの報酬は最高で一五万ドルに達するが、大きいレストラングループのためのワインプログラムを造るサイドビジネスをするか、卸業者かコンサルタントに転身してさらに稼ぐこともできる。彼らの多くが、雇用の融通性や雇用保障、あるいは福利厚生面であまり恵まれておらず、疲労困憊《こんぱい》する夜型のライフスタイルに心身を擦り減らして職場を去る。レストランのなかには医療管理か退職金制度をおまけに添えるところがあるかもしれないが。しかし大半はけちで、俸給制度を改善するよりもチップのプールでの支払いに頼ることが多い。それは結局店にとり、まずい状況となっている（訴訟もひきおこしてきた。あるソムリエがくしくも述べたように、「少々違法でないとレストランを運営する良い方法などないんだ」）。モーガン世代のソムリエは後輩より若い年齢でこの仕事に就いていた。一つには、彼らの多くがフード・ルネッサンス真っ盛りのころワインを身近にして育ったから、二つには、彼らが二〇〇〇年代後半に卒業したとき経済状況が良くなかったから、そして三つには業界の安い体質ゆえにだ。

「いま、ソムリエの平均年齢は四十七歳より二十七歳に近くなっている」ポッドキャストの『私、それを飲みます』の司会をしていた元ソムリエ、レヴィ・ダルトンはこう語った。「これまで業界は、『うん、そうだな、われわれは若者を元気づけたいんだ』という姿勢だった。だが本音は、『もっと安い労働力を増やしたい……ミドルクラスの者を雇うよりも週に八、九十時間働く気があり、低収入を厭わない若い人々を雇いたい。彼らにワインを学ぶ機会を与え、いつか嫌気がさしても替えに事欠かないように』。これが現在の主流なんだ。本当に時代はソムリエの世代交代を迎えている」

しかし多くのマスター・ソムリエは、自分たちはお金のために認定書を求めたわけではないと主張する。「私たちが持っているレベルの経験と知識で、ほかの業界を見てみるといい。銀行、金融、法曹、薬品、私たちはほかの業界の高給取りのかけらしか稼がない」マスター・ソムリエのローラ・ウィリアムソンは私に言った。「求めているのは個人的なチャレンジ精神と哲学。インスピレーションによって衝き動かされるものを求めている」お金がモチベーションとしてふさわしくないというのではない。自我《エゴ》。私は古い世代のソムリエからの不満を聞いたことがある。彼らは新人が多すぎると懸念していた。モーガンのような人間も含まれるが新人は名声と栄光のためだけに働いているのではと思えてならない、と彼は嘆いた。これはサービスのプロのあいだの基本的で重大な過《あやま》ちであり、サービスのプロはエゴを二の次にするものとされている。

名声、富、あるいは単に知識と経験を求めているにせよ、コートの試験を受けたいという希望者は引きも切らない。ニューヨークでは申込者の枠はすぐに埋まってしまい、私は一番近くの街で自分のスケジュールに合う試験会場に申し込んだ。ヴァージニア州、ヴァージニア・ビーチ、人工の砂浜が長々と続く、ワシントンD．C．の南、三時間のところにある。海岸科学者のグループがかつて「自然の海岸の生成を完全に欠いた」ものとして、その月のビーチに選んだ場所だ。

最初、なにかと心配だった。飛行機内の乾燥が鼻と免疫システムに大損害を与えるだろう。風邪をひくことだけは避けたい。だがしだいに考えが変わった。そしていまはサンフランシスコやニューヨークのような愛好家が多い地以外で働いているソムリエのコミュニティを訪ねる機会を心待ちにするようになった。地元のソムリエと会うことを期待して、ソムリエ組合のサイトにメッセージを投稿した。アニー・トルーラーというほぼ二十年間ヴァージニア・ビーチのレストランで働いてきて、資格試験を受ける予定の女性が、試験の一週間前の土曜日に電話してほしいと連絡してきた。電話をすると、彼女はすぐに切った。勉強中だという。十分後にまたかけることになった。邪魔をされたくないのだ。

やっと話せたとき、アニーは空港で私をピックアップすると申し出てくれた。そしてインターネットで会った見知らぬ人の車に乗ることはつねにグッドアイデアであるゆえ、私は次の月曜午後、到着ロビーの外で会おうと告げた。

試験直前

アニーはフロントガラスにひびの入ったチャコール色のユーコンSUVの運転席から手を振った。「最後に飛行機に乗ったのは十二歳のときかな」私が車に乗り込むと彼女はそう言った。アニーは三十五歳、うっすら日焼けした丸顔で、ほんのかすかだが南部の間延びした発音でしゃべる

（たとえサービススキルは「適切」でも、コートがいまいましいデキャンタージュを課さないように彼女は期待していた）。アニーは、祖父母が二つの農場と賃貸住宅数戸、そしてトレーラーパークを所持していたノースカロライナ州ウィンストン・セイラムのすぐ郊外で育った。メリーランドより北へは一度も旅行したことはなく、初めての旅もほんの数カ月前、二度目に資格試験を受けるときだった。

「あのときはボルティモアで試験があり、二週間というもの、興奮剤のアデロールをキャンディみたいに齧《かじ》って猛烈に勉強したわ。だから落ちたときはすごくショックだった」彼女は言った。そしてまた挑戦しようと決めたのだった。「いくらか蓄えもあるし、〝よし、また受けよう〟ってね……。三度目の正直になればいいけど……もう一〇〇〇ドルも費やしてるんだから！　第二段階で！　まったくもう」

三二五ドルの受験料は、アニーの言う時給四ドル五〇セント、正確にはチップも入れて「すごくもうかる」仕事をしている者には負担だ。とくに四人の子供を抱えていては、配管工の夫チャックも彼女が貯金に手を付けることを快く思っていない。でもアニーは夫に、コートのソムリエ資格を得られれば収入は飛躍的に増えると説明した。タイドウォーター・コミュニティカレッジで得るホスピタリティ準学士号よりもうんと効率的だと説得した。加えて、いまレストランは試験に合格した者だけを雇うようになっている。

「我が家はときどき給料から給料へと綱渡り状態になるの」高速道路を疾走しながらアニーは明かした。「私にとってソムリエの資格はサービス産業での収入アップを保証してくれるものなの。

かなりの額よね。チップを当てにする従業員から六万ドル台の給料取りになる」

ジェット機の轟音でときどき語尾がかき消される。「オシアナ海軍航空基地！」思わず怒鳴り声になる。海軍のジェット戦闘機艦隊の基地が、試験会場予定の、肉と魚料理を出すレストラン〈ゾーイ〉から車で十五分のところにあり、黒い飛行機が上空を十字に交差する。「住民は轟音を〈自由の音〉と呼んでいる」アニーは叫んだ。「『もしこの音を好きじゃないなら、故郷にもどりな』と書かれたバンパーステッカーを見かけると思う」

軍と言えば、アニーの十七歳になる息子はいま現在リッチモンドの海軍に入隊していて、それは彼女が同じ歳のときの計画と似ていた。アニーの継父は合衆国陸軍のバンドにいた人で、高校でずっとマーチングバンドの金管楽器を演奏していた彼女も入隊するつもりでいた。ところが最終学年で妊娠してしまい、あきらめた。彼女とチャックはトレーラーに移り住み、アニーは母親と同じくフードサービス業界に入る。母親はノースカロライナの〈オリーヴガーデン〉でウェイトレスをしていた。アニーは十八歳になって一週間で出産した。それ以来、ずっと接客業やいくつかの裏方仕事に就いてきた。街のメインストリート、アトランティック・アヴェニューを走っているとき、彼女はフロントデスクにいたことがある〈ベスト・ウェスタン〉ホテルを指さした。通りには〈ナイトメア・マンション〉、〈トップ・ガン・ミニゴルフ〉、〈オー・ファッジ〉、〈フォーブス・ソルトウォーター・タフィ〉、〈サンセイションズ〉、そこはサーフボードやサンスクリーン、カブトガニの看板、それから〝トワークしよう〟と読めるネオンカラーのタンクトップ姿の看板が並んでいる。隣のタトゥーショップには「無菌のボディピアス」と宣伝してある。

アニーがワインにのめりこんだ理由はとてもシンプルだ。「どれだけたくさん稼げるかを見たから」ヴァージニアの旧家が自分たちのために創った会員制の〈キャヴァリエ・ゴルフ&ヨットクラブ〉でウェイトレスをしていたときに話はさかのぼる。ある晩、サービスに就いていたテーブルで五五〇ドルのモンラッシェの注文を受ける。「そのボトルが五五〇ドルもする理由を私は知らなかった。ただ自分はそれを売ったのだということ、そして小切手の額も増えることは知っていた。客は料理だけですでに三〇〇ドル遣っている。このテーブルは一〇〇〇ドル！　いま私は一〇〇〇ドルの小切手を持っている！　それは私には二〇〇ドルの価値なのだ！　私の人生の一時間半の価値が？　一時間一〇〇ドルでも御の字なのに、でしょ？　しょっちゅうあることじゃないけど、『だったらなにがそのボトルを五五〇ドルもの価格にさせているのか？』と思い、いろいろ疑問がわいて、それからワインの魅力にハマったの」

モーガンやほかのソムリエにとり、ワインとは一つの召命だと、私は知るにいたっていた。彼らは神経生物学の学位や英国文学の学位をもっていて、そのうえに自分の情熱としてセラーでの人生に身を投じていた。彼らは週末をたとえばオーストリアのリースリングのすばらしいビンテージについて猛勉強して過ごす。理由は、そのワインが「豊かで充実感があり」、その贅沢さが上流と中流の上のクラスの人々にとても人気があると考えるからだ。アニーにとってワインのキャリアはチャックと子供たちの生活を少々向上させるという意味をもっている。デスクワークに代わるものとしては満足のいくものではないがアニーの唯一の選択肢だった。モーガンとは正反対の人物と私は出会ったことになる。かたやワインへの執着は強迫観念というか不合理とすれすれのところにあり、アニーの関心は現実的、実用的とさえ言える。

アニーは初めてソムリエ試験を受ける直前に〈キャヴァリエ〉を首になった。上司は彼女が偽《にせ》のクレジットカードのチップを受け取ったと責めた。「それは誤解だったのよ」アニーは言った。その後〈サイプレス・ポイント・カントリークラブ〉でウェイトレスの仕事を得るまでに二カ月かかった。〈キャヴァリエ〉のモンラッシェがその店ではフランジアに当たるということに気づいたが遅すぎた。フランジアは地元の酒店で一本、五ドル九九セント前後で買えるワインで、メガ・パープルの一杯とそう変わらない。「胸が張り裂ける思いだった」とアニー。「二年で四〇キロ近く太ってしまった」〈サイプレス・ポイント・カントリークラブ〉にはワイン談義をするような客はいなくて失望したが、ヴァージニア・ビーチではごく当たり前のことだ。その街は質より量という雰囲気をかもし出していた。私たちはシーフード食べ放題のビュッフェを通りすぎ、「ビッグ・イタリー」とテーマパーク風に呼ばれるリトル・イタリー一帯と、海岸通りからの海の眺めを邪魔してのしかかるようにそびえたつ高層ホテル群を通り過ぎた。

アニーは客にワインを愛することを教えたいと意気込んでいた。初めの上司が辞めたあと、新しい上司が来る前、彼女はキャニオン・ロードを仕入れるのをやめてクラフトビア、新しいワイン、それから発泡性の飲み物を仕入れた。目玉になるメニューを考え、「水曜日ワイン割引き」に乗り出す。一五ドルのディスカウントワインを設定し、〈サイプレス・ポイント・カントリークラブ〉で式を挙げる花嫁のためにサングリアのオプションとスパークリングワインのパッケージを考え出す。やがて話はソムリエの資格へと移った。「私のボスはソムリエ資格というものさえ知らなかった」と切り出す。「でも職務上知る必要があり、『するときみは基本的に、ま、ここではソムリエだな』と言うまでになった」

それが一年前のことだ。いま、アニーは動きがとれずにいる。一本三九ドルはカントリークラブの客にとって高すぎる。「ついにシャンパンを仕入れたの、二本ね、でもだれ一人五〇ドル払いたがる客はいない」メインストリートの環状線を走り終えたとき愚痴をこぼした。「まだ私にはできることがあると思う」彼女は〈サイプレス・ポイント〉のスタッフに調子のいいことを言ってお高くとまっているつもりはなかった。「彼らは井の中の蛙《かわず》だから、『ああアニーか、彼女はソムリエだからお高くとまってる』と言う」そういうやっかみはヴァージニアとニューヨークでもあった。

アニーはヴァージニア・ビーチにある三軒のヒルトンホテルの一つの私道に車を乗り入れた。ホテルの駐車場の下に見える街のレストランのなかで彼女が最高とみなしているステーキハウス〈サラシア〉を見せるつもりだった。ここら付近でコートのレベルのサービスが保たれている場所の一つだと語った。SUVをアイドリングさせたまま〈サラシア〉をじっと見やった。「あそこが私のいるべき場所なの。あのようなレストランでうまくやっていける自信はあるわ」

私はコンピューターでチリワインの諸規定を見直しながら夕食をとろうと思っていたが、アニーがいっしょにブラインド・テイスティングをしたいと言うので、別のヒルトンホテルのバーに向かった。

アニーと私は問いを出し合い、味覚についてああでもないこうでもないと検討し合った。寒さかたぶんアレルギーで鼻が詰まって慌てた彼女は、一種のショック療法としてピリ辛のバッファローチキンウィングを注文した。私のバーガーには生のオニオンが付いていた。生のオニオン！　だれも生のオニオンで味蕾をダメにしたことはないのだろうか？　オニオンに触れないようにナイフですくってよけた。触れたら翌朝も指が匂うだろう。

時間を経るごとに二人の自信は指の間から滑り落ちていった。この時点ですでにアニーは数カ月後、ノースカロライナ州のローリーにふたたび試験を受けに行かなければならないと覚悟していた。四度目の試験。私も彼女に加わりそうな予感がする。

「これまで三年も参考書を読んできたのに」彼女は弱音をはいた。「三年間も勉強してきたのに、まだ覚えきれずにいる。問題を見てもまったく答えが出てこない。まるで自分の名前も忘れているみたいな感じ」

私には尽くしてくれるゴッドマザーとしてモーガンがいた。アニーはほとんど自分一人で資料を相手に勉強してきた。地元のテイスティンググループに加わりたいと思ったが、木曜午後の集まりだと仕事で行かれない。ソムリエ組合のオンラインガイドもパソコンを持っていないので手が出せない。たとえ持ったとしても、使い方をよく知らないのだ。〈キャヴァリエ〉の上司はソムリエ資格を持っていたが、〈サイプレス・ポイント〉ではアドバイスをくれる者はだれもいなかった。適切にグラスに注ぐこと、歩き方、話し方、服装、テーブルナプキンのたたみ方などは基本的に試験中に学んだ。コートの正式なシステムは〈サイプレス・ポイント〉ののんびりしたサービスとは何一つ共通するものはなかった。初めて試験を受けたとき、アニーは普段のカジュアルな仕事のスタイルである白のシャツにブラックタイ、そして黒いエプロンで現れた。コートの規定ではスーツのみと指定していることを忘れていた。

　それを思うと、私の場合、トレーニングは当惑するほど恵まれていた。私はテイスティングの手順を磨くために、そして嗅覚のコーチをしてもらうために感覚科学者たちやマスター・ソムリエ、その予備軍、そしてマスター調香師たちにまで頼ることができた。コレクターとも知り合い、彼らのセラーを開放してもらい、自分では決して手の届かない高価なボトルを試飲することができた。それに加えて、世界でもっとも多様な市場であるニューヨークに集う数百もの卸業者からすべてただで（その後、いくぶんか払い）ワインを飲むことができた。アニーはすべてを一人でやらなければならなかったし、プランBはなかった。

　その夜、なかなか眠れずにいるとき、寝る前の習慣になっているフラッシュカードを見た。モーガンからメールが来ていた。「よく眠り、前もって水分を補給して脱水症状にならないこと！　準備に失敗することは、失敗の準備をすることになる！」まるでホテルの駐車場に着陸するかのようにジェット機の轟音が耳をつんざくときに、言うのは簡単だ。ただのくだらない試験よ、と自分に繰り返し言い聞かせて、神経をなだめつつ、何か耳栓代わりになるものはないかとバスルームを捜しまわった。でも自分にたいしてのみ神経質になっているのではないと気付いた。アニーのことが心配だったのだ。もし私が失敗しても人生は続く。もう一度、受験するだろう。私に頼っている者もいない。だがアニーにとり、試験に合格することは家族の人生を経済的に変えうる意味をもつ。ただのくだらない試験、なんかではまったくない。

いよいよ試験当日

翌朝迎えにきたアニーともども体調が悪かった。彼女は新しいスーツが気になって仕方ない様子だ。歯磨きをするかどうか迷い、結局、歯磨きペーストを使ったことを悔いていた。コーヒーもまた由々しき問題だ。ホット、アイス、あるいは何も飲まない？　彼女はアイスコーヒーを飲んでいたが、正しい選択だったろうか？

〝自由の音〟のせいで私は寝不足だった。ブレザーにアイロンをかけるのと、あと少し復習するため夜明けに起き、舌がじゅうぶん回復する時間を逆算して歯を磨いた。ブラインド・テイスティングは今日、最初のセクションになるだろうから、食欲と味覚のバランスを心がけた。あのいまいましいお茶で舌先をやけどする瞬間まではすべてが計画どおりに進んでいた。この新たな恐ろしい事態に対処するため、とりあえずうがい用のワインを探したがミニバーは役に立たない。ルームサービスでシャルドネのグラスワインを注文すると、電話に出た女性はずいぶん待たせたあと、時間的にワインにはちょっと早いから、上司に相談してみると答えた。またコルクスクリューも空港のセキュリティで没収されていた。新しいコルクスクリューはグリップが異なり、私は動揺した。自分がわからなくなったように感じた――コ、コルクス、ク、コルクスクリュー程度で動揺するなんて情けないと思わない？　試験会場に向かう車中、アニーは最近ジェット戦闘機が落ちたバードネック・フード・マーケットの背後にあるレンガのアパート群を指さした。不吉な予感がした。

オフィスパークの後ろにある羽目板張りの建物〈ゾーイ〉でアニーは車を停めた。まるで葬儀社の会議場に到着したかのようだ。ブラックスーツに身を包んだ黒い男女が駐車場をぞろぞろと歩いている。大半が二十代に見える。コートの入門試験を受けたとき、隣席にはピラティスのインストラクターと医療機器の技術者が座った。今回は受験者のほとんどがレストランの従業員だった。ブロンドで二十四歳のアレックスはニュージャージーの郊外のレストランでワイン担当をしている。デヴィンはニューヨークのモデルたち御用達の〈タオ〉でウェイターをしている。素足でグッチのビンテージ・ローファーを履いたショーンは流行の最先端をいくバーテンダーで、フィアンセ（マイリー・サイラス似で、レストラン三店舗を運営している）とリッチモンドから来ていた。彼女は自分とショーンを「レストランのパワーカップル」と自己紹介した。〈ゾーイ〉で働いている数人の女性たちは「今朝、鼻スプレーをしてきたわ」と一人が自慢した。ただひとりサービス業界人ではない四十代の女性ＪＪはペイストリー作りが趣味で、ＮＡＳＡの研究用衛星のデザインに携わったという。

　八時、アニーと私は〈ゾーイ〉の栗色のブースに、斜め向かいに座った。照明（暗い）とカーテンやクッションなど室内装飾品の色（赤）に私はたちまち不安になった。テイスティングの条件として理想的とは言えない。

　ストップ、自分を戒めた。けっして自信を失ってはいけない、必要なのは味と匂いにアクセスするための全面的自信だ。全員がぞろぞろと席に着くあいだ、私は目を閉じていた。深呼吸をして。頭をからっぽにする。

　モーガンが武術の伝説的達人ブルース・リーの知恵を例にとって、ブラインド・テイスティングに挑む方法をアドバイスしてくれていた。「心を無にする」メールの書き出しにリーの言葉が引用されていた。「水のように形のない、無定形のものになる。コップに水をいれると、水はコップになる……水になれ、友よ」高度な武術の達人たちは完全に心を明晰にすることをそう表現した。あるいは「無意識の意識」をムシンと呼んだ。意味は「無の心」。思考、感情、恐れ、そして自我を流し去る。そうすれば純粋な方法で雑念を払い、経験を受け入れることができる。この「完璧な無防備」の状態で、彼らは十分に認識し、目撃し、反応する。ムシンはしばしばミズノココロの状態、あるいは「水のような心」にたとえられる。そのなかで心は池の表面のように静かになり、それが示しているものを正確に映すのだ。神経や感情はさざなみをたてる。「究極的に」とモーガンはメールでずばり書いていた、「テイスティングはワインを味わうのではない。きみ、そして対象の真実を探る能力をどれくらい磨いてきたかを問うものだ」

モーガンが初めてこのことを示唆したときは武術の分析とやらに困惑させられた（そして、はっきり言って疑わしく思った）にもかかわらず、ブラインド・テイスティングに通じるものがあることを認めざるをえなかった。クレイジーに聞こえるが、禅のマインドセットで考えることは助けになった。ブラインド・テイスティングでは実際「心を空っぽ」にする必要があり、それによって全面的に対象を認識し受け入れることができる。あなたは疑い、恐れ、感情を手放さなければならない、そうすれば目の前のほんの微細なことも吸収できる。銘柄、過去の失敗、あるいは二つのヴィオニエを続いて注がれるかどうかなどの雑念や短絡的思考を遮断すること。日常生活において私たちに投げかけられるもののほとんどは私たちの認知バイアスや記憶の誤りと無駄に関わりがちだ。テイスティングでは認知バイアスを捨てることによってしか成功はありえない。予断や自我のフィルターを通すことなく真実の経験に直接たどりつかねばならない。世界を自分がイメージしたようにではなく、ありのままに熟考する努力を意識的にするのは潔くさわやかなことだと思い至った。

四人のマスター・ソムリエのうちの一人が進み出て、簡単な説明をした。試験の最初の二つの部分は四十五分――二つのワインのブラインド・テイスティング、そのあと、四十問の筆記試験。「長く考えるのは間違いのもと」と彼は言った。そして、始まった。

私は白ワインのグラスを手に取り、ワインがグラスの中で静かに待っていたあいだグラスの上に集まったアロマをとらえるためにグラスを回さずに深く吸った。香りは微妙でとらえどころがない。柑橘類、甘さより塩水のような風味がある。サワークリームを一滴落としたような海水に似ている。与えられたプリントの解答用紙のマス目にチェックマークを付ける。藁色。グレープフルーツ、レモン、洋ナシ、タラゴン。カテゴリーのところで「花の香り」をマークするかどうか迷った。「かすかに／ない」を丸で囲い、それから線で消して「支配的」に変えた。もう一度嗅ぐ。「支配的」を線で消した。そして「かすかに／ない」をふたたび丸で囲った。長く考えるのは間違いのもと。だめ。自分を疑うな。経験と記憶。心を空っぽに。嗅覚が疲れてきた。鼻の働きをとりもどそうと赤ワインを嗅ぎ、それから白にもどった。

この白には――なんと！――ミネラリティがある。ありえない……だろうか？　すすってみる。ドライであるのは間違いない。新樽ではない。酸はモデレートからモデレートプラス、アルコール度はモデレート、わずかにフェノールの渋み。後味は熟した果実というより酸っぱい、新世界より旧世界のものらしい。周囲の者にならって一口含む。また一口、さらに一口。まるで百もの口が吸っているような音が同時にグラスを空にしていく。

最初の結論――冷涼な気候か温暖な気候（理由は低アルコール度、高酸）、シャルドネ（理由はミネラルが支配的、フィニッシュは酸っぱい、そしてハーブと石の質）。ふたたびズズズとすすった。最終判断――自分が下そうとしている内容が信じられなかった。しかし間違いないはず。ブルゴーニュ、と書いた。シャブリ、一年から三年もの。ドレスデンの神経科学者ヨハン・ルンドストロムに心の中で感謝し、次に進んだ。

赤ワインの香りを吸い込み、それから深い安堵とともに吐き出した。これは飲んだことがある。ほかにはありえない。ルビー色。熟したラズベリー、ストロベリー、ブラックベリー、プラム、ブルーベリー、カシス、ジャムのようなべとつきがある。一つのヒントは、そう、ピラジン。バニラ、シナモン、焼いたスパイス類、そして唇と歯茎の間がヒリヒリするタンニン――新樽であるのは決定的。カテゴリーに進む。「猟獣、血、塩漬け肉、なめし革」それは不愉快な印象を与え、採用しなかった。ドライ、甘いタンニン、モデレートからモデレートプラスのアルコール度、モデレートの酸性。最終結論はカベルネ・ソーヴィニヨン、カリフォルニア、一年から三年もの。

テイスティングの解答用紙を理論部門の解答用紙に換えたとき、青ざめて必死の形相のアニーが、すでに解答を書き終えていることに気づいた。試験は一部選択肢方式で、大半は短い答え、そして明白なものだった。質問は、Q生産者がリストアップされ――シャトー・ラヤス、ジャコモ・コンテルノ、ドクター・ローゼン――各ワインに使うブドウの主要品種を書くように指示してあった。Qキャンティの生産小区域を二つ挙げよ。Q以下のカリフォルニアのブドウ栽培地域を北から南に順に並べよ。Qスイスワインの主要品種のブドウは何か？「シャスラ」。昨夜、復習をしようと言ってくれたアニーに感謝しながら、記入した。Qプルミエ・クリュ・シャブリの名前を付けられる畑をできるだけ挙げよ。Qもし一本二〇ドルで仕入れたワインをグラス五杯ぶん取るとしたら、売り上げ原価の二五パーセントを得るにはグラス一杯、いくらで売るか？　Qエルミタージュの近くにある川の名前は？　ひょっとしてパスできるかも？

不安と涙

アニーと私は解答用紙を提出した最後の二人だった。粛々と駐車場に出ると、受験者が各グラスに入っていたワインを分析しているところだった。

推測はさまざまだった。赤ワインについてはオーストラリアのシラー、フランスのシラー、ネッビオーロ、テンプラニーリョ、マルベック、カベルネ・ソーヴィニヨンと口ぐちに言っている。「大勢がカベルネと書いている」早々と終えて、あちこちで聞きまわっているデヴィンが言った。白ワインについては彼が聞いたところによると、ピノ・グリージョ、シュナン・ブラン、ソーヴィニヨン・ブラン、シャルドネがあった。私の聞き込みではニュージャージーから来ているアレックスを含めて三人がシャブリからシャルドネに変えていた。アニーもそう考えたが、けっきょくシュナンにしたそうだ。

サービス部門の試験のための会場〈ゾーイ〉にもどるまで私たちはそれぞれ特別な時を過ごしたが、身を寄せ合ってレストランの入り口から離れなかった。互いに心の支えになりたかったからという思いと、試験場から出てくる人々が会場での経緯を詳しく語ってくれないかと期待していた。

受験者が四人同時に〈ゾーイ〉へと入っていき、一度に四人が、ボディブロウをかわすかのようによろめきながら出てくるのは、見ていてあまりかっこいい光景ではない。

「あ、あのぼく、泣きそうだ」D．C．のホテルのレストランで働いているアーロンは悲鳴を上げる。顔が真っ青だ。

のちにアニーから聞いたが、NASAの研究用衛星デザイナーJJは鼻水をすすりあげながら走り出てきたという。「アレルギーよ」と強がってみせた。

講習料や受験手数料、資料代、旅行費、それから練習用のワイン、受験者は各試験の準備で三一〇〇〇ドルは投資している。彼らはそのすべての投資が危険にさらされていることに怒り、困惑し、そして昇給や新しい職が指の間から滑り落ちていくことにやるせない思いでいた。「なんとしても資格が必要なの」あるとき、アニーが私にというよりも自分自身に言った。彼女や他の受験者は人生のほぼ毎日をフロアで過ごしている。しかしサービス試験は彼らがこれまで経験したどれよりもレベルが高い。

「あんな質問をされたのは初めてだ！　これまでだれもあんなことを訊いたことがない。訳のわからない奇妙な質問がいくつかあった」ある男性がいきまいた。「ひっかけのくだらない質問ばかりだった」

マイリー・サイラスのそっくりさんが同情した。以前、彼女が受けたときの審査員は彼女にはまったくちんぷんかんぷんのシャンパンをオーダーしたという。

アニーは不安を露わにした。「私、シャンパンの生産者にはうとくて、だってこれまで一度もこの手で扱ったことがないんだもの」私にそうささやいた。

彼女の心配も無理はない。私たちのレベルなら、審査員はフランスの主だったシャンパーニュ・メゾン、つまり世界のだれもが欲しがるスパークリングワインの有名生産者を質問するのはあり得るからだ。もっと限定的に各生産者のテット・ド・キュヴェ（おおまかに言うと一番搾りから造る）の銘柄を知る必要もあるだろう。これらのボトルは生産者のプレミアムで、価格も高く、ふつうは良いブドウが採れる数年に一度しか出荷されない。あなたがたは好きな人のためにモエ・エ・シャンドンを買う。しかしモエのテット・ド・キュヴェ、ドン ペリニヨンとなると愛する人のためだけに買うだろう。一九九六年のドン ペリニヨンは〈マレア〉で六五〇ドルし、それは〈サイプレス・ポイント〉での一番高いスパークリングワインの価格の十倍を上回った。

アニーは一度も味わったことも客に出したことも、あるいはそれが置いてある部屋にいたこともない。シャンパンを知らないからではなく、ただ〈サイプレス・ポイント〉がドンペリを注文する客層の店ではなかったということだ。新しいスパークリングワイン、ブラン・ド・ブルーを〈サイプレス・ポイント〉で彼女のワインリストに載せて以来、花嫁にメガヒットになっていることについてほんの数分前、アニーは興奮気味にしゃべっていた。もしヴーヴ・クリコ・ラ・グランダムがシャンパンのエリザベス女王とするなら、ブラン・ド・ブルーはディズニーのプリンセスだ。そのワインの色はターコイズブルーで、ブルーベリーのフレーヴァー、そしておとぎ話のような外見から、造り手は果実「プレミアム・グレープ」を使用していることをラベルに明記しなければならなかった。たとえ仕事であってもアニーにはそれらのキュヴェを知るべき現実的理由はない。彼女はそれらのフレーヴァーと一致する感覚記憶をもっていないし、フランス名が何を意味するかも思いつかず、どう発音するかも自信などない。すべての意図と目的にもかかわらず、彼女が記憶して繰り返さなければならない単なる音にすぎないのだ。

私はただちにカクテルの復習をやめて、アニーに問題を出し始めた。

「ローラン・ペリエのキュヴェは何?」

沈黙。「わからない。もう一度見させて? グラン――どう発音するの? シーク?」

グラン・シエクル。さらに少し復習した。テタンジェはコント・ド・シャンパーニュを造っている。モエ・エ・シャンドンはドン ペリニヨンを。ローラン・ペリエは……。

「ええっ、もう。ローラン・ペリエ。ええと。シークル――」

「グラン・シエクル」と私。「大いなる世紀という意味よ」そしてローランについて何か知っているかと彼女に訊いた。そのワインを記憶するためにストーリーを作り上げることができるかもしれない。

「ローランは知っているわ」アニーは一瞬考えた。「ローラン・ペリエ……ローラン・ペリエ

……ローラン・ペリエ……友達のローランはすごく大きなお尻なの」彼女はその日初めて声をあげて笑った。「オーケイ、だからそのグラン・シエクルってやつね！　ローラン・ペリエ。グラン・シエクル」


私のサービス試験の時間が来て、私たちは復習を打ち切った。アニーがハグした。

「トレーを落とさないで」真顔で彼女は注意した。

試験監督官が〈ゾーイ〉の入り口で私を止めた。私はマスター・キースにサービスし、彼に答える予定になっている、と試験監督官が告げた。マスター・キースは二〇〇二年のキュヴェ・サー・ウィンストン・チャーチルを注文するだろう、監督官は添えた。

緊張で胃が縮まる。いままでの経験すべてを動員してスパークリングワインを開栓し、グラスに注がなければならなくなった。いままでは一つの小さな、かろうじて知覚できるくらいのチャンス、希望以上のチャンスを願っていた。つまりコートはスパークリングワインを抜いて注ぐのとは別の課題を与えるかもしれないという希望にすがっていたのに……。

むろん、スパークリングワインのサービスは資格試験では、標準的なものだ。しかしテイスティングの全変更と、より厳しい基準とその他もろもろでもって、私はコートが混乱していることを期待していた。ヤング・ソムリエ・コンクールで赤ワインを噴出させたことは失態には違いない。でも私のスパークリングワイン開栓の履歴はさらにひどかったからだ。

数週間にわたる練習をもってしても、ボトルの鉄網《ケージ》を緩め、泡立つ液体をグラスに注ぐまでの間、何ひとつうまくできないことをただ露呈しただけだった。一本は、こめかみをかすめてコルクが天井に吹き飛び、そして一本は栓を抜いたとたん、プロセッコがあふれ出た。あとの二本はかたくなに開こうとしなかった。「客を殺しかねないから、あなたは客にサービスする資格はない」モーガンの友人でソムリエのミアは、私の技術を観察後、宣告した。

マスター・キースが寛大な採点をしてくれますようにと、束の間祈り、ダイニングルームに足を踏み入れる。

マスター・キースは四人掛けテーブルに一人、座っている。二枚の皿には「夫人」と読める白いプリントアウトが載せてある。マスター・キースは自分と弟がそれぞれ妻と食事をしに来た、と言った。

「調子はどうかね？」マスター・キースは声をかけた。痩せて、こめかみのところに白いものがまじる黒髪をオールバックにしている。

自分でもやっと聞き取れるようなか細い声で私は答えた。「はい私は元気でやっております。お客様はいかがですか？」モーガンのアドバイスに従う。質問にはフルセンテンスで答えよ。応答を通してマスター・キースが人間味を感じられると受け取ってくれたらいいが。

マスター・キースは二〇〇二年のキュヴェ・サー・ウィンストン・チャーチルとオーダーを繰り返した。「生産者はだれかね、もう一度？」知らない振りをする。

「ポル・ロジェでございます」最初のハードル、クリア。私はテーブルを時計回りに歩いて、自分のステーションでナプキンを二枚たたみ、グラス類を整え、アイスバケットを運び、ワインを見せて生産年、キュヴェ、そして生産者の情報を与えた。私が手にしているボトルはダミーで、高級ワイン代わりの安いカヴァだ。コートはテット・ド・キュヴェを数ダースおごってやるつもりなどない。〈銃弾を込めた武器〉を胸に抱いたとき、落ち着いて見えるように努めた。片方の手をその〈銃口〉に、もういっぽうでボトルの〈銃身〉をつかむ。

マスター・キースがじっと見守っている。私は栓をひねり、そして祈った。麗しい、静かなポッという音とともにボトルはコルクを放免した。

ワインを注ぐ。まず女性陣、それからマスター・キースの弟、最後にマスター・キースに。彼は次々と質問の矢を放ってくる。シャンパンでほかに良いビンテージは？　アイリッシュウィスキーのお勧めを教えてもらえるかな？　彼はサーモンの板焼きを注文していた。その料理に合わせるのは何がいいかな？　カリフォルニア産のワインでほかには？　フーム。同じブドウ品種のオーストラリアワインはどうかな？

何か奇妙な、予期しない事態が起こりつつあった——順調に進行しているのだ。

私は数々の質問をこなしていた。いまのような事態を堂々とこなしている、と感じたことはなかった。しっかりと立ち、自信をもって動いていた。実際、優雅ですらある。私の専門的知識の深さを見ようと挑戦する彼に、私はサンタバーバラ、ソノマ、それからヤラヴァレーの白を勧めた。ボトルを氷の上に置いているあいだ、次回ニューヨークを訪れるとき、何を食べたらいいかと訊く彼とちょっとした会話もした。見るからにマスター・キースがこのすばらしいキュヴェ・サー・ウィンストン・チャーチルのような高級シャンパンを楽しんでいることがうかがえ、ソムリエのたまり場であり、リーズナブルな価格のシャンパンを提供することで愛されている〈マータ〉の名を私は挙げた。彼は微笑んでいる。私も微笑んでいた。

たとえフロア経験が〈オリオール〉と〈マレア〉の見習い《トレイリング》に限られるとしても――もし数のうちに入るなら、自宅のキッチンテーブルとシェーヌのコンクールも入れて――筋肉記憶らしきものが身体に染みついていた。ダンスのステップを学ぶのに似ている。練習すること三十二回、あなたは足をどこに置くかについて考えなければならない。その後、三十三回目、初めてカチッとスイッチが入り、あなたの身体は動くようになる。この瞬間までそれは起こらなかった。そしてまさにぎりぎりのタイミングでカチッと鳴り、持てるものすべてがあふれ出てきた。

カクテルのレシピと食前酒についてのいくつかの質問をうまくさばいた。それから、とあるレストランの客のようにマスター・キースは礼を述べた。すべてよく検討してみると添えた。

結果は果たして……

アニーのサービスの番を私は外で座って待っていた。隣にはサービス試験を前にとても緊張して手が震えている四十代のワイン卸業者が座っている。

その日は口に何か後味の悪いものが残っていた。朝のワインのせいではない何か。自分のパフォーマンスに自信をもったにしても、コートへの自信はあまりない。

ザ・コート・オブ・マスター・ソムリエは、ワインのプロの間で高い標準を維持することに誇りをもっている。誇りはことさらフォーマルサービスの儀礼を踏襲することに現れていた。とにかくいったん受験者がもっとも高度なフォームをマスターした上でなら、いつでもサービスの水準を下げることができるが、という態度だ。結構。私は低い水準でサービスすることに全然良心の呵責を覚えない。私は標準というものをこよなく愛している、もしかすると隣の人以上に。

問題はコートのワインサービスのビジョンと現実世界がまったく遊離していることだ。私たちは理想のワインサービスをお膳立てする古代のバッカス祭り族のようだ。そこでは金持ちだけが飽食し、ケイ岩土壌がどうのこうのと一席ぶり、それぞれが自分のアイスバケットを持っている。ネルソン・ロックフェラーの時代以来、〈イレヴン・マディソン・パーク〉やそのクラスを除いてニューヨークで何軒のレストランが各テーブルにアイスバケットが行き渡るようなサービスをしてきただろうか？　テーブルの支脚に氷水が落ちていたり、サービス中にスタッフが歩きまわって滑ったりしないように余分なテーブルを追放しようという店があっただろうか？　アニー、デヴィン、アレックス、私、モーガンですら今日のダイニングルームでは非現実的なもののために、コートの提示する一連の標準なるものを維持するために修練を重ねてきた。そしてアニーが三年と三〇〇〇ドルを費やした過程で発見したように、それらの規則を学ぶための自然かつ必要から生じた方法など何一つない。サービス試験の中で問われることは、現実のレストランではほとんど起こらない。もちろん、レストランはコートの理想のようにあるべきかもしれない。しかしコートもまた現実のレストランのようにあるべきではないのか？

ワイン業界におけるサービスの質の向上の話にもかかわらず、私はまた実際面でコートが、まさに私たちが修練すべきとされる味覚で人々に報いているかどうか、疑問を感じずにいられなかった。試験に合格するためアニーと私は、ヴァージニア・ビーチに来ている全員と同じく、テット・ド・キュヴェ・シャンパンが世界で最高のワインにランクされることを記憶する必要があった。最高である理由はかならずしも知る必要はなかった。

ほかの学問分野、美術史あるいは近代詩などで、生徒は古典も学ぶ必要がある。しかし彼らは自分で作品をじかに体験することはない。彼らはピカソの筆跡とボッティチェリを比べて分析し、エリオットのリズムをイェーツのリズムと比べ、そのうえで一つの作品がすばらしいか否か、そしてその理由を論理づける。

私たち飲んだくれはたんに基本方針を繰り返しているだけだ。私たちはこれら奇跡的とされるボトルを直接入手したことも知識もないまま評価基準を増やし続けてきた。しかし高価格とあって、私たちのほとんどは飲もうとしない。だれかが勧めるから、ソムリエも勧めるのだ。これはソムリエを真のワインサービス人にするやり方ではない。それはワインのステレオタイプをつくるやり方で、同じ古い観念を永続させるやり方である。

〈テロワール〉で最初に会ったときのポール・グレコの言葉をあらためて考えた。彼は最近のワイン業界のサービスへの取り組みは失敗だといきまいた。さらなるソムリエ、さらなる本、さらなるファンシーなタイトル。だがワインの売れ行きはあまり変わらない。新たな取り組みが必要な時だろうか。

試験会場から出てきたアニーはひどく動揺していた。

「うまくいかなかった。うまくいったとは思わない」そう言った。ここから出たほうがいいと思い、彼女の車に這うようにして乗り込み、ドライブに出かけた。彼女とチャックが結婚式を挙げたビーチのスポットに行った。下の子供一人が指輪を運び、一人が花嫁の付添いをしたという。彼女はチャックに電話を入れた。「ああ、もうダメ。このソムリエの資格が一刻も早く欲しいのに」送話口で彼女は言った。夫が何か返事をし、そして電話を切ったアニーはいっそう動揺したように見えた。「ルイ・なんとか・ジャド」そういうとハンドルを叩いた。料理に合うワインを答える段でまったく名前が浮かんでこなかった。「戦うか逃げるか。私は逃げた。言うなら〝ぜーんぶの情報が頭から消え失せてしまった〟ような感じ」レンガのシェル構造の〈キャヴァリエ・ホテル〉を通りすぎる。改築中の豪華な建物だ。「四月にオープンする新しい店で再出発したいと思っていたのに」すでに最悪を予想しつつ、彼女は明かした。「ルイ・くそ・ジャド」海岸近くのタバコ臭いバーでタコスを食べ、それから〈ゾーイ〉に引き返した。「神の名にかけて、イエスの名におけるすべての聖なるものにかけて合格したい」駐車場に車をとめるときアニーは言った。「どうして一本のワインを思いつかなかったのかしら? リストを書いたのに。コート・ド・ボーヌ。コート・ド・ボーヌ! ルイだけが思いつかなかった。いまいましい。ジャド」

結果を聞くため、全員が〈ゾーイ〉のダイニングルームの後方に並んだ。レストランのスタッフがスパークリングワインを配っているが、緊張のあまり、だれ一人、グラスに口をつけない。

マスター・キースが立ち上がる。ずばり切り出す。「今回、新記録が生まれた」意味は、記録的不合格者数。

テイスティングと理論はみんな高得点をおさめた。サービス部門は練習し直す必要がある。端的に言うと、私たちは馴れ馴れしく、軽々しく、一貫性に欠けていた。訊かれない限り自己紹介してはならない。客の好みを無視してはいけない――もし彼らがファンシーなワインを好きで、金を惜しまないなら、平凡なワインで彼らを失望させるな。「きみのリストに三〇〇ドル、二〇〇ドルで載っているテット・ド・キュヴェ・シャンパンを飲んでいる客を相手にする場合、二〇ドル、三〇ドル、四〇ドルを売るかな？　……『ワオ！　彼らはかなりの金持ちだ！　その金を遣い、いっしょに楽しもうじゃないか！』にするんだ」訊かれないかぎり、値段のことを口にするのは悪趣味というもの。「きみは女王の前では決して値段について語らない。彼女はこう反応するだろう『何？　私がいくら持っているか知ってる？　頭、おかしいんじゃない！』ってね」

合格者の名前が発表された。ニュージャージーから来ているアレックス。鼻スプレーをしてきたウェイトレス。アニー・トルーラー。

「私？」アニーは仰天したようだった。

「きみがアニー？」マスター・ジャレッドが名簿をチェックしながら確認する。

「ええっ！」彼女は合格証書を受け取った。「すごい」マスター・キースと握手し、それからマスター・キャシー、マスター・ジャレッドの手を取った。「これは三回目なんです。本当にありがとうございます。すごい」私に抱きついた。涙があふれる。合格証書を見つめる。「すごい、信じられない」

「アンジェロ・ペレス」

「あらまあ」まだ証書をためつすがめつしながらアニーが言った。

「ショーン・ラポサ」

「ああ、なんという」自分の名前をさすりながらアニーは言った。

「ビアンカ・ボスカー」

「え、すごい！」アニーが目を上げて、私をハグする。「そう、やったあ！」

コートのシンボルが彫られた紫のピンバッジをマスターたちから手渡された。資格を持つソムリエのシンボルだ。各自ジャケットにバッジを付ける。私は新しいアクセサリーを付けた写真をモーガンにメールした。

「クラブにようこそ！」ただちに返信してきた。「地球上でもっとも偉大な仕事に切り込め」

アニーは夫のチャックに電話して悦びがはじけて叫んだあと、車にアレックス、デヴィン、JJと私を詰め込んで、通り沿いにある〈ユーコン〉に一杯やりにいった。

デヴィンとJJ、は不合格だった。マスター・ジャレッドはJJの場合、スパークリングワインの開栓時の音が大きすぎたと講評した。「あれはエリザベス女王のおならではなく、農家の奥さんのおならだ」レストランではなくNASAで働いているから落とされたのだと考えるJJは納得がいかないようだった。アレックスの採点評には「ぎりぎり、すれすれで合格」と評価記入用紙の最初に書かれていたが、それでも彼は有頂天だった。赤ワインではネッビオーロと答えて完全に間違えていたが、白では正確に答えたので合格扱いになった。彼はシャブリのシャルドネと答えた。コートは試験に出したワインの銘柄を決して明かさないが、いま私はラベルを見なくとも自分が正しかったという確信がある、自分の判断が間違っていなかったという自信。

紫のピンバッジは権威のオーラを振り撒き、アニー、アレックス、そして私は自信とともに、ちょっぴり俗物趣味もあって新たなステータスを見せびらかした。

「ぼくは半分がた失敗していた」南アフリカのワインが話題にのぼったときアレックスは言った。

シャーロッツヴィルの生産者が造ったワインを注文し、グラスに注ぐ。「これ、けっこういけるよ」自信をもって勧める。

「メリタージュ」と「エルミタージュ」の区別がつかずにいる彼に、「エルミタージュはローヌ」とアニーが訂正して思い出させた。デヴィンが注文していたメルローのグラスワイン用の栓をバーテンダーが抜いたとき、アニーはウェイターにチェックするよう頼んだ。酸化して、開けてからしばらくたったような味がしたのだ。そうしたら三日前に開けたとウェイターは答えた。

この答えにアニーは喜びで顔を輝かせた。メニューに載っているアイリッシュウィスキーの種類についてみんながウェイターに質問を浴びせる――マスター・キースが試験で訊いたのとほぼというか、まったく同じ質問をした。

アニーはこの合格が収入アップにつながることを想ってすでに舞い上がっていた。

「向こうさんが払うか、私が辞めて出ていくか。彼らは払うことになるわね」モヒートで乾杯して彼女はぶちあげた。だが有資格者という新たなステータスでも彼女は変わらないだろう。

「自分の良い面は失わないようにするつもり」と宣言した。「いやらしい人間になるつもりはない」

アレックスはかぶりを振った。「おお。ぼくは全身全霊で嫌なやつになってやる。きみらには想像できないくらいにね」

11章 フロア
The Floor

ポール・グレコは私を彼のフロアで働かせることにあまり乗り気ではなかった。私はこの〈テロワール〉の天才的クリエーターと半年以上、数週間ごとに会って話をしていた。地下にある彼の根城、〈テロワール〉〈テロワール・トライベッカ〉のオフィスに座り、ワインリストに始まりラ・ポレの乱痴気騒ぎにいたるあらゆる話題をめぐって議論した。彼のワイン観が好きだった。幾度めかの午後、彼は「深遠なジュース」に怒りをぶつけた。べつの折にはキリストの最初の奇跡、水を葡萄酒に変えた奇跡をこきおろした。それを奇跡と言うなら、とても不幸な奇跡だったとポールは考えている。「奇跡とやらでワインにまつわるすべてがものすごく安易なものになってしまった」

資格試験に合格したいま、彼の〈テロワール〉でいっしょに働きたいと切り出すつもりだった。ところが先手を打たれた。彼はメールを寄越し、試験にパスし、ワインについて記事を書くことはすばらしいが、「ごく現実的かつ基本的方法で地平を大きく変えたいと思わないか？」、「若いうちに世界を変えたいと思わないか？」と訊いてきた。

これこそエル・グレコ（ポール・グレコ）のやりかただ――自己満足による偽りの安心感に浸らせていっきに持ち上げ、そのあと協力させる。

〈テロワール〉で彼がそうするのを私は目撃してきた。ある水曜夜、おしゃべりのあと、彼はスタッフを手伝うためフロアに出た。二十代らしい客たちはポールの挨拶に会釈し、微笑みかけられると微笑み返す。そのあと彼らは、突然叫び出すポールに口をあんぐりと開けて呆然としていた。「こ、い、つはほんとに大変な旅だった！」ワインリストの一つに指を突き立てながらポールは大声で言った。「ほんとに。奇妙な。旅。しかし！」、ここで声をひそめて、彼らにだけ特別に聞かせるかのように身を寄せると「私がきみたちをあの旅に連れていこう。ほんとに風変わりな旅に行きたいかな？」

もちろん彼らに異存はない。一部始終を聞いていた次のテーブルでも同じことをした。威勢のいいブロンドの客が私の肩を叩いた。「すごく知りたい、それってどういうワインなの？」

私もそのほんとに風変わりな旅とやらに行きたかった。ごく自然にポールの世界で働きたいと思った。

ワインの世界を受け入れて以来、私はテイスティングのグループ、コンクール、卸業者のディナー、マスター・ソムリエによる厳しい訓練、ワインソサエティ、ワインクラブ、ワインオークションなどに首を突っ込んでいた。解剖用死体の頭部を解剖し、ワインのケースをはしごで下ろし、土を食べ、歯のエナメル質におそらく回復できないダメージを与えてもきた。ワイン命のコルクドーク連中の心をくすぐるものを理解したいとの思いに駆り立てられ、もっと感覚知覚に関係する何かを理解し、ワインをそれほど無限に魅力的にしているものはなにか、そしてくだらない業界の傾向のどの面が意味をもつのかなどを理解したいと突っ走ってきた。これらすべての疑問に答えが得られたら、まだ残っている最後の挑戦は自分が学んだものを引っ提げてレストランのフロアに出ることだった。

このワインの旅を最初にスタートした時、ゆくゆくはワインの殿堂、クリスタルとリネンで飾られたダイニングルームでソムリエがコートのパフォーマンス・コードを維持している〈イレヴン・マディソン・パーク〉のような店の一員になりたいと憧れを抱いていた。〈オリオール〉や〈マレア〉でトレイリングさせてほしいとモーガンやヴィクトリアにしつこく頼んだ。一つは資格試験に合格するため、それからいずれはミシュランの星付き宝石の一つに着陸させてくれるのを期待してせがんだ。いまその道は目の前に広がっているように思える。自分のやってきたことと、作ってきた人脈に感謝だ。

しかしヴァージニア・ビーチから帰ってきて選択肢を考えたとき、それらのレストランはもともとの魅力をなくしていると気付いた。コートや、アニーやポールとの経験で見解が変わっていた。コートの厳しく狭量に思える規則やポリシーに不満をおぼえた。それらは複雑なワインの現実や飲み手に目をつぶって、光沢をつけているように思えた。アニーはというと現実世界で通用する方法で客を喜ばせるために、コートの正式な行動本を超えてさまざまな方法を見つけていた。私もまたラ・ポレのどんちゃん騒ぎ参加者やワインＰＸが私抜きでもいっこうに変わることなく存在するだろうと知った。一般社会から隔絶したダイニングルームで、私は状況を変えていきたい。私同様に疑いをもっている人々やワイン愛好家、かつての私がピノ・ノワールの賛美に使っていた「森の下生え」というような言葉を聞いて目を白黒させる人々を探して意見を交換したい。私たち人間の多感覚の構造にはじまり、とらえどころのない自然の特質まで私が見てきたすべては、コートが正式なサービスとして承認しているものがあまりにも融通性に欠け狭量であることを示唆している。正しい方法がかならずしも適切なやり方ではない。奉りすぎて、ワインはすでにどうしようもないくらい敷居の高いものになってしまった。ところが〈テロワール〉ではほとんどなんでもありだ。〈テロワール〉こそ私がワインについて発見したすべてと、私が体験した世界観を変える類の経験を他者に伝えられる場所だ。

ワインの伝道者

愛する「アルコールを含んだグレープジュース」ですべての客を魅了したいと、狂気すれすれのアプローチでポールは完全に無法者に甘んじていた。もし〈マレア〉が聖なる街のワインの神殿なら、そこのソムリエはすばらしいブルゴーニュの謎を解明するために隠遁している僧侶のような存在だろう。ポールはというと、さしずめ、舌と、外での浸礼式を行ってしゃべる福音運動の伝道者だろう。結果的にわかったことだがまさに文字通り伝道者だった。数年前の夏、全国横断のロードトリップで、牧師のローブをまとったポールはノースカロライナのとある教会の外に洗礼盤を据え、手にはワインボトルをもち、彼のリースリング教会に来る人々に洗礼をほどこした（シャルドネの罪を清めたあと）。半分マニアックで半分預言者のポールは自分のテロワール・ワインバーを、『ニューヨーク』誌のものわかりのいい言葉を借りればあたかも「クッション壁の病室と実験室」であるかのようにみなしていた。

ワイン界で伝道者はめずらしくない。〈ラピーチオ〉でジョー・カンパナーレも また自分のリストでもって一つの哲学を信奉していた――彼は醸造職人によるオーガニックで手造りのワインをニューヨーカーに紹介しようとした。しかし常識人のジョーは合理的にレストラン経営もしていた。かたやポールは自らビジネスパートナーに逆らって怒らせ、客を遠ざけ、そして自分が信じるワインの世界を布教するために従業員の反発を招いていた。そして妥協するより店を閉鎖することを選んだ。たとえ「クーガー・ジュース」を売っても、自分が納得しないワインを出すことを拒んだ。彼のソムリエの一人は、もし五月までにリストにロゼを載せないなら、トライベッカの母親たちは来なくなると警告して再考するように懇願した。それまで彼はロゼを売らなかった。私がポールに会ったのはそのころで、彼はビジネスパートナーと袂《たもと》を分かったばかりで、〈テロワール〉ワインバー・チェーンは五店から二店に減っていた。

それでも彼は意に介さない。ポールは群れを拡張するための新しいスキルをつねにいろいろ考えていた。アマゾンと組んで〈テロワール〉の厳選したワインを売り、スターバックスとのコラボも厭わなかった。一冊の本を書き――実際には十六冊、それぞれ十六章から成り、一年に一冊ずつ十六年にわたり刊行された。それは最後に「まとめるとすべて一つに収まって一種の芸術作品となる」ものだった。テロワールブランドの缶入りワインのシックスパックを売り出し、ワイン生産者たちのポートレートをあしらったTシャツを作った。「マデイラワインの夜」、さらには「マデイラ月間」を催した。ドイツワインの女王をゲストソムリエとして招いた。

こんなエル・グレコを無視することはできない。確実に人々の注意をひくために彼は自分の全存在をかけた。客が〈テロワール〉に足を踏み入れた途端、彼は――「ようこそ、いらっしゃい！」――と大声で迎える。そして去るときは――「すばらしい夜を、ありがとう！」と送り出す。数年前、彼はダニー・マイヤーの〈グラマシー・タヴァーン〉をチェックのスーツを着込みこっそりと訪れた。私自身は見ていないが、「ぞっとする」格好だったことは請け合う（ポールのファッション哲学は、「最初、異様だ、似合わないと思わせる、だとしたら私は目的を達したのだ」）。〈テロワール〉の従業員マニュアルは「神を冒瀆するような罰当たりな言葉」を禁じている。ところが当のポールは気にしない、知ったことじゃない、とばかりに「サンキュー」の代わりに「ロックンロール」という。「イエス」は「クソロックンロール」だ。あるコンサルティング・カンパニーが社名に入っている「i」を「！」マークに置き換えた祝いに〈テロワール〉の奥の部屋を貸し切った。その際、幹事はポールに、汚い言葉を控えてくれないかと頼む愚を犯した。「そうだな、そんなことはクソ簡単だろうよ」とポールは幹事が遠ざかると吐き捨てるように言った。カリスマのオーラを放ち、疲れを知らない社交家で、やり手で、怪しげなヤギ髭をたくわえていても困惑するほどのハンサムなポール。

人生をワインの諸規則に捧げてきた伝統主義者はポールの目論見を非難する。目立ちたがり屋と呼ぶ。ワイン界のゴシップによると、ポールは本当の意味でワインを愛していないとささやかれている。「彼はただワインをコミュニケーションの道具に使っているだけだ」あるソムリエが意地悪く言った。

じゃあもし本当にそうだとしたら？　ポールは実にコミュニケートに長けていることになる。ことさらワインの敷居を高くせず気軽に人々にワインを飲んでほしいと思っている。そしてポールのワインリスト「ザ・ブック」は読み手に彼の推薦ワインを飲みたいと思わせるのだ。ある若いソムリエは、ザ・ブックを見てワインの世界で働くことを決めたと言った。どんな点が？　私の場合、ワインリストを見て笑ったのは唯一ザ・ブックだけだった。そして絶対必要で、読みつづけたいと思わせ、実際に読み続けている唯一のワインリストである。シャツを脱いだプーチンの写真、大通りで開かれる市、インサイドジョーク、ワイン生産者への尊敬、ミュージシャン、ルー・リードへの敬意、ゲスト卸業者、トランプへの暴言、ニーチェの箴言、シェリーの真実、そして「ピノ・ノワールはブドウのリンジー・ローハンだ」というような比喩、一九八四年ごろの女性ファッション誌『i-D』のある号に見られるように、すべてユーモアで切り捨てている。抜粋してみよう。

もしイエスとサタンのあいだに息子ができたら（そもそもどのような状況でイエスとサタンは結婚したのか？）、息子はセルジュ・ホシャールと呼ばれるだろう……彼は私の救世主にして苦しめる人間……ときには人間の消費に適さない、天国のようにすばらしいグレープジュースを造る。セルジュの会社の一時間は涅槃の境地に似ている、あるいはライカーズ島刑務所での週に一度の共同シャワーに似ている。あえて言おう、なんと私はセルジュ・ホシャールを愛しているのだ。

リースリングをすばらしいと言うことはウラディミール・プーチンをロシアのマイケル・コルレオーネだと呼ぶようなものだ。……フランスの大道芸人フィリップ・プティも真っ青のバランス感覚……モーゼですらこれらのワインの側にいたら若者と思われるほどの長寿……うん、イヴならもし近くにリースリングのボトルがあったら、その官能性にリンゴをとり落としていただろう。

バラク・オバマにはリースリングのグラスが必要だ。なぜ？　……リースリングは頭をスッキリとさせ、そしてそれはあなたに絶対必要なものだ……われわれは人格を望んでいるのではなくリーダーシップを望んでいる。そしてリーダーシップはリスクを要求する。そしてリスクは強固な背骨を要求する。そしていまのあなたはカリフォルニア・シャルドネの背骨をもっているようだ——中身がなく、活力がなく、個性もない。

ギリシャというクソ国全体にリースリングのグラスが必要だ。なぜかって？　……国に健全な近代経済政策をもたらすためには徹底的方向転換が必要で、たった一杯のリースリングが、日焼けローションと過去の栄光の記憶で誘発される地中海のまどろみからぱっと覚醒させてくれるからだ……また、ＥＵは二〇〇九年のＧＤＰの赤字が一〇・七パーセントに達したせいでギリシャにお仕置きとしてお尻をぴしゃりと叩く……そしてリースリングネクターの冷えた一杯ほどその痛みを和らげてくれるものはない……また、EUとIMFに一千億ユーロを返済するには、ほんの数ドラクマでいい。リースリングの一杯に勝る価値ある支出はない。

ザ・ブックにはボルドーのクラシックから、怪しげなレバノンのロゼに至るまでラインアップされている。ポールのワイン哲学については、ナチュラルワイン信奉、あるいは小規模のワイナリー、あるいは流行に敏感な生産者の雄と呼ばれているが、それほど単純にはくくれない。ポールによる福音は――神の祝福を受けた地味で控えめなボトルに幸あれ、ということになる（「たまたま育った世界で、ぼくは社会ののけ者を愛するようになった。ぼくはのけ者を愛する。ノーマルでないものを愛する」と私に語った）。正直に生きる人間に幸あれ、彼らは祝福を受けるだろう（「美味しさ――場所に忠実で、ブドウに忠実で、作り手に忠実な――とはこういうものだというワインを手にするたびに、それは私を魂のこもった場所へと連れもどしてくれる」）。変身させ啓発させる人々に幸あれ、ポールの信奉者がそうであるように彼らはテロワーリストを作るから（「ぼくらは客が手を伸ばすようなワインを提供したいと願っている、そうすればここを去るときの客はなにかを学んでいるからだ」）。ひそやかにたたずんでいる者に幸あれ――クロアチアの負け犬ブドウ、説明を要する風変わりなギリシャのものに幸あれ（私はコルクを抜く人間ではなくストーリーテーラーになりたい）。

〈テロワール〉のワインリスト、ザ・ブックはポールの味覚、言動――そのすべてで大衆の心をとらえていた。そのうえジェームズ・ビアード賞の秀でたワインサービス部門賞を受賞したことで〈テロワール〉は「ザ・ワールド・オブ・ファイン・ワイン」（「ニューヨーク・レビュー・オブ・ブックス」のワイン版）によって世界のベストワインバーに選ばれた。ソムリエの常連、卸業者、批評家、そしてワインライターがポールのワイン、あるいは彼が注ぐものを求めて〈テロワール〉のメタルドアをくぐる。そこは、通常とは異なる類のサービス、機械的ではなく人間らしいサービスを信じる野心的ソムリエたちの修業の場である。腕に大きな「RIESLING」というタトゥーシートをぴしゃりと貼るポールを見たことですべてが変わったと、あるソムリエが言った。「〝畏怖の念をおこさせるほどすごい男だ〟と思った」と彼は言った。「そして『わあ、パンクでもワインのプロになれるんだ』と理解した最初だった」ポールの従業員はニューヨークの最高級レストラン――〈パーセ〉、〈グラマシー・タヴァーン〉、〈ユニオン・スクエア・カフェ〉――から、エル・グレコの「だれもが入れる、精鋭主義のワインバー」の真実の道に従うために来ている。そしていま私も彼らの一人だった。

ポールのパンクロック美学からは想像つかないだろうが、ウェイターがテーブル脇でフランベし、スーツが制服という極め付きの旧式レストラン経営者の家で彼は生まれ育った。彼のもっとも古い記憶はトロントで最初のフォーマルなイタリアンレストラン〈ラスカーラ〉でグラスやフォークを磨いているシーンだ。〈ラスカーラ〉はポールの祖父にあたるグレコ家の家長の新構想になる店だった（ポールのアウトロー精神は祖父から受け継いだものかもしれない――噂によると、祖父は禁酒法時代にカナダとアメリカの国境をまたにかけて酒を密輸していたというから）。

ポールはファミリービジネスに携わる気はさらさらなかった。プロのサッカー選手になりたいと思っていた、できればイタリアのチームでミッドフィルダーとして――「状況をよく把握しておく必要のある――そしてアメリカのオリンピックチームのためにトライアウトしたかった」そ れもある条件で失格を告げられるまでのことだった。なぜならば彼はカナダ人で、オ、リ、ン、ピ、ッ、ク、を前にしてイタリアのチームには入れなかった。彼はトロント大学のセントマイケルズ・カレッジに通い、学問と実践とでホスピタリティを専攻した。つまり彼はキルトを着て「トーメント」という名のデュオの一人として毎月曜日から木曜日はブリティッシュ・ニューウェイブのダンスフェスティバルの演目を考え、金曜日はそれを演じ、土曜日は小道具係にもどり、日曜は休みをとった。たぶん、驚くことではないかもしれないが、やがてクビになる。四年間で数単位しか取得しておらずカレッジに復学しても学位を得るまでにまるまる二年は必要だった。「うん、おれはとてつもないハチャメチャ人間だった」と彼は言った。「でもすごく楽しい経験をしたよ」

カレッジを追い出されたあと、興味があろうとなかろうとポールはファミリービジネスにたずさわざるを得なくなった。ひと夏を〈ラスカーラ〉で働き、それから最古のイタリア料理店のワイン部門を強化するために父は息子をイタリアに送り出した。ワインにたいして、気が向いたらやってみるかという態度でポールは無知のまま家を出た。「相対的天才」として彼はもどった。自分の情熱の対象が見つかった――芸術、歴史、宗教、テーブルの文化と結びついたワインだ。

「つまり『さあ、これだ。ワインを学ぶことで自分が愛するほかのすべてのこともできる』」〈ラスカーラ〉で短期間働いたあと、彼はニューヨークに移り、以来、ずっといることになる。その街の料理のシンボル的存在――〈レミ〉、〈ゴッサム〉、〈グラマシー・タヴァーン〉、それから短期間〈ブーレイ〉でワインの儀礼を学んだ。シェフ、デイヴィッド・ブーレイの一流のフランス料理前哨地である〈ブーレイ〉で彼は二十八日間パニック発作に耐えた。「徹頭徹尾バカ野郎」の総支配人に感謝だ、彼はこの上なく生意気なポールを控えめにさせる役目を買って出た。いまもなおそれはトラウマになって残り、「ぼくの人生で最悪の経験」とポールは言っている。

二〇〇四年、彼は自分自身の店を開く。ポールがワイン担当、厨房はシェフのマルコ・カノーラで、二人して〈ハース〉という居心地のいいトスカーナ料理の店を始めた。その後〈テロワール・イースト・ヴィレッジ〉を開店させ、さらに四店舗のワインバーを開く。十二年後、二人は袂を分かつ。現在は平日の午前九時からほぼ真夜中まで毎夜、〈テロワール・トライベッカ〉のオフィスとして使用している地下のクローゼットで、ソックス製の猿のぬいぐるみ、卸業者に返す予定のワイン数本、それから派手な青色のバンドエイドをストックした棚の横にいる五十一歳のポールを見つけることができる。青いバンドエイドは万一、食べ物に落ちたとき見つけやすいようにという。彼はいまなお頑張って任務を果たしている。情熱は尽きることがない。グレコいわく、「これはクソ趣味でやってるんじゃない」

ソムリエとして働く

私はシフト中に着る〈テロワール〉のTシャツを与えられた。以前〈オリオール〉や〈マレア〉で着ていたペンシルスカートとブレザーとはおさらばだ。まず最初にすることは〈テロワール〉のグラスワイン売りに馴れることだった。ある晩、ポールはバーのカウンター席に私を座らせて、一挙に七十七銘柄のワインを試飲させた。それから私を放免した。

たいていの夜はフロアに三人、ほかには客に水を注いだり、テーブルをセッティングしたり、食べ物を出したりするランナーがいる。〈テロワール・トライベッカ〉は約七十五席、そしてスリムなフロント係がいて、みんな一つ以上の役割をこなしていた。ほかのレストランなら私たちはソムリエだろうが、ここではソムリエ、サーヴァー、ウェイター助手、そしてランナーなどを兼ねる。主な仕事はワインをサーブすることだが。グラス売りのワインリストは、ほかの店の長いリストよりも長かったので、客がグラスワインを注文すると、まるでボトルを選ぶのを助けるかのような有様だった。

各人がポールの熱情と慣例蔑視に惹かれていた。以前モーガンがこの街で初めてソムリエの仕事に就いた際、いっしょに働いていたジャスティンは自分に似た客——若く、流行に敏感で、食べ物にうるさい——と、彼らのレベルで、背伸びせずに現実的な会話ができるのをこよなく愛していた。機械航空エンジニアから建築家に、それからフォトグラファーになり、プログラマーを目指しているジェイソンはポールを「本物」だと絶賛してやまない。ほかのワインのプロなんて「でたらめの偽物」だと。ほぼ毎夜、客に水を注ぎ足し、テーブルセッティングをし食べ物を出すランナー係をしているサブリナに私たちはレクチャーした。彼女は〈テロワール〉のマーケティング面を手伝っていたが、ポールを知って数年、自分もワインの世界に入りたいと思うようになっていた。

〈テロワール〉は異端かもしれないがポールの目の黒いうちはそれなりに組織だって機能しているだろう。ポールとの会話の様相は彼と働きだした途端、劇的に変わった。カオスになっている夜などポールは地下から手伝いに上がってきて、スタッフが何か間違ったことをしていると見るや怒鳴りつけた。彼は〈テロワール〉のスタッフ序列に厳格でうるさかった。彼は海賊のキャプテン、私たちは老練な船乗りで、そしてそれは順番待ちか転落して海に落ちるかだった。自由とはいってても厳しいサービスの規則もいくらかまだ実行されていた。私はテーブルナプキンのセットと皿の片づけかたで二十分の講習を受けた。「チ、、、ーズを粗、、末、、、に扱うな！」ある晩ズタズタに切り刻んだチーズの凝固物《カード》をサービスする前に彼は指を突きつけてみんなを叱った。ジェイソンがフォークを二本手に取って、ある客の皿の脇に置きにいったとき、ポールはジェイソンの手首を両手でつかむとねじりあげた。「シルバーウェアの扱い方には決まりがある」彼は小声で叱責した。ジェイソンはフォークを皿に載せて運ぶかわりに手で運ぶという決定的ミスを犯したのだった。ポールは床を踏み鳴らしながらスタッフに「なぜ二十番テーブルのワインを取ってくるのにそんなに時間がかかるんだ？」、「きみのステーションの床にナプキンが落ちているのがなぜ目に入らなかったのか？」と問い詰め、「私が無能だからです」という答えを引き出すまでは容赦しなかった。私など、ひと月の間ずっと怒鳴られっぱなしだったこともある。

一見静かで、内心は爆発寸前のときのポールはもっと悪かった。彼がバーで二人の女性客に舌味覚帯の図を描いているとき、それは時代遅れの科学だと私が口をはさんだ夜のことを思い出すと、いまでも胃が縮みあがる。シフトを終えた私をオフィスに呼びつけて攻撃してきた。比喩ではなく文字通り「怒りで震える」という光景をそのとき目の当たりにした。彼は自分の指示に間違いはないと、私の頭に確実に叩き込むためにゆっくりと言った。「二度と……絶対、客の前でおれを否定するな」もし命令に背いたら今度はただじゃ済まないぞという底意をその悪魔のほくそ笑みに私は感じ取った。「もし今度やったら、きみとは金輪際、口をきかない。二度と」

フロアでも苛立ちのタネは尽きなかった。いま、それはすべて私に降りかかる。崩れかかったコルクをワインから取り出してくれたり、ブルゴーニュにはどのグラスを使うかアドバイスしてくれるモーガンやヴィクトリアはいない。私は多数のテーブル、会話、客のわがままにたいして、サービスとホスピタリティと正気のバランスを取りつつ、同時に処理していた。

いつもうまくこなしていたわけではない。勤めはじめたころのある晩、ジャスティンが私を叱りつけた。七十番テーブルの男性客二人に許しがたいほど七分もつかまっていたこと。ワインについてまったく知識がなく、さかんに知りたがる二人に私はクラシックワインを紹介して、一つのストーリーを持って帰宅させたいと、ボルドーについて長口舌をふるった。一八五五年に始まった格付けのこと、右岸対左岸、馬の汗のような香り、ブドウのブレンドなどなど。そのボトルを試したくて舌なめずりしている彼らを置いて、ボトルを取りに行くときジャスティンとぶつかりそうになったのだった。彼女は両手を腰に当てて、ワインを保管してあるバーに向かう私の行く手に立ちはだかった。「あなた、自分が何をしているかわかってるの？」彼女は詰め寄った。「一つのテーブルであんなに長時間過ごしていいと思ってるの！　あんなにたくさんの情報を彼らに与える必要はない！　どうせ彼らは大量の情報を処理することなんてできないんだから！　あなたはあそこに立って彼らが理解できない言葉、自分たちでも理解していない言葉を使っていた。そしてその間、あなたの担当するほかのすべてのテーブルは苛立って炎上しつつあった！　めらめらとね。あなたが面倒をみなきゃならないのに」

モーガンがボトルをオーダーしたり、オーダーを受けるのを観察して私が知ったのは、自分の任務はたった二つだということだった——客の予算と好み。

そこから私はアマゾンやネットフリックスが本や映画を勧めるようにマッチメイカーを演じることができた。もしあなたがロワールのソーヴィニヨン・ブランが好きなら、イタリアはラツィオ州のパッラヴィチーニのフラスカーティを気に入るだろう。「今夜はどんな御気分ですか？」と私は客に訊く。その質問はワインについてあれこれ言えない人には脅威に響くかもしれない。もし相手が躊躇したら、私はもっと広範囲で多角的な質問をして選択できるようにする。新世界のワイン？　果実味が豊かか、それとも土の匂い？　ブラックベリー、それとも牛の糞の臭い？　もしそれでも答えられないなら、私はこう持ちかける——では、あなたのお気に入りのバンドは？

私はこのやり方をポールから得た。ワインはありとあらゆるものとペアリングできると彼は信じていた。というのも私たちがどんなボトルでも楽しめるようにもっていくトークができることを知っていたからだ。「言うなら、おれたちは世の中でもっとも移り気なテイストなるものを扱っているんだ」ポールはある時のミーティングで教えた。もしあなたがイギリスのロックバンド、デペッシュ・モードを好きなら、あなたはうちのデペッシュ・モードのワインをおおいに気に入るだろう。彼は一人の客に語りかける仕草をした。『おお、うちにはあなたに合う完璧なデペッシュ・モードのワインがあります』あなたはなんのことかわからない。「いったい彼は何を言っているのだろう?」「それからそのクソワインを取りにいく――おれの気分によるが――だがそれはデペッシュ・モードにすべてフィットする」彼は言った。「おれはクソリストにあるどのワインもデペッシュ・モードにフィットさせられる」

ある晩のサービス中、私は客の味蕾を磨くことの重要性を学んだ。襟付きシャツを着たスーツ姿の六人の男性グループが二十五番テーブルに着いた。ホストは四十代の男性で、一〇〇ドル以下のカリフォルニア・ソノマを欲しがった。ソノマ郡ジョルダンのカベルネだ。言い換えると、クーガー・ジュースを。

「ガツンと力強いやつが欲しい。香りもタンニンもパワフルなワイン」とその背が低く、頭の薄くなった男は言った。

ワインリストの三〇〇ドルのボトルを見たとき彼の激怒すれすれのショックを目にして、たぶんワインについてあまり知らないのだと察した。彼はただカリフォルニア・カベルネが華麗で華やかな味を意味すると知っていれば十分だと思っていた。

彼の予算に見合うカリフォルニア・カベルネは店にない。クラシックなカベルネのような味のボトルもリストにはない。ポールは希薄で彼のように軽めの赤ワインをストックする傾向があり、価格面で、その男性が望む気取ったワインはただ一つあるだけだった。彼に勧めるのはこれしかない。ツォラ、（なんとまあ）イスラエル産だ。それには「ナパヴァレー」を連想させる響きはない。

そのワインを持ってきて、彼がたぶん嫌いだとわかっている二本のワインとともに試飲してもらった。ジャスティンがかつて教えてくれた「客が選ぶ必要のあるワインを客に選ばせる」トリックだ。私はアルゼンチンのシラー種のメリノをグラスに注いだ。

彼は顔をしかめた「パワフルさに欠けるな」

私はイスラエル産カベルネ・ソーヴィニヨンブレンドのツォラを注いだ。

「これはまあ…オーケイかな」

次はボルドーのメルロー主体の濃密なフロンサック。

彼は顔をゆがめた。「おお、これはだめだ。ひどい味だな。これじゃないのは確かだ」

三つのうちのどれも彼は選ばなかった。私のほうもほかに手持ちがない。ぎこちない会話をしつつポールに示唆を仰げるかと時間稼ぎをしたが、客はうんざりし、苛立ちを露わにして、とうとうクソと言った。そしてイスラエルのワインを注文した。とにかく何でもいい。喉を潤すものを彼は十五分も待っていたのだ。

ポールの怒りはそのテーブルの客たちより大きかった。私のシフトが終わると私を引きとめた。

「きみが車を運転しているんだ。客じゃない。客は自分たちが運転していると思っている。だが運転しているのはきみだ」彼は怒りを隠さなかった。「もしおれがあのグループにいてカリフォルニア・カベルネが好きと言ったら、それは心からの深い発言だ。おれは自分の連れの前でいいところを見せようとする。すると突如、きみはイスラエルのワインとともに現れる？『いったい何だ？　つまりこれは何だ？　おれはこんなの望んでいない！』もちろん、彼らはノーと言うだろう……おれはツォラはいい選択だと思う……おれならツォラを出して、『お客さまのお好みですとカリフォルニア産ではなく、このイスラエルのワインをおすすめします。とてもなめらかな口当たりで香り豊か、タンニンもソフトですから。こちらがお客さまのお望みのワインと存じます』。そうやってうまく彼を説得して、その気にさせる」

「確かに気が引ける要素はある」ポールはしぶしぶ認めた。「おれはその紳士の心を操ってこう言わせようとした、オーケイ、それはカリフォルニア・カベルネじゃない。でもそれに近いものだ。きみは彼らのチョイスを満足させなきゃならないんだ」

ラ・ポレのイベントと、その連想能力の力を思い出した。もちろんだ。私たちは告げられたことを信じる。とくに味に関して。とくにワインに関して。美味だと思わせると、それは美味になる。私たちがしゃべる言葉はあなたの舌上のフレーヴァーを呼び出す。

ポイントは、相手をだますことではない。新鮮なフレーヴァーの喜びを得ることから人々を遠ざけている偏見やこだわりを取り除くように優しく仕向けたいと私たちは願っている。スターの地位を築いているカリフォルニア・カベルネと同じパワーをイスラエルのワインが持っていないことは認める。もしあなたが大物なら、ドライエイジのリブアイを注文したのにドネルケバブを得たような気分になりかねない。だがもし勧めに応じて飲んでみたら、わあ、ツォラはおいしいのだとなり、いつもはナパ・ファンのあなたも最後には聖地のワインに「ラハイム！」と乾杯するだろう。そういう突然の悟りが起こるためには心を開いている必要があり、さらに私たちの側には少々の狡猾さもいる。一般の人はすべてのリースリングが甘く、粘っこいワインだと思っているので、ただ純粋に味わってもらいたくて私は注ぐときリースリングのラベルをてのひらで覆うか、わざと詳細を伝えるのを忘れる。ワインのわかるソムリエですら、外で飲む際、店のソムリエに選択を委ねる理由がわかった。親しいテロワーリストや私は、リストに載っているワインの個性を知っている。人間と同じようにワインにも欲張り、にせもの、難物、舌をごまかす詐欺師、霊感を与える逸品、などがある。目を丸くするほどすばらしいフレーヴァーを持つワインとだれかを妻《めあ》わせるのはスリリングだ。さらに私たちは人々をもっと高価なものへとそっと押すこともしばしばだけれども、それはたんに勘定書きに三ドル程度、余計に書くためだけではなく、彼らにはるかに優れたボトルを提供するためだ。私のいないところでモーガンとヴィクトリアが、ときには利益以上に喜びが褒美だな、と言っていたかもしれない。私も知ってしまった。

一杯のグラスが連れ出す旅

日常生活のすべてにわたりワインにどっぷり浸かっていたせいで、〈テロワール〉で働き始めるまで、モーガンと最初に会ってからほぼ一年、自分がどれほど変わったかをじゅうぶんわかっていなかった。初めて彼としゃべったのは〈テロワール〉でだった。いま私は、まさに同じ席に座っている人々にワインをサービスしている。

ワインリストについての質問に答えて人々をポールの「ザ・ブック」に誘うとき、ワイン、そして食べ物の見方が全面的に進化したことに気づいた。自分が飲むものに気を遣い、愛情を持つようになったが、同時にあなたが飲むものにも気を遣うようになった。

一杯のグラスの液体が、席に座ったままどこに行く必要もなく、あなたをどこかに連れていき、何かを明かしてくれる経験への入り口になりうるのを知った。たんに一つのワインが好きということも必要であるが、そのワインで満足するための条件としては不十分だ。すばらしいワインを理解するためにはまだ必要なことがある。それは瞬時にはできない。それはあなたの心に一つの問いを植えつけるか、もう一つの場所に運ぶだろう。この味はどこから来るのか？　いま味わっているのは……松葉？　これがどうやって造られたのか？　なぜ突然懐かしさをおぼえたのか、なぜカレッジのガールフレンドとパイン・バレンズ森林保護区をハイキングしたときのことを思い出したのか？　あなたに一つのストーリーをもたらしたとき、一杯のグラスは最高の可能性を引き出したと言える。それはワイン自体のストーリーであるかもしれないし、ドイツのヒッピーのひいひいお爺さんの方法を使って造られたワインのストーリーでもありうる。あるいはそのワインをあなたが飲んだ夜のエピソードか、そのリースリングの甘い香りがたちどころにあなたの精神を高揚させ、予定より遅くまで起きていて、あまりに大声で笑ったせいで、ヤギ髭をたくわえたバーの店主が何事かとやってきたというストーリーでもありうる。それともあなた自身のストーリーかもしれない。ただ基本的生存のために使うと思っていた諸感覚によって知的な側面が解き放たれたことを発見して衝撃を受けたからだ。食べ物もまた同じフィーリングを引き出しうる。しかしあなたが自由に歩きまわり、自分のいるべき所だと思える一つの場所へとそっと押される経験は、ワインからのほうが簡単に、手頃に、確実に得られる。

私たちテロワール至上主義のテロワーリストは、客がワインリスト（ザ・ブック）から親しみのあるボトルばかり、あまり考えもせずすぐに注文すると、とても落胆する。「すごく残念だな。リストにはもっといいワインがたくさん載っているのに」と同僚が、パッとしないシャルドネのボトルをつかんだ私を見てささやいた。少し前の私なら、これはスノビッシュな発言だとみなしていただろう。それにしても本当に、私たちはあなたがたをガツンと揺さぶってやれないことに失望させられた。もしかしたら新しい展望を開き、あるいは少なくともフレーヴァーについてこれまで自分は何を知っていたのかと再考させられるかもしれないのにと。ポールは自分のワイン教室で一般市民の生徒に、同じワインを二度飲まないことを誓わせた。私は、客を地図にない地域に徐々に連れていけるかどうかを見ようと、担当するテーブルで試したものだ。

誤解しないでほしい。もちろん私はあなたにシャルドネや健康にいいサイダーを出すし、あなたがハッピーなら私もハッピーになる。でも心の奥では、あなたに与えられる壮大な計画において、健康的な飲み物はつまらないと考えているだろう。水っぽい！　コルヌアイユワインは気分が悪くなるくらいブルーチーズとリンゴ酢とシェトランドポニーの混ざった匂いがし、これ以上、困惑させられるものはない。シャトー・ベラ・リースリングはシューベルトがグレース・ケリーとの間に子供を持ったようなもので、つまりこの表現が意味するごとくあらゆる点で理解しがたい。古びた鞍にしゃぶりつくような、どこをとってもすばらしいテンプラニーリョを手に入れるまでお待ちなさい。カリフォルニアのワインカントリーを旅するかわりに、あなたはレバノン、オーストリア、ギリシャ、イスラエル、スロヴェニアの香りを堪能できる。私たちがここで語っているワインのほんのひとしぶきでいい、そのボトルをキープする必要はない、払う必要すらない。私たちはたんにあなたにそれを試してほしいと望んでいるだけだ。

それなのにまだ多くの人々が試そうともしない。むろん、客がただその気分ではないという時がある。たとえば、仕事で良くないことがあったとき必要なのは、ポールが言うように、一杯のただのクソブドウジュースなのだ。そういう瞬間、私は喜んでひきさがり、彼らにその酒を届ける。

しかしまだたくさんの人がワインを怖がり、馬鹿に見られることを怖がり、間違えるのを怖がり、違いを知らないことを怖がり、くだらない質問をするのを怖がり、「アルデヒド」といった専門語だらけの長たらしい答えを得ることを怖がっている。そのせいで、私たちに次のレベルに連れて行かせようとしない。いい大人がグラスワインにひるみ、よちよち歩きの幼児がブロッコリを食べなさいと言われるように顔をしかめるのを私は見てきた。味と匂いはもっとも身体に有害となる可能性がある侵襲的で親密な感覚であるのは事実だ。私たちはそれらのなすがままになっている。それでも、人々は私が毒でも盛ろうとしているかのように反応する。あたかも肉体的に痛みを与えるか、ワインをすすることが危険であるかのようにだ。「これ、なんなの?」中年女性が叫ぶ。なかには悪意に受け取る者もいる。「きみらのことは信用できない」べつの客が非難めいた口調で言う。「このワインは正体不明だ。何がうまいのかさっぱりわからない」味と匂いに関する段になると、もし馴染みがなく、未知で、試飲したことのないものだったら本能がそれらを拒絶する。これをおれの身体に入れるって？　お断りだね、ありえない。

私は感覚の冒険をしていた。〈テロワール〉での毎晩が、客自身を旅に連れだすチャンスだった。私の思惑に乗ってみようという客もいた。

かりにあなたが〈テロワール〉の私たちを訪ねるとしよう。ドアを開けるとそこはとてもカジュアルでリラックスした雰囲気に感じるだろう。私たちスタッフはジーンズにTシャツ姿だ。木のテーブル、メタルのスツール、傷だらけのバーカウンター、そして狭いオープンキッチン。正面の黒板には「いっしょにハイになろう！」と書かれている。革装のメニューも、テーブルクロスも、あなたの行く手を阻むホステスもおらず、スーツ姿も見当たらず、凝った花活けなど何もない。背後のスクリーンでは昔の映画が上映されている。『アーノルド・シュワルツェネッガーの鋼鉄の男』、『トップ・ガン』、『サウンド・オブ・ミュージック』。心地よいスムーズジャズなど流れていない。デヴィッド・ボウイかチャック・ベリーが少々うるさいボリュームでかかっている。

たとえ私がフロントにいても、なぜかいつもポールが最初に客を目にして大声をかける。「〈テロワール〉にようこそ、すべてオーケー」あなたに出すワインリストは黒い三個の輪が付いたバインダーで、ステッカーが貼ってあり、いたずら書きがされている（「もしあなたがマンサニリャに目がないなら、それと結婚したらどうかな？」）。おれたちは世の中から隔絶されているわけじゃない、というわけだ。私たちもあなたの世界に住んでいる、と。相手はワインだ、そうかしこまることはないよ。ロックンロールだ、盛り上がろうぜ。

それからあなたはワインリストに目をやる。何がどうなっているかわからない、い、い。エパノミって何？　マラガ酒、え？　リースリングの横になぜ「TA, RS」の数字が付いているの？　「グラス売り」の欄がなぜ六ページも続いているの？　マルベックはどこに書いてあるの？　サンセールはないの？　真面目な話？

ロックンロールだ！

ポールは相手を一種、危機に陥れたいと望んでいる。なぜなら危機に陥ると人は会話をせざるを得なくなるからだ。さらに彼はあなたを降参させてワインリスト、ザ・ブックを閉じてほしいと願う。というより、彼の夢はリストなどないようにすることだ。「だがここはニューヨークだ、仕切りたがり屋がうようよいる街だ、他人を支配したがる者もいる」ポールはまったく違うが。何を選んだらいいかわからないなら、願わくは私たちスタッフの助けと案内を許してほしい。

あなたがパニックになって怯えた目つきで店を見まわし始めるか、何か手掛かりを求めて三度もリストをめくるのを目にするや私はテーブルに近寄る。あなたがどこに座っているかによるが、たとえば二十六番のバンケットシートの隣ににじり寄る。そこからだとしゃべりながらダイニングルームをモニターできる。二十一番か二十三番テーブルは水が必要か？　二十五番テーブルのボトルの減り具合は？　もしあなたが二十七番テーブルに着いていたら、私はその隅へと身体をもぐりこませる、そこからなら、「ようこそ〈テロワール〉に。お席にどうぞ」と、ドアを見張れる。

あなたのテーブルに行く前から私はあなたをずっと見ている。あなたが何者で、何を望んでいるかを探りながら見ている。ステレオタイプだがヴィクトリアのタイプ分けは有益だった。〈テロワール〉はウォールストリートに近いので、あなたは金融関係者かもしれない。襟付きのシャツに革靴ならば、たぶん六時に終わるハッピーアワーまでの、質より量タイプだろう。金融界の女性――Aラインのスカートに洒落たバッグのパワーウーマン――は自分へのご褒美タイムだろうか。あなたのためにグラス一杯一八ドルのおいしいオレゴンのピノを私は用意している。もしかしてあなたはトライベッカのアーチストかもしれない、この界隈に残っている数少ない一人、もしそうなら、前にも来店したかもしれない。なら、何か目新しいものを勧めよう。あなたはこだわりの強いコルクドークかもしれない、もしそうなら何か特別なボトルを提示しないといけない。初めてのデートらしい客がたくさん来店する。そういうカップルは、安くて、楽しい夜になるボトルをと私を頼るだろう（モーガンなら何か心当たりがあるはず。さあ、ショーを始めよう！）。あなたは恋に不器用で、会話のきっかけとしてストーリー性のあるワインを望んでいる。私は名人セルジュ・ホシャールのシャトー・ミュザールを勧めるだろう。ホシャールはレバノン内戦中、自分のセラーを防空壕に使っていたというエピソードも添えて。そこでだけど、あなたが最後にレバノンのワインを試したのはいつだっけ？　三度目のデート、言うならばそれなりに寛いでいるものの、まだぎこちなさが残る関係だろう。そういう相手をものにするなら、何度目かなどどうだっていいのかな。もしあなたが、毎週新しいガールフレンドを連れてくるお得意さんで——いつもここに来るのは初めてという振りをし、いつも法人カードで支払い、いつも相手を空腹のまま酔わせてうまく事を運ぼうとしているなら、私は私でチーズの皿をぐいと押しやって、女性がシラーワインを吸収できるようにする。ご用心。あなたの名前はばれているし、あなたの下心などすべてお見通し。

私はあなたのテーブルに行き、会話に食いつく餌を投げる。行き詰まりになるようなイエスかノーの質問はしない。「調子はどう?」と訊くか、「何か気にかかることがあるの?」とツイッターかフェイスブックから会話の糸口をつかんで訊く。他人にすべてをぶちまけさせるにはそれら二つから知るしかない。あなたについて知れば知るほど、私はワインの目的地に向かってあなたを説得し、最後に一本へと導くことができる。

あなたがどのバージョンの私を望んでいるかを私は綿密に測る。大演説が望みか? ただ一杯のワインが必要なだけか? 褒めてほしい? 何か教わりたいか? テーブルごとに変幻自在の私です。

あなたが何者だろうと、どう答えようと、私を信頼し、何か新しいワインを持ってこさせるために私を好きになるように試みるだろう。男か女か、常連か新顔か、この誘惑は素早くすべきだ。おそらく、最長で三十秒。あなたは友人か恋人か職場の同僚と来店している。そして私は二つのテーブルを担当しつつ、だれかにさらにワインを提供し、勘定書きを置き、グラスを磨き、二十一番テーブルのグラスを注ぎ足し、セラーに走り、そして隅で内心カッカしているポールからすばやく身をかわす。

いったんあなたの望んでいるものを感じ取ったら、楽しい場所にあなたを連れて行くと思われるワインをあなたに売らなければならない。お楽しみはこれからだ。

私のピッチは毎回変わる。その場に合わせて各テーブルで即興的に振る舞う。モーガンとヴィクトリアはソムリエの脚本からほとんど逸脱しない。ブドウの出来の良い年……いまがまさに飲み頃……。〈テロワール〉での私たちは全面的に創作の自由を持っている。

その夜の旅に私と同行したいとあなたを確信させるために私は学んだすべてを駆使する。テイスティングの技、期待の効果、ブラインド・テイスティングの方法、匂いの科学などなど。トスカーナワインの規定やシャンパンの造り方までもだ。

もしあなたがこだわりを持つコルクドークなら、私は古典的な言葉を使う。信頼を得るためにあなたの言語を私が知っていることを示す。ユルチッチはクラシックなオーストリアのグリューナーで、柑橘系の香りを持ち、ラディッシュと白胡椒の香りの並はずれて高酸性のワインです。ケナールはフランスとスイスの国境地帯で生産されます、フランス人のロマンとスイス湖畔の几帳面さが結びついた地域です。もしあなたが私と戯れたければ、舌での高酸と高アルコールの感じ方をお教えしましょう。もし何ひとつあなたが知らないなら、ワイン業界の言葉はすべてスクラップして詩とポップカルチャーの自由な連合、モーガンなら卸業者でのテイスティングでテーブルからテーブルを歩きながらペラペラしゃべるような内容であなたの好奇心をそそろうとするだろう。このヴィオニエはまるでグウィネス・パルトロウですね。華やかで、生き生きとして、ちょっと気取っている。この甘くてピーチのようなリースリングはビートルズの、そうですね、〈ラヴ・ミー・ドゥ〉かしら。こっちのワインは癖のある匂いと酸が桁外れで〈サージェント・ペパーズ・ロンリー・ハーツ・クラブ・バンド〉でしょうか。個性的で大胆なキム・カーダシアンのような、あるいは痩せてヘミングウェイ風の、それともベルベットの部屋着を着た物腰の柔らかいプレイボーイのような。たまにあなたを遠くに連れて行きすぎることがある。「このワインはあなたが高校時代に知っていた女の子に似ている。その子はすごいブリッ子で、成績優秀、でもひそかに浴室でマリファナを吸っていることはみんな知っている」とある客に言う。「いったいなんのことを言ってるのかわからない」と彼は真面目に答える。でもふつう、あなたは乗ってくる。「きみの言うT・S・エリオット・ワインとやらをもらおうか」と北ローヌのワインという事実よりその比喩に魅せられて、あなたは応じるかもしれない。

コートの支配を全面的に無視するつもりはない。ただ、ワインの伝統を知っていると明確にするときでもその伝統を茶化すだろう。私がマスター・キース審査員にしたように、あなたに見えるようにボトルを持ってラベルをすべて読み上げつつボトルを見せる。そのあとジョークを言う、「まさにワインのように見えるんじゃないかしら?」、私が細心の注意をはらって従う諸規則上のお遊びだ。テーブルナプキンを持って、客の右側からオープンハンドでグラスに注ぐ、そしてボトルの口を拭う。それはたとえあなたは知らなくとも、正しいやり方でサービスすることによって敬意を表していることになるからだ。モーガンは誇りに思ってくれるだろう。

その夜の最高の瞬間は客が以下のことを得たときにやってくる――彼らは何かを味わう、スイッチが入る、そして、これこそずっと探していたものだと理解する。そのフレーヴァーは限りなく好奇心をそそる。彼らはもっと欲しがる。「まあまあだな」という味に突如、満足しなくなるのだ。

私たちはその瞬間を招くツールを分かち合いたいと努める。一人にテイスティング・ノートを与える、すると彼は一時間、満足する。彼に味わうことを教え、そして、そう、人生が変わる。もしあなたが「違いが全然わからないから、ほかのやつを持ってきてくれ」と言うなら、私は両極にあるワインを二つ持ってもどってくる。一つはブルゴーニュ産で、クランベリージュースとミックスした泥のように濃いワイン、もう一つはアルゼンチン産で、チョコレートのニュアンスのあるピニャ・コラーダ。「違いがわかりますか?」旧世界対新世界のワイン、冷涼な気候と温暖な気候について説明をしながら私は訊くだろう。あなたは違いがわかることを理解する。これが食べ物や飲み物が告げる多くのストーリーなのだと初めてあなたは理解する。

もし店が少し落ち着いたら、私はあなたのテーブルに少々長居し、数種のワインを持ってくる。そして口に含むたびにどれくらい唾液が出るかをあなたに試してもらう。たくさん? それは酸のせいだ。息を吐いて臭いをチェックしてもらう。どれくらい奥まで焼けている? それによってアルコール度が測れる。ポールが客にストラクチャーの判断法を教えるために舌の図を描いてみせるのを私はただ見守っている。「オーケイ、さて、あなたの舌先はヒリヒリするかな?」彼は訊く。「なにやら元気が出て楽しくなってきたんじゃないか! これぞロックンロールさ」

〈テロワール〉で、私はつねにグラスワインかボトルで、程度はさまざまであれ、客をここではないどこかに連れていくように努めた。

彼女（あるいは彼）が、活力めいたものを感じたらしい微妙なサインを与えてくれることもある。そして私を呼び、手をわずらわせて悪いが、さっきのボトルの銘柄を教えてもらえないかと言うかもしれない。それからラベルを撮影していいかと訊くかもしれない。

彼女は幸せそうに最初のグラスを飲み干し、それからほかのワインを推薦してと私に頼む。彼女は二度目も私の手にゆだね、そしてふたたび私に地球儀を回して探させることもある。私は二つのワインの兄弟を探しに行く。出発は比較的安全な旅でフルボディのシラーズ、それからオレゴンのピノ・ノワールに飛び、次はフランスへ、その後一直線に中辛《オフドライ》のジャーマン・リースリング。

ときにはワインへの愛を私に明かす客もいる。彼女のテーブルにもどってくるたび、彼女は新たな観察をしている。彼女は私が創作する大胆なテイスティング・ノートのゲームに参加して本当にそのグラスのことを考えていたのだとそのとき私は知らされる。一つのテーブルが三つのカベルネ・フランをオーダーした。彼らは、一つはテイラー・スウィフト、一つはアラニス・モリセット、三つめはショーン・コネリーの味だと表現した。

目的を果たしたかどうかわからないこともある。だれかがワインを飲んでうっとりとするのを垣間見たときは、成功したと考える。彼は人と視線をかわすのをやめる。どこか遠くを見るまなざしになる。周りの者と会話をやめ、吸ったアロマの分子の雲が呼び起こした内なる対話にふける。どこかほかの場所に行き着いたように心はよそにあるらしい。あるいはあたかももちあがった疑問に答えるかのように、それとももう一つの手掛かりをつかもうと緊張しているかのように一瞬、小首をかしげる。

各客に旅への入り口となるワインを提供できたかどうかわからないこともしばしばある。それについては気にしない。客とグラスのあいだに起きることはすべて彼らのものだ。それは彼ら自身の冒険だ。

ワインを一口するのは、一つの和音か絵筆のひと振りで永遠を閉じ込めて一度にたくさんの人間に語りかける歌や絵画とは違う。ワインはボトル内でゆっくりと、その終点までゆっくりと変化し進化する。そしてコルクを抜いた瞬間からさらに劇的変化を遂げる。最初の一口をつくる液体はボトル最後の一滴とも違っている。同じワインでもあなたが飲むのと私が飲むのとは同じではない。私たちの肉体、遺伝子の構造、記憶の背景の化学によって変わる。ワインはあなただけのために、あるいは私だけのために、そしてその瞬間だけ存在する。それはよい仲間が生む快楽のなかの個人的な突然の啓示の瞬間なのだ。だからそのチャンスを逃さないように。満喫すること。

エピローグ 究極のブラインド・テイスティング

The Blindest Tasting

最後にもう一つ受けなければならないブラインド・テイスティングの試験があった。これまで試した、あるいは耳にしたなかで最高にむずかしいブラインド・テイスティングだ。目を閉じ、耳栓をし、そして一センチたりとも動けないように頭をプラスチックの枠に固定しなければならない。それから棺桶サイズの狭く暗い空間に身体を押し込める。そうすれば、いっそう外界が遮断され、味覚も鋭敏になる——ワインを嗅ぐことができなくなる。薄いプラスチックのチューブを嚙んで、だれかが赤ワイン、白ワイン、あるいは水を私の口に噴出させるのを待つことしかできない。

約二十分間、私は、ある男性が私の足元に立ち、ワイン（あるいは水）をチューブに注入し、指示を叫ぶあいだじっと横たわっていた。

「吸って！」何か湿ったものが私の舌に滴り、くぐもった声が聞こえた。

それから「飲みこんで！」

「吸って！」

「飲みこんで！」

この奇妙な方法は記憶があるかもしれない。4章で記した二つの先駆的試み、ワインの専門知識と技術の質を証明するためにfMRIのスキャンを使用した実験から借りたものだった。二〇〇五年に出版された最初の実験はイタリア人チームに率いられ、二つ目は初めのオリジナルを手本にして、二〇一四年、フランス人研究者たちによって行われた。両実験で科学者はソムリエとアマチュアの口にワインを入れ、吸わせ、飲みこませて、その間、被験者の脳のどの部分がフレーヴァーで活発に反応するかをfMRIでスキャンした。被験者は飲んだワインの銘柄を当てる必要はなかった。たとえば、アルゼンチンのマルベックとかカリフォルニアのメルローであるとかなどを考えなくてもよかった。しかしもちろん、実験を確実にするため、研究はフレーヴァーを重要だと考え、いちおう三つの質問を設定した。（1）そのワインがどれくらい好きか？（2）それはどんなワイン？　赤か白か？（3）これまで同じワインを一度ならず味わったことがあるか？　新旧の研究者チームはそれぞれ別個に、ワインを飲んで分析するときのソムリエの脳はアマチュアの脳の活動とは全く違うパターンを示したことを見つけた。

私は一年以上の集中的ワインのトレーニングと味の探求の終着点にいた。店のフロアで、コートの試験で、それからワインのテイスティングに際して、ソムリエのようなパフォーマンスができることを示してきた。ブラインド・テイスティングの成績は良かった。アメリカソムリエ協会の会長アンドリュー・ベルによれば「優秀」とすら言えた、彼は私のブラインド・テイスティングの元教官で、私の進歩の速さに驚いていた。もしクラシックなブドウの変種から造られたワインのグラスを手渡されたら、私は首尾一貫して風味を告げることができる。

でもまた、ワインの専門知識は当てにならないということも発見した。予想によって実際の味覚受容が欺かれるのを見てきたし、意識が私たちの感覚を微調整する決定的な力を持つことを繰り返し目撃してきた。最初のうちはスーパー鼻やスーパー舌なるものに驚いていたが、いまは確信をもってこう言える――フレーヴァー命の有能なソムリエたちは特別優れた肉体的条件を持っているわけではない、と。たとえば常人の十倍もの味蕾を持っているとか、嗅覚の受容体遺伝子が千個も多いというわけではない。むしろポイントは彼ら独特の思考様式にある。彼らは修練を積んだ方法で、出会うフレーヴァーを受け止め、解析する。思考様式というフィルターも彼らを特別の存在にしていた。

脳は私の専門知識の探求における最後のフロンティアになった。科学者たちはコルクドークの脳の精密な特性をとらえた。今、私に必要なのは自分の脳がどれだけ知識を積み上げたかを知ることのみだ。

脳内ブラインド・テイスティング

自分の脳の映像を得るのは、あなたが考えるほど簡単ではない。自分自身の脳の内部を見るための許可がいると知って私は驚いた。ストックホルムからシカゴまでの科学者たちに懇願したあと、やっとすでに進行中の味覚研究の後援として、なんとかｆＭＲＩ装置までたどり着いた。その研究はなんと韓国のインチョンのセント・メリー病院でチョン・ヨンアン教授によって推進されていた。ハーヴァード・メディカル・スクールで放射線医学の助教をしているユ・スンシクもセント・メリーのチームとしょっちゅう協力して、慎重に先のソムリエ実験の結果を吟味していた。そして私の最終的ブラインド・テイスティングを可能な限り手伝うために彼とヨンアンは自分たちのフォーマットを正確に踏襲するという条件で同意した。私は韓国に飛び、陽気でエネルギッシュで好奇心旺盛なスンシクと会った。彼の研究領域は3Dプリンティングの皮膚から、ラットと人間の脳をつなぎ、人間の思考で動物をコントロールできるようにするというものまで広範囲に及んだ。スンシクは、子供のころ『タイム』の表紙で人工心臓を垣間見た時以来の生体臨床医学への情熱を語った。「生体臨床医学の何かがぼくの大脳辺縁系を強く刺激するんだ」（大脳辺縁系とは情動と意欲に関わる脳の一部、と私はのちに知った）。彼のランチの誘い方はというと、「脳にグルコースを補給しよう」だった。そう、彼は私の助けとなる完璧な人物だった。

スンシクは、パジャマ姿の患者たちが点滴のチューブを引きずって車の周囲を歩いているセント・メリー病院の駐車場を通って私を案内した。彼のあとについて地下室に行った私は細長いプラスチック製のストレッチャーに横たわり、彼にｆＭＲＩへと運んでもらった。緊張していると見えたらしく、スンシクは機械の磁気の低いうなりを気にしないように言ってくれた。彼によると、学部学生たちはその音をリミックスして歌にしたという。

実際、緊張していたが、それはｆＭＲＩの骨に響くような雑音とは無関係だった。まず自分が興味の対象となることに緊張していた。白いコート姿の男性の一群が私の脳内を見ようとしていること、そして私の不安がすべて映った画像を彼らに与えることに気を揉んでいた。なんとまあすばらしい日になることとか。しかし何よりも恐れたのは、一年以上に及ぶ努力、エネルギー、トレーニング、献身のあと、自分の脳が不発弾か覚えの悪い劣等生か美的感覚のない俗物として主人を裏切りはしないかということだった。

チューブを前歯でしっかりくわえると、目を閉じ、頭を空っぽにして集中しようと努めた。スンシクと仲間の研究者たちは私がワインを吸い込み飲みこんでいるあいだ、私の脳をスキャンし、そのあと同じ条件下で、私と同じ年齢で同性の一般人の対照被験者がワインを吸い込み、飲みこむあいだスキャンした。先の研究の被験者たちのように、私たち二人とも、味わっているワインについていくつか質問されて答えた。そして先の研究者と同じくセント・メリーの科学者たちは、二人のデータを解析し、脳の活動を比較すると約束した。

数週間後、スンシクは結果を告げる準備ができたというメールを寄越した。彼のそばでスキャンの結果を検討するために私はボストンの彼のオフィスまで車を走らせた。私が到着するやいなや彼は自分の横に座らせ、逸る心でノートパソコンのキーを叩いて、私のファイルを出した。私は自分自身のむきだしの頭部が灰色の背景——好意からのささやかな悪夢、fMRI装置の思いやり——で回転する恐るべき映像に迎えられた。彼が何を見つけたにしろ、それは悪いものの可能性もある——すくなくとも現実のあんたの頭部はまだ首とくっついている、と自分をなだめる。

スンシクは、脳の九〇パーセント以上をカバーした様々な像の精密な黒白の画像群を引き寄せた。個々の映像の多くに、オレンジと黄色と赤の点が散在している。そして画像について彼は素早く説明した。もう一つの研究者たちがすでにしていたように、彼と仲間はアマチュアの脳の活動と私の脳の活動とを比較して、私の脳のどの場所がアマチュアより多く活動しているかを示すために色付けしていた。彼は赤く色付けした箇所を際立たせた――それは私がアマチュア女性よりはるかに舌を小刻みに動かしているように見える。本人が他人に知ってもらいたいと思う以上の情報がここにはあるように感じ、突如、とても自分が無防備になっているように感じた。

二〇〇五年のオリジナルのｆＭＲＩ研究では、脳の三つの鍵になる領域がワインをテイスティングするあいだアマチュアよりもソムリエのほうが活発に動いたという結論を得ている。それらのうちの眼窩前頭皮質と島皮質前部の二つの領域が匂いと味その他の感覚の情報の処理、さらにそれらをフレーヴァーの印象に変えることにおいて連携して働いていると考えられた。また両方の部位とも味覚に価値と快感を見出すのはもちろん、意思決定や原因から結果を推論するような複雑な任務も任っている。島皮質はとくに推論になると驚くべき働きをする。科学者たちはこの長い間無視されてきた脳の部位が動物と人間を区別していると考える。それは感情と文化的重要性を感覚の経験に付与する。不快な臭いは嫌悪感を催させ、好ましい匂いは恋人を求める感情を呼び起こす。高いドの音はソプラノのアリアと結びついて感動を呼び、だれかの指の切り傷の光景は同情を引き出す。島皮質が傷つけられると、ジャズのリフやバイオリンの哀愁を呼ぶ旋律によって誘われる感情をとらえがたくなる。そこは身体と心が一点に集まっている領域であり、感情的経験を意識的思考に変える領域である。つまり、島皮質は、私たちの周りの世界に意味を与えるために中枢的役割を演じているのだ。

私の脳はソムリエたちと比べてどう振る舞ったのか？　スンシクはさらに数回キーボードを叩いた。眼窩前頭皮質も島皮質前部もオレンジ色になる。そして彼は私に微笑んだ。私はぽかんとして彼を見つめた。これはすごいニュースだ、と彼は説明に入った――二〇〇五年のオリジナルの研究で七人のソムリエが見せたように、私の脳はアマチュア女性より両方の領域がはるかに関与していた。

二〇〇五年の研究によると、ソムリエの脳の偉大な活動を示した三つ目の部位は、背外側前頭前皮質（ＤＬＰＦＣ）である。それは成熟に向けて持続的発達を続ける私たちの解剖的構造の興味を引く部位で、ＤＬＰＦＣは抽象的な論理、記憶、計画、注意力、その他の機能のあいだで多数の異なる感覚からの入力を統合している。アマチュアには見られず、エキスパートたちの活性化した脳の動きを観察した研究者はとても興味深い結論にいたった。「ワインテイスティング時のソムリエの分析的アプローチは、心を開いた被験者の包括的な感情的経験に取って代わるように思える」。トレーニングはソムリエを匂いと味にたいしてさらに鋭敏にするだけでなく、たんに感情的に反応する代わりに、匂いや味の刺激の分析を確実にするのだ。スンシクのパソコン画面の映像を彼と見やった。この三つ目の領域もまた鮮やかなオレンジだった。

最終的診断は？　私はコルクドークのようにしゃべり、コルクドークのように歩き、そしてｆＭＲＩスキャンが確認したようにコルクドークのように世界を処理分析していたのだ。一年間のすべての練習とトレーニングは実際、私の脳を変化させていたのだ。

科学者はふつうポーカーフェイスを保つのが得意だ。しかしスンシクは興奮を隠さなかった。

「これは実に、本当にすごい！」満面の笑みになる。「だから、たぶん、きみは本当にジ・ワンかもしれないな」冗談を言った。「映画『マトリックス』の観すぎかもしれないが、とにかくきみはジ・ワンだ！」

しかしスンシクはそれで終わらなかった。彼は私を彼のパソコンへとひきもどし、私の視床と線条体という脳の中心にあるオレンジと黄色の一連の点々にチェックマークを付けた。二〇〇五年の研究では指摘されていないが、それらは対照被験者よりも私の脳内で活発に関与していて、このことを指摘しないことは重大な落ち度だとスンシクは考えていた。彼は私の「脳の深部」がテイスティング中にスイッチが入っていたことを見て興奮していた。私たちが話題にしたばかりのほかの三つのエリアと結ばれているその点々の列は皮質‐線条体‐視床‐皮質回路（私たちが高度な諸機能を利用するとき点火できる脳の通路）の関与を示唆していた。それで正確なところ、それは何を意味するか？　スンシクはいろいろとチェックし始めた。複雑な問題の解決。「ピノ・ノワールを理解し、それからワインの中に何があるかを見つけようとすることは本当に難題だ。そうだろ？」スンシクは言った。選択反応——「あ、それ、好き」。エラー検出——「ええ、いい、そうね」。特異点検知。遠い記憶の呼び出し。新しい記憶の処理。このエリアがたくさんの高度な脳の機能をコントロールしているとすれば、私がワインを飲んでいるあいだ、脳の深部が活動しだすのを見ることは、「完璧なストーリーをつくるのかもしれない」。そうスンシクは言った。

あ、それからもう一つある。実験中、どんなワインを飲んでいるかを彼は私に訊かなかった。ところが私の脳は自動的に作動していた。ｆＭＲＩ装置から解放されたあと、私は彼にブルゴーニュのシャルドネ、たぶん二〇一三年のと、同じ二〇一三年のカリフォルニアのピノ・ノワールを飲んでいたと思うと告げた。スンシクはボトルを見せてくれた。私はまさにその二つを正確に言い当てていた。

飲み手としての進化

いきいきとして、そして情報をもって人生を経験するために諸感覚を鋭敏にできるかどうかを見つけたいと意気込んで私はこの旅を始めた。スンシクのスキャン映像と、過去の諸研究は、トレーニングで私たちが変わることを語っていた。しかも私たちが考えている以上に急速に深く変わるのだ。しかしこれらの結果は私たちが進化できるというだけでなく、進化、変遷が重大である理由を示している点で意味があった。

まったく同じ味と匂いに対する反応において、未熟な者の脳の映像は比較的暗いままであり、一方私たち修練を積んだ飲み手はもっと決定的に、分析的に、そして脳の高次元の指令場所を活動させる。研究者が「専門的知識によって変調された高次の認知処理」と呼ぶものを、修練を積んだ者は実演してみせる。つまり、フレーヴァーへのプロの関与は思い入れが強く、進歩したものなのだ。実験の諸条件は、純粋にフレーヴァーの注入のみで、銘柄もラベルも価格も知らせずに行われることから、目の球が飛び出るほど高価なシャトー・シュヴァル・ブランやシャトー・ミュザールの稀少なグラスによってもたらされる偽薬効果でないことが保証されている。むしろ、感覚を磨くことは豊かで深い経験のための必要条件だということを結果は示している。もはや感覚は未知で記録もない流動的なものではない。そうではなく、感覚はしっかりと把握され、探求され、そして分析される。感覚は好奇心、批評、連関、正しい評価、そして嫌悪感か歓喜か悲しみか驚愕を喚起する。感覚は啓発し、刺激をあたえる。感覚は一つの記憶になり、そして私たちの世界観をつくる経験のライブラリーへと納められる。匂いと味は原始的で動物的感覚であるどころか、匂いと味の開拓を学ぶことは、文字通りの意味で、実に私たちの反応を高め、人生に意味を与え、真の人間にするまさに私たちと切り離せない一部なのだ。

スンシクのパソコンの画像は、それまで抽象的にしか感じていなかったことの変化を実際に見せてくれた。もっとも明白な変化はテーブルで起きていた。ワインは料理の味を高めるためのたんなる付属的存在から抜け出して主役の一つになっていた。ヴィオニエは人々や場所から哲学や歴史の瞬間までを結びつける紐となりうる。ポールの言葉によるとワインは、「酔いつぶれるクソ旅」だ。その旅はまた私がサクラメントで見たタンク・プランクや液体のタンニンというファストフード的ワインへの旅にもなりうる。あるいは子供のころコロンビア渓谷でハイキングトレイルを歩いた記憶を呼び出すように、ボルドーの堂々たる城への空想を掻き立てる旅でもありうる。だがいつもそれは一つの旅だった。気がつくと私はワインをまるで鑑賞すべき絵画あるいは読むべき本のようにしゃべっている。そうすることによって人生の「意味を付与し直す」とモーガンは保証した。かといって、もしかしてモーガンなら、「これからお出しするボトルはあなたの人間としての在り方を変えるでしょう」と言ったかもしれないが、私自身はだれかにそう告げたことはない。でもその考えが心をよぎったことはある。

しばしば周囲の者の目にも留まるくらいに私は人と違う食べ方、味わい方をするようになっていた。食べる前に一口ごとに匂いを嗅ぐことについてエミリー・ポストがなんと言うかわからないが、私はやるようになっていた。嗅ぐことで食事に特別な快楽の記録が加わると知ったのだ。中身の素材を徐々に知る。少しずつほぐしていくと、家庭でその料理を真似て作れる。私は品のあるまともな人間のようにワインを飲みこむかわりに、液体を噛みくだき、匂いを吸い込み、公の場でもまるで乾燥地で溺れているかのように、うつろなガラガラという湿った音をたてるあの連中の一人になった。ふだん私の知識は真のプロほど責任を負っておらず、一つの長所程度だった。ある晩のディナーで、二つのまったく同じ銘柄のワインを前にして、熟成年数《クリアンサ》が違うものではないか――レゼルバと、レゼルバほど熟成していないもの――と言ったとき、同席の友人は私を霊能者のように見つめた。「どうやってわかったんだ?」彼は驚いて訊いた。人生のほぼ五百時間をフラッシュカードを覚えることに費やしたと、彼に説明した。

　私だけにわかる違いも増えた。何かを噛む、すると何年間も聞いてきたあるジョークの落ちをついに得たように感じるのだ。塩は酸味と、脂肪はサンジョヴェーゼの酸と対抗させる。なんと、すごい！　天才的だ。食べ物の風味を高める名前や色や価格の力に調子を合わせるようになっていた。そしていっぽうでアメリカのチーズのように料理の詐欺師とのラブアフェアを再燃しつつ、生産単位が少量のチョコレートトリュフといった自己満足させるものとの関わりかたに疑問をもちはじめた。もちろん、アメリカのチーズは化学製品と添加物で造られていて、正確な意味でチーズとは言えないことも承知している。しかしそのチーズの口当たりにはうっとりさせられる。

卵をひきたたせるための絶妙な塩味、ベーグルをしっとりさせるためのぎりぎりの量の添加物。

マイナス部分に新たな価値を見つけたからといって、高価な料理や一本のワインの快楽に感動しなくなったということではない（参考までに、もしあなたがお宝ワインを開けようと計画しているなら、いつでもbianca.bosker@me.comにアクセスしてほしい）。私たちはすばらしいワインを飲むことから得る素朴な喜びを認めるし、依然として良し悪しを区別しようとするし、思索的な飲み手だ。たぶんほかの人々は私が味わった一八九三年のシャトー・モンローズのようには、一本のボトルを開けることから快感を得ることはないだろう。それは飛行機、婦人参政権、二つの世界大戦、そしてテレビジョンの前の時代に造られたボトルだ。すばらしい快感を得た。一口するごとに、過去と密接につながり、ほとんど禁制ともいえる流儀で遺産を破壊する招待を受けて、肉体的にこれまで未経験だった歴史遺産を消費した。これが二〇一五年のボトルだとどんなに良い出来でも真似できない。フレーヴァーだけでなく、評判、歴史、年数、稀少性、そして価格も稀少なワインの魅力に入れていいと思う。だからといって必ずしも有名ワインが良いという意味ではない。そういうワインは高い世評（あるいはコスト）に恥じないものを提供するという重荷も背負っている。極上のワインは、系統にかかわらず一つの物語を持っていて、そして自分が好きではないワインで妥協するのはむずかしかったけれども、それらの物語がよりたやすく明らかになるいま、大好きなワインを見つけるのがとても簡単になった。

思慮深い飲み手になったと自分では言いたいが、友人たちは違う言い方をする。「苛々させられる」とはだれもが決まって言うようだ。レストランで食事するとき、私はついソムリエと話し込んでしまうからだ。以前にも増してワインにお金を遣っていた。年代物のシャンパンに目がないせいで銀行口座の預金は尽きかけ、友達を引っ張って寄り道をしては珍しいセレクションをストックしているワインショップを訪ねていた。私のアパートにディナーで来る際、客はどんなワインを持参するかでパニックになっていた。なかには抗議の意味をこめてバドライトのシックスパックを持って現れる者もいた。「あら、本当に気にしなくていいのよ、私はなんでも飲むから」モーガンとダナと食事をしたとき、チーズを買うだけでどれほどストレスを味わったかを思い出して、来訪者を安心させた。私はなんであれ、すくなくとも一口は飲んでいた。だけどそれ以上は……。ポールの「一口がもう一口につながる」という質のルールは生きていた。

ソムリエ資格試験の準備中も、〈テロワール〉で働きはじめたあとでも、友人や家族は、私のことを、一日じゅうワインを飲んでいるなんてさぞかしタフに違いないとか、自分も酒の「リサーチ」のために仕事を辞められたらどんなにいいだろうと、口ぐちに揶揄していた。彼らの多くが、あとになって部屋の隅で顔を私に近づけ、自分はワインについて何も知らないとそっと告白したものだ。だからソムリエのように脳を点火させるにはどこからスタートするといいだろう、と訊いたものだ。

自分に有用で効果があったことを彼らにもアドバイスした——感覚の記憶を蓄積することから始めなさい。あらゆる匂いを嗅いで、それに言葉を付与すること。冷蔵庫、食品庫、救急箱、スパイスラックなどを片っ端から嗅ぎ、それから胡椒か、カルダモンか、蜂蜜か、ケチャップか、ピクルスか、ハンドクリームのラベンダーの匂いかなどを考えること。それを繰り返す。もう一度。継続する。花の香りを嗅ぎ、岩を舐める。アンのようにだれかが部屋に入ってきたとき、あなたが気づいた匂いを彼らに紹介する。またモーガンのように、味わう際のパターンを見つければ、あなたも彼のようにできる。つまり「小さな構成単位をシステムにまとめる」唾液の量で酸を、熱感でアルコールを、ひりつきでタンニンを、余韻でフィニッシュを、なめらかさで甘味を、重さでボディを計り、ストラクチャーの基本をマスターすること。そして試飲するワインにそれを適用すること。実際に、あなたが試みることすべてに適用すること。システマチックにやること。たとえば一週間、シャルドネのみ注文してその個性を体感する。ピノ・ノワール、ソーヴィニヨン・ブラン、カベルネ・フランにも同じことをする。ワイン・フォレー・ウェブサイトに出ている各ワインのフレーヴァーのプロファイルについて記した便利なクリフスノートを利用するといい。飲むときは好きかどうかを一瞬考えて、それからその理由も考える。ポール・グレコに倣ってワインのイメージに左右されることなく、ワインそのものを味わうようにこころがける。ラ・ポレ参加者のように、折々ぜいたくをしてみる。日常飲むボトルと、上質とされるボトルを飲み比べ、上質という評価に納得できるかどうかを見ること。アニーのように、規定に縛られず、正しいと感じることをし、実験することを恐れるな。友人へのこの励ましの最後はいつも、偉大なワイン造りの専門家であり、フレーヴァーの哲学者であるエミール・ペイノーのアドバイスで終えていた。「飲み手はもし効果的に飲むとするなら、テイスティングの特別の理由ももって飲むこと」渇きを癒すために飲む、しかし目的をもって味わえ。

私は少々行きすぎてはいてもバランスは保っていて、自分のワインスノブの傾向はひかえめだと思っている。その傾向は、もっと重要で、もっと前向きの自己変革を目指したことの小さい副作用とみなしている。

自分でも馬鹿らしく感じるが、最高の保証としてのブラインド・テイスティングはよくエアリアルヨガと純粋数学と並び称される。六個の匿名のワインに向き合うのは、自分しか頼れない孤独なエクササイズだ。信頼することに馴れていない感覚を信頼しなければならず、言葉にすることに馴れていないものに言葉を付与しなければならない。すべてそのあと、十人かそこらのグループ相手に、ステンレスのタンクだということが明々白々なそのワインをオークの新樽熟成だと間違えて無知をさらす覚悟で賭けに乗り出す。聴衆の面前でとんでもないヘマをいろいろとやらかす可能性もつねにある。

とはいえブラインド・テイスティングにとどまらず、人生のほかの分野に吹き込む新たな落ち着きと自信がついていたことに気づかされた。とくにごく不安定な状況で自分の味覚にチャンネルを合わせることは、すべてのものにおける自分のセンスに強い自信をもたらした。私はM・F・K・フィッシャーが真実だと直感したものを直に経験した。「どんな食べ物を食べるべきか選ぶ能力は、利いた風なことを言うと、ほかのさまざまな永続するものについてもあなたが勇気と手際の良さでもって選べるようにするだろう」

その自信で、また、新手の意識が生まれる。私はムシン、あるいは「ノー・マインド」という禅の概念をしっかりつかんでいた。味覚訓練が私を何かハイブリッドな武術／仏教徒の哲学のコルク抜き導師にしたと思ったのではなく、ムシンは私が経験しつつあったものを述べるために私が見つけたなかで、もっとも近いものだったからだ。

モーガンやほかのソムリエたちと過ごした時間はこのムシンの状態を努力してつかむことの価値に光を当てた。ムシン状態でのあなたは頭から思考や雑念を払う、そうすると全面的かつきっぱりと現在の瞬間にひたることができる。私はブラインド・テイスティング中、そのマインドセットの境地に達しようとしていた。一連のグラスと向き合っている先入観や感情から脱皮しようと努めることとは、先入観や感情がどれほどほかの場面でも障害《フィルター》となっているかということを、さらに認識させた。それらのフィルターを意識的に脇に置こうとした。

この新しい展望で練習することによって、私はものすごく変わった。ありそうもない場所で美が自然に現れた。ニューヨーク界隈をただ往来していても、思いがけない豊かな気持ちになった。もはや「ストリート」や「街」を意識的に嗅がなかった。セントラルパークで不快な甘い匂いの黒いニセアカシアの爛熟した蜂蜜のような匂い、夜明け直後、公園の芝生の露が冷たいシャワーのように打ち寄せるときに豊かさを感じた。気分をなごませるクリーニング屋の匂いや鼻に付く強い匂いが日曜日にアッパーウェストサイドを散歩する私を包み込む。いつも不可解なバニラの匂いがするミッドタウンの片隅、そして冷たいメタルと塩水の強い独特の匂いでギラギラと照りかえすウェストサイドハイウェイの通り。人々と車の排気ガスが減り、そして街の日常的なパフュームが自然と現れるニューヨークの七月の静かな週末を心待ちにしている。夜明けにドアマンがホースで水を撒いたセメントから立ちのぼるペトリコールの匂い。強烈なグリースの匂いや、歩道の行商人の周囲にたちこめるチクチク刺すようなスパイスの匂い。ネイルサロンから漂うヘアスプレーのアロマ。そして太陽が圧倒する午後、バブルガムや、ある人々にとってはたぶん不愉快なカダベリンの匂いを放つ焼けたゴミ。しかしそれらの匂いを楽しまずにいられない、それは私が暮らす街の心臓の鼓動なのだ。

頭をプラスチックの枠に固定され、目を閉じてfMRI装置に横たわっているあいだ、ある思いがふと浮かんだ――これはテイスティングをやるのに最高の条件だ。ワイン評論家あるいはマスター・ソムリエによる規則のプロトコールですら、このブラインド・テイスティングの純粋な状況には及ばない。これは現存するなかで最高に中立かつ公正な環境だ、と。

同時にそれはワインを楽しむための方法としては最悪でもあった。滅菌されているのみならず、私が真価を認めるにいたった大量の情報を奪われている。熟成した白の燦然と輝く黄金色。ボルドーの、馬の毛布のようなムスクの香りなどの情報。注射器からプラスチックの管で私の舌の上に注入される液体に魂は存在しない。

その魂は人々から来るものだ。そのとき巨大なスキャナーは私の脳がアミノ酸とカロテノイドのミックスを一つのストーリーへと紡ぐまさにそのときを観察していた。人々にたちどまって考えなおさせる可能性をもつかもしれないストーリー、そしてたぶん自分を水の袋か器官の集まりのように卑小な存在として感じさせることすらあるかもしれないストーリーを。

だれもが、ワインの中に生きている魂を見つけ、味わう受容力は持っている。そしてもしあなたが探し方を知っているなら、ほかの感覚の経験にも持っている。信託資金か、無料のワインに手を伸ばす必要はない。スーパーセンスの必要はない。コーヒーをあきらめ、火曜日の朝十時に大量のアルコールを飲むのをあきらめる必要すらない。ワインに何かを感じ、あなたの諸感覚を解放することは、ただ注意を払うことによって始まる。そしておいしく楽しく味わうことだ。

謝辞

情熱と専門的知識を私と分かち合った多くのマスター・ソムリエ、アシスタント・ソムリエ、調香師、コレクター、放射線科医師、感覚科学者、共感覚者、探検者、競売人、快楽主義者に感謝したい。全員の名前を挙げないが、彼らはそれぞれ本書を形作るうえで役割を果たしてくれた。感謝の念とともにすべての会話をおぼえている。説明を明確にするために会話や出来事の時系列を変えているケースもいくつかあるが、一年半に及ぶ私のワイン世界での経験を正確かつ忠実に描写するという基本的立場は崩していない。

ジョー・カンパナーレとララ・レーベンハールには、私を信頼してボトルを任せてくれたこと、私の尽きることのない質問に一度ならずしばしば辛抱強く答えてくれたことに心から感謝している。ジェフ・クルースには何事も面倒がらずに対応してくれたことと、ソムリエ組合での冒険に参加させてくれたことにお礼を言いたい。アニー・トルーラーには仲間として接してくれたことと正直な人柄に尊敬の念を抱いている。そしてヴィクトリア・ジェイムズには素晴らしい知恵とウィット（それからすばらしいアマーロ）に、ポール・グレコにはロックンロール、そしていつも私を受け入れてくれたことに心から感謝している。デヴィッド・ダレッサンドロはスーパーティスター仲間に私をたんに「テイスター」として参加させてくれた。ありがとう。トーマス・フンメルと仲間は親切にも研究所の扉を開いて鼻、口、脳の驚異の世界へと私を導いてくれた。ユ・スンシクとチョン・ヨンアンとインチョンのセント・メリー病院とハーヴァード・メディカル・スクールのチームには彼らの好奇心とサポートそれから私をミニ神経科学者へと転じる自信を与えてくれたことにたいして深い感謝の念を捧げたい。モーガン・ハリス――モーガンについては別に一章をさいて感謝の言葉を連ねたいところだ。彼はとても優美に自分の世界、知識、テイスティング・ノート、シャブリ、たゆまぬサポートを示してくれ、それからワインにたいする熱情を教えてくれた。彼は私が知らなかった、そして私に必要なワイン・ウィスパラーで、良い味というものについて計り知れないほど貴重な贈り物をくれた。

これらの経験のどれ一つとしてリンゼー・シュウォリの助けなくしては不可能だった。有能な編集者にして闘士の彼女はエミィー・ハートリーとペンギン社のチームともども最高の忍耐と気遣いと熱意で本書を導き、完成まで取り仕切ってくれた。

本書は私の全身全霊を捧げた人生そのものという意味で私と一心同体だ。そして多くの友人知人、同僚に心から感謝している。二日酔いでぼやく私の相手になり、味の実験台になり、その鋭い目で批評してほしいと頼む私に時間を割いてくれた。とくにキャスリン・アンダーセン、クリストファー・バージャー、デード・ダーヴィスカディク、アンナ・ハーマン、クリスティン・ミランダ、ダフネ・オズ、そしてアレクサンドラ・サザーランド＝ブラウンには多くを負っている。タスン・グエンとキャシー・ジャーマンには精神的サポートとスナックの差し入れに、それからタニヤ・スピナにはワインへの愛に火をつけて喜びを分かち合うようにしてくれたことにお礼を言いたい。私の両親レナ・レンセックとギデオン・ボスカーにはその信仰と生き方とアドバイスに巨大ボトルであるナビュコドノゾール級の感謝を捧げる。彼らからのメールのほぼすべてに目を通した。

そして夫で私の編集者、シェフ、読者、詩神、調査担当、探検者、理性の声、正気を保たせてくれる人、愛、そして同志のマットに感謝する。ありがとう。私の中の、そして本書の最良の部分すべてをあなたに捧げます。

訳者あとがき

本書は『CORK DORK』の全訳である。著者ビアンカ・ボスカーはネットトニュースでテクノロジー担当の記者をしていたが、ある日、夫の商談に付き合って高級レストランに行った折、「ワイン命」のソムリエ（コルクドーク）と出会い、そのこだわりの生き方やソムリエのコンクールというものに興味を抱く。「ソムリエの仕事って、ただワインのボトルの栓を抜いてグラスに注ぐだけじゃないの？」

ジャーナリストとしてかねがね人間の「こだわり」というものに関心を持っていた彼女はソムリエのこだわりと生き方を追求すべく、取材に乗り出す。そしてソムリエたちの人生を賭けた飽くなき情熱を知るにつけ、その情熱の対象であるワインそのものへと彼女の関心はひろがっていく。やがて自分もソムリエ資格を取ろうと決心し、記者の仕事を抛《なげう》ってワイン道に突入していく。「毎日、ワインを飲むために、いい仕事を辞めるの？」と家族や知人からは不思議がられたが、彼女の決心は固く、体当たりでワインセラーに飛び込んで、無給の仕事のかたわらテイスティング（無給のかわりにワインは飲める）の日々を送る。そしてさまざまな苦労と失敗を経験しつつ、良き指導者《メンター》やソムリエの友人――みんなコルクドークばかり――を得て、資格取得を目指す。果たして結果は……。

本書はその究極の冒険《アドベンチャー》を記したエッセイである。ソムリエたちはときに業界への皮肉と苦言を呈し、ときにユーモラスに語り、終始飽くなき探求心とエネルギッシュな行動と知識欲（テイスティングで重要な味覚と嗅覚の探求、ひいては脳の探求）と博識で著者を圧倒する。体験型・体当たり取材型ジャーナリストの面目躍如というところだ。西に東に、ときには国境を越えてのフットワーク、あくまでも軽く飛び歩く行動力には舌を巻くばかり。圧巻のノンフィクションとなっている。読者から寄せられる感想も「わたしはとくにワインに興味があるわけではありませんが、一気読みしました」というものが多数。さまざまな媒体による書評もすさまじいくらいだ。

高級レストランの売り上げの三分の一はワインからという現実によって、ソムリエが店の命運を担っていること。それから高級レストランの客にとり、店はディズニーランドのような場所で、客のファンタジーや魔法のひとときをソムリエは破らないようにしなければならないことなどを著者は知る。つまり完璧なソムリエとは、帰宅した客の記憶に残らないような存在でなければならないのだ。楽しい会話、客の懐具合と要望を知り、千もの候補から適切な数本を選ぶことがソムリエの任務であることはもとよりだ。本書ではそういったソムリエの仕事の奥深さも語られる。

味覚や嗅覚を磨くことに人生を賭けているソムリエ。そして最高の名誉であるマスター・ソムリエを目指して日々テイスティングやサービス技術の向上に励むソムリエ。「ワイン命」のコルクドーク。その言葉の意味は、変わったワインを飲む人、ワインにとりつかれた人など、いろいろあるが、愛情を込めた呼び名であるのは確かだ。

冒険の最後に著者は究極のテイスティングに挑戦する。目を閉じ、耳栓をし、一センチたりとも動けないように頭をプラスチックの枠に固定し、棺桶程度のスペースに身を横たえて、チューブで口に送られるワインをテイスティングするのだ。さて著者の成績は？

この冒険を経た著者の一般人にたいする思いは、すべての人がワインに宿る魂を発見する能力をもっているのだから、味わうのに特別な感覚はいらない、というものだった。一般の人はソムリエのように禁欲的にコーヒーや他のアルコールをあきらめる必要もない、楽しむ心で飲めばいい。同じワインでも各人の肉体とＤＮＡ、記憶も異なるから、そのワインは自分だけのワインで、そしてその一瞬だけのワインだ。だからこそよく味わって楽しむこと。著者はそうすすめる。本書は、スタンフォード大学とウイリアム・サローヤン財団が共同で二年に一度選ぶインターナショナル・ノンフィクション賞の二〇一八年度最終候補にノミネートされている。


最後になるが、本書訳出の機会を与えていただいた光文社翻訳編集部編集長の中町俊伸氏、煩雑な固有名詞のチェックなど細かく見ていただいた校正者のかたに心から感謝の念を捧げたい。

それからワインやワイン醸造、味覚と嗅覚の科学、原文のニュアンスなどをご教示いただいた方々に心からお礼を申し上げたい。ありがとうございました。乾杯！

二〇一八年　八月

小西　敦子

《参考文献》

ダイアン・アッカーマン『「感覚」の博物誌』岩崎徹、原田大介訳、河出書房新社１９９６

Amerine Maynard A., and Edward B.Roessler. *Wines: Their Sensory Evaluation.* San Francisco: W.H. Freeman, 1976.

荒川貴博、飯谷健太、王昕、神白匠、當麻浩司、矢野和義、三林浩二「ワイン由来のエタノールガスを画像化する探嗅カメラ（可視化システム）：ワイングラス形状の効果（秘密）」アナリスト１４０、№８（２０１５）：２８８１—８８６

Bartoshuk, Linda M., Valerie B. Duffy, and Inglis J. Miller. "PTC/PROP Tasting: Anatomy, Psychophysics, and Sex Effects." *Physiology & Behavior* 56, no.6 (December 1994): 1165-171.

ピエール・ブルデュー『ディスタンクシオンⅠ 社会的判断力批判』石井洋二郎訳、藤原書店１９９０

ブリア＝サヴァラン『美味礼賛』関根秀雄、戸部松実訳、岩波文庫１９６７、『美味礼賛』玉村豊男／編訳・解説、新潮社２０１７

Bushdid, C., M.O. Magnasco, L.B.Vosshall, and A.Keller. "Humans Can Discriminate More Than 1 Trillon Olfactory Stimuli." *Science* 343, no.6177 (March 21, 2014): 1370-372.

Castriota-Scanderbeg, Alessandro, Gisela E.Hagberg, Antonio Cerasa, Giorgia Committeri, Gaspare Galati, Fabiana Patria, Sabrina Pitzalis, Carlo Caltagirone, and Richard Frackowiak. "The Appreciation of Wine by Sommeliers:A Functional Magnetic Resonance Study of Sensory Integration." *NeuroImage* 25, no.2 (April 2005) : 570-78.

Clarke, Oz, and Margaret Rand. *Grapes & Wines:A Comprehensive Guide to Varieties and Flavours*. New York:Sterling Epicure, 2010.

Collings, Virginia B. "Human Taste Response as a Function of Locus of Stimulation on the Tongue and Soft Palate." *Perception & Psychophysics* 16, no.1 (1974) : 169-74.

Croy, Ilona, Selda Olgun, Laura Mueller, Anna Schmidt, Marcus Muench, Cornelia Hummel, Guenter Gisselmann, Hanns Hatt, and Thomas Hummel. "Peripheral Adaptive Filtering in Human Olfaction? Three Studies on Prevalence and Effects of Olfactory Training in Specific Anosmia in More Than 1600 Participants." *Cortex* 73 (2015) : 180-87.

Delwiche, J.F., and M.L.Pelchat. "Influence of Glass Shape on Wine Aroma" *Journal of Sensory Studies* 17 (2002) : 19-28.

Gigante, Denise, ed. *Gusto:Essential Writings in Nineteenth-Century Gastronomy*. New York:Routledge, 2005.

Goode, Jamie. *The Science of Wine:From Vine to Glass*. Berkeley:University of California Press, 2006.

Harrington, Anne, and Vernon Rosario. "Olfaction and the Primitive:Nineteenth-Century Medical

Thinking on Olfaction." In *Science of Olfaction*, edited by Michael J. Serby and Karen L.Chobor, 3-27. New York:Springer-Verlag, 1992.

Hayes, John E., and Gary J.Pickering. "Wine Expertise Predicts Taste Phenotype." *American Journal of Enology and Viticulture* 63, no.1 (March 2012) : 80-84.

Hodgson, Robert T. "An Examination of Judge Reliability at a Major U.S.Wine Competition." *Journal of Wine Economics* 3, no.2 (2008) : 105-13.

Hopfer, Helene, Jenny Nelson, Susan E. Ebeler, and Hildegarde Heymann. "Correlating Wine Quality Indicators to Chemical and Sensory Measurements." *Molecules* 20, no.5 (May 12, 2015) : 8453-483.

Hummel, Thomas, Karo Rissom, Jens Reden, Aantje Hähner, Mark Weidenbecher, and Karl-Bernd Hüttenbrink. "Effects of Olfactory Training in Patients with Olfactory Loss."

Laryngoscope 119, no.3 (March 2009) : 496-99.

Jurafsky, Dan. *The language of Food : A Linguist Reads the Menu*. New York: W.W.Norton, 2014.

Kaufman, Cathy K. "Structuring the Meal:The Revolution of *Service à la Russe*." In *The Meal:Proceedings of the Oxford Symposium on Food and Cookery*. 2001, edited by Harlan Walker, 123-33. Devon, England:Prospect Books, 2002.

Korsmeyer, Carolyn. *Making Sense of Taste:Food and Philosophy*. Ithaca, NY:Cornell University Press, 1999.

Kramer, Matt. *True Taste:The Seven Essential Wine Words*. Kennebunkport, ME : Cider Mill Press, 2015.

Krumme, Coco. "Graphite, Currant, Camphor:Wine Descriptors Tell Us More About a Bottle's Price

Than Its Flavor." *Slate*. February23, 2011. Accessed September 06, 2016. http://www.slate.com/articles/life/drink/2011/02/velvety_chocolate_with_a_silky_ruby_finish_pair_with_shellfish.html.

Laska, Matthias. "The Human Sense of Smell:Our Noses Are Much Better Than We Think." In *Senses and the City:An Interdisciplinary Approach to Urban Sensescapes*, edited by Mˇadˇalina Diaconu, Eva Heuberger, Ruth Mateus-Berr, and Lukas Marcel Vosicky. 145–54. Berlin : LIT Verlag, 2011.

Lehrer, Adrienne. *Wine & Conversation*. New York : Oxford University Press, 2009.

Lukacs, Paul. *Inventing Wine : A New History of One of the World's Most Ancient Pleasures*. New York : W.W. Norton, 2012.

Lundström, Johan N., and Marilyn Jones-Gotman. "Romantic Love Modulates Women's Identification of Men's Body Odors." *Hormones and Behavior* 55（2009）: 280–84.

Majid, A., and N.Burenhult. "Odors Are Expressible in Language,as Long as You Speak the Right Language." *Cognition* 130, no.2（2014）: 266–70.

ジョン・マッケイド『おいしさの人類史：人類初のひと噛みから「うまみ革命」まで』中里京子訳　河出書房新社２０１６

Mitro, Susanna, Amy R. Gordon, Mats J. Olsson, and Johan N. Lundström. "The Smell of Age : Perception and Discrimination of Body Odors of Different Ages." *PLoS ONE*7, no.5（May 2012）.

Morrot, Gil, Frédéric Brochet, and Denis Dubourdieu. "The Color of Odors." *Brain and Language* 79, no.2（November 2001）: 309–20.

Nobel, A.C., R.A.Arnold, J. Buechsenstein, E. J . Leach, J. O . Schmidt, and P. M . Stern. “Modification of a Standardized System of Wine Aroma Terminology.” *American Journal of Enology and Viticulture* 38 (January 1987) : 143–46.

Olsson, Mats J., Johan N.Lundström, Bruce A.Kimball, Amy R.Gordon, Bianka Karshikoff, Nishteman Hosseini, Kimmo Sorjonen, Caroline Olgart Hoglund, Carmen Solares, Anne Soop, John Axelsson, and Mats Lekander. “The Scent of Disease:Human Body Odor Contains an Early Chemosensory Cue of Sickness.” *Psychological Science* 25, no.3 (2014) : 817–23.

Parr, Rajat, and Jordan Mackay. *Secrets of the Sommeliers: How to Think and Drink Like the World's Top Wine Professionals*. Berkeley, CA:Ten Speed Press, 2010.

Pazart, Lionel, Alexandre Comte, Eloi Magnin, Jean–Louis Millot, and Thierry Moulin. “An fMRI Study on the Influence of Sommeliers' Expertise on the Integration of Flavor.” *Frontiers in Behavioral Neuroscience* 8 (October16, 2014) : 358.

Peynaud, Emile. *The Taste of Wine:The Art and Science of Wine Appreciation*. Translated by Michael Schuster. San Francisco:Wine Appreciation Guild, 1987.

Plassmann Hilke, John O'Doherty, Baba Shiv, and Antonio Rangel. “Marketing Actions Can Modulate Neural Representations of Experienced Pleasantness.” *Proceedings of the National Academy of Sciences* 105, no.3 (January22, 2008) : 1050–54.

Porter, Jess, Brent Craven, Rehan M.Khan, Shao–Ju Chang, Irene Kang, Benjamin Judkewitz, Jason Volpe,

Gary Settles, and Noam Sobel. "Mechanism of Scent-Tracking in Humans." *Nature Neuroscience* 10, no.1（January 1, 2007）：27-29.

Pozzi, Samuel. *Paul Broca:Biographie—Bibliographie.* Paris :G.Masson, 1880.

Quandt, Richard E. "On Wine Bullshit :Some New Software?" *Journal of Wine Economics* 2, no.2（Fall 2007）：129-35.

Ranhofer, Charles.*The Epicurean:A Complete Treatise of Analytical and Practical Studies on the Culinary Art.* New York:R.Ranhofer, 1916.

Robinson, Jancis. *How to Taste:A Guide to Enjoying Wine.*New York : Simon & Schuster, 2008.

——, ed. *The Oxford Companion to Wine.*Third ed. New York : Oxford University Press, 2006.

ローレンス・D・ローゼンブラム『最新脳科学でわかった五感の驚異』齋藤慎子訳、講談社２０１１

Royet, Jean-Pierre, Jane Plailly, Anne-Lise Saive, Alexandra Veyrac, and Chantal Delon-Martin. "The Impact of Expertise in Olfaction." *Frontiers in Psychology* 4, no.928（December 13,2013）：1-11.

ゴードン・M・シェファード『美味しさの脳科学：においが味わいを決めている』小松淳子訳、合同出版２０１４

——"The Human Sense of Smell : Are We Better Than We Think?" *PLoS Biology* 2, no.5（May 2004）：572-75.

Shesgreen, Sean. "Wet Dogs and Gushing Oranges : Winespeak for a New Millennium." *The Chronicle of Higher Education*, March 7, 2003. http://chronicle.com/article/Wet-DogsGushing-Oranges-/20985.

Smith, Barry C., ed. *Questions of Taste: The Philosophy of Wine*. Oxford, UK:Oxford University Press. 2007.

レベッカ L・スパング『レストランの誕生――パリと現代グルメ文化』小林正巳訳、青土社2001

Spence, Charles, and Betina Piqueras-Fiszman. *The Perfect Meal : The Multisensory Science of Food and Dining*. Oxford, UK : Wiley-Blackwell, 2014.

Stuckey, Barb. *Taste What You're Missing: The Passionate Eater's Guide to Why Good Food Tastes Good*. New York : Free Press, 2012.

鈴木大拙『禅と日本文化』北川桃雄訳、岩波新書1940

Weil, Roman L. "Debunking Critics' Wine Words : Can Amateurs Distinguish the Smell of Asphalt from the Taste of Cherries?" *Journal of Wine Economics* 2, no.2 (2007) : 136-44.

熱狂《ねっきょう》のソムリエを追《お》え！

ワインにとりつかれた人々《ひとびと》との冒険《ぼうけん》

2018年 9 月30日　初版1刷発行

著者 ———— ビアンカ・ボスカー
訳者 ———— 小西敦子《こにしあつこ》
カバーデザイン ———— 木佐塔一郎
発行者 ———— 田邊浩司
組版 ———— 慶昌堂印刷
印刷所 ———— 慶昌堂印刷
製本所 ———— 国宝社
発行所 ———— 株式会社光文社
〒112-8011　東京都文京区音羽1-16-6
電話 ———— 翻訳編集部 03-5395-8162
書籍販売部 03-5395-8116
業務部 03-5395-8125

落丁本・乱丁本は業務部へご連絡くだされば、お取り替えいたします。

ISBN978-4-334-96224-1 Printed in Japan

■好評既刊

ヒラリー・ロダム・クリントン 著 高山祥子 訳

WHAT HAPPENED

何が起きたのか？

全米で100万部突破の大ベストセラー、待望の翻訳。
今、初めて明かされる、あの選挙戦の真実！

歴史上、最も論争的で結果が予想できない大統領選の最中に、彼女は何を考え、感じていたのか？ 憤怒、男性上位主義、フィクション以上の不可解さ、ロシアの妨害、そして全てのルールを破る対抗者ドナルド・トランプ――。嵐のような日々から解き放たれた今、初めて大政党の大統領候補となった女性としての強烈な体験を白日の下に晒す。

四六判・ソフトカバー

■好評既刊

パティ・マッコード 著　櫻井祐子 訳

NETFLIXの最強人事戦略

自由と責任の文化を築く

四六判・ソフトカバー

「シリコンバレー史上、最も重要な文書」

DVD郵送レンタル→映画ネット配信→独自コンテンツ制作へと、業態の大進歩を遂げたNETFLIX。「業界最高の給料を払う」「将来の業務に適さない人を速やかに解雇する」「有給休暇・人事考課の廃止」など、その急成長を支えた型破りな人事と文化を、同社の元最高人事責任者が語る。ネットで一五〇〇万回以上閲覧されたスライドNETFLIX CULTURE DECK 待望の書籍化。